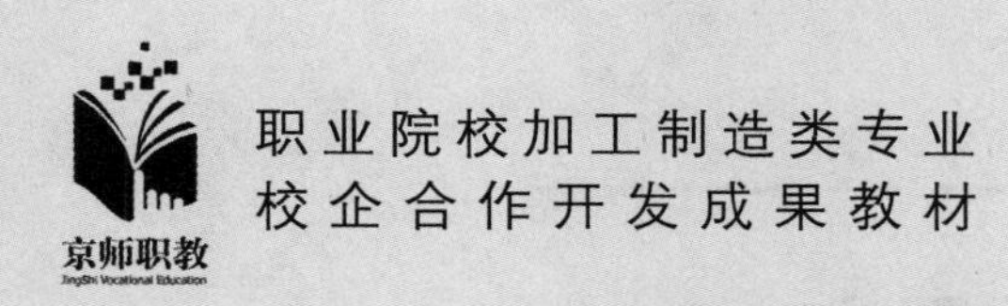

职业院校加工制造类专业
校企合作开发成果教材

电子技术基础与技能

（第3版）

DIANZI JISHU JICHU YU JINENG

主　编／张荣荣　宋兆霞
副主编／郝　明
参　编／公婷婷　韩文翀　王　卫
陈　婧　彭　霞　李　振
张纪峰　张丽丽

北京师范大学出版集团
BEIJING NORMAL UNIVERSITY PUBLISHING GROUP
北京师范大学出版社

图书在版编目(CIP)数据

电子技术基础与技能/张荣荣，宋兆霞主编．—3版．—北京：北京师范大学出版社，2022.3(2024.6重印)
(职业院校加工制造类专业校企合作开发成果教材)
ISBN 978-7-303-27271-6

Ⅰ.①电…　Ⅱ.①张…②宋…　Ⅲ.①电子技术—高等职业教育—教材　Ⅳ.①TN

中国版本图书馆CIP数据核字(2021)第194099号

图书意见反馈： gaozhifk@bnupg.com　010-58805079
营销中心电话：010-58802755　58800035
编辑部电话：010-58806368

出版发行：北京师范大学出版社　www.bnupg.com
　　　　　北京市西城区新街口外大街12-3号
　　　　　邮政编码：100088
印　　刷：天津中印联印务有限公司
经　　销：全国新华书店
开　　本：787 mm×1092 mm　1/16
印　　张：20.5
字　　数：365千字
版　　次：2022年3月第3版
印　　次：2024年6月第12次印刷
定　　价：45.80元

策划编辑：庞海龙　　　　责任编辑：林　子　庞海龙
美术编辑：焦　丽　　　　装帧设计：焦　丽
责任校对：康　悦　　　　责任印制：马　洁　赵　龙

前　言

本教材为高等职业技术教育电类及相关专业的基础教材。本教材由具有多年一线教学经验的教师和具有丰富实践经验的一线工程师，结合有关的国家职业技能标准和行业职业技能鉴定规范编写而成。

本教材立足于职业教育，以就业为导向，力求体现教、学、做一体化的职业教育理念，将理论知识与技能实训相结合，突出基本概念和基本分析方法的讲述，简化数学推导过程，有针对性地设计了相应的实训项目，融汇了面包板电路搭建、电路焊接等技能知识，注重职业素养的形成及技能的训练。

本教材通过课程思政激发学生自信自强、守正创新、踔力奋发、勇毅前行的精神状态。通过展示科技发展带来的便利与变化，激发学生学习兴趣，打牢专业基础，通过实训培养学生团结合作的意识，等等。

教材每一单元都配有要点总结和巩固练习，帮助学生梳理和巩固所学内容。为了方便学生自行检验所学成果，教材配有练习答案。

本教材课时分配见课时分配参考表：

课时分配参考表

内容	课时数	内容	课时数
单元 1　半导体二极管及应用电路	10	单元 8　组合逻辑电路	12
单元 2　三极管及放大电路	12	单元 9　触发器	10
单元 3　常用放大器	12	单元 10　时序逻辑电路	12
单元 4　正弦波振荡电路(选学)	6	单元 11　脉冲波形的产生与变换	10
单元 5　直流稳压电源	10	单元 12　数模转换和模数转换	6
单元 6　晶闸管及其应用电路(选学)	6	总计	114
单元 7　数字电路基础	8		

本教材的实训项目按照教学需要分散在有关内容中搭配实施。

本教材由山东省轻工工程学校张荣荣、韩文翀、王卫，青岛工程职业学院宋兆霞、郝明、公婷婷、陈婧，青岛酒店管理职业技术学院彭霞，一线工程师李振、张纪峰、张丽丽合力编写，张荣荣、宋兆霞任主编，郝明任副主编。全书由张荣荣、宋兆霞统稿并审定。

由于编者水平有限，书中难免存在不足之处，恳请各位读者批评指正。

1. P型半导体

以空穴导电为主的半导体称为P型半导体。以单晶硅(四价)晶体中掺入三价硼原子为例，如图1-1所示。

2. N型半导体

以自由电子导电为主的半导体称为N型半导体。以单晶硅晶体中掺入五价磷原子为例，如图1-2所示。

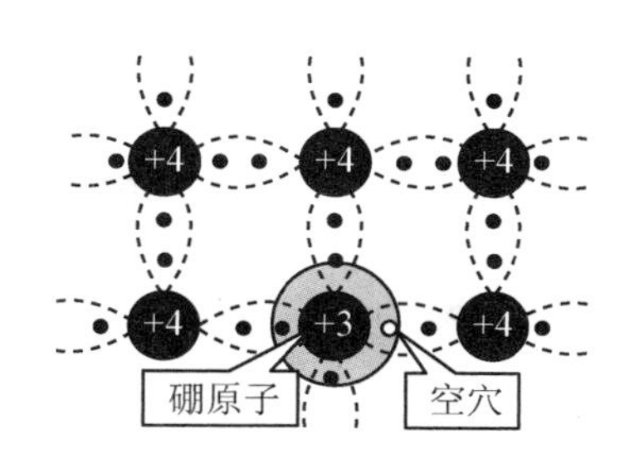

图1-1 P型半导体结构图

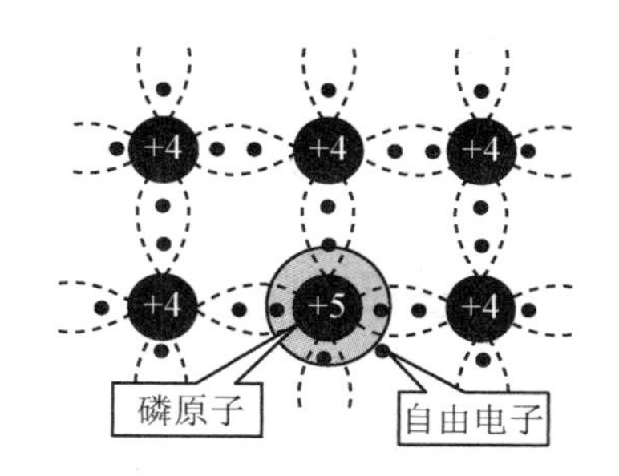

图1-2 N型半导体结构图

3. PN结

采用一定的加工工艺将P型半导体和N型半导体紧密地结合在一起，在其交界处形成一个特殊的接触面，称为PN结，如图1-3所示。

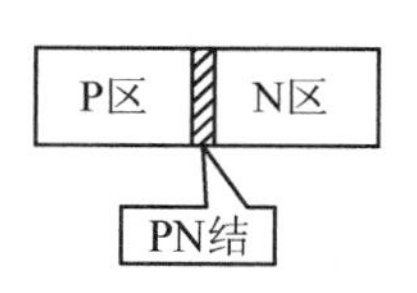

图1-3 PN结示意图

PN结具有单向导电性。在PN结两侧外加电源，若P区接电源正极，N区接电源负极，也就是PN结外接正向电压，PN结正向偏置，简称正偏，如图1-4(a)所示。当外加电压达到一定值时，正向电流 I 显著增加，PN结呈现很小的电阻，称为导通。若P区接电源负极，N区接电源正极，也就是外接反向电压，PN结反向偏置，简称反偏，如图1-4(b)所示。此时，电路中电流 I 很小，PN结对外呈现较大的电阻，称为截止。

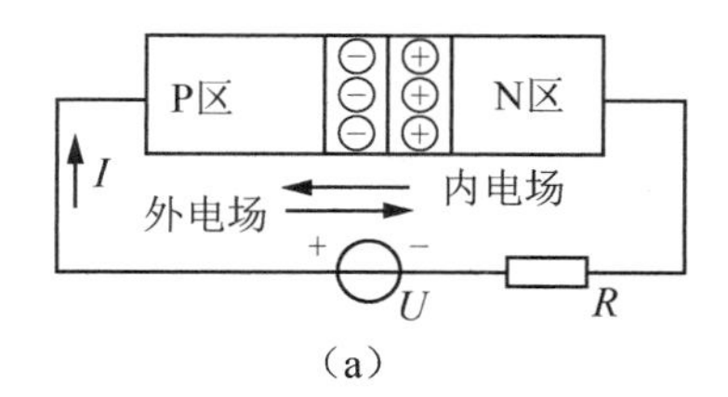

(a)

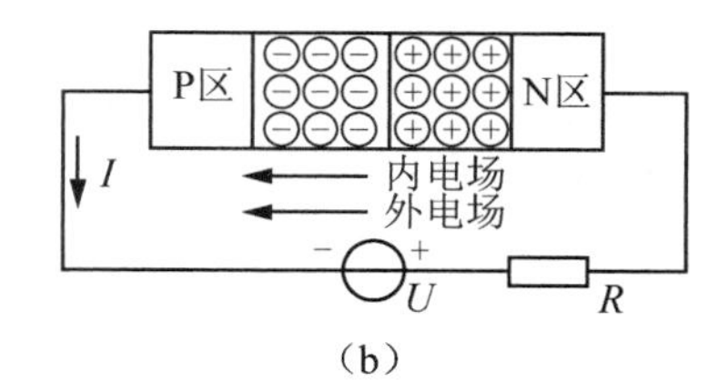

(b)

图1-4 PN结的单向导电性

1.2 二极管

半导体二极管

二极管是利用 PN 结的单向导电性制作而成的一种半导体器件，又称晶体二极管。

1.2.1 结构、符号

在 PN 结的两端各引出一根电极，然后将其封装起来就构成了二极管，图形符号如图 1-5 所示，文字符号一般用 VD 表示。

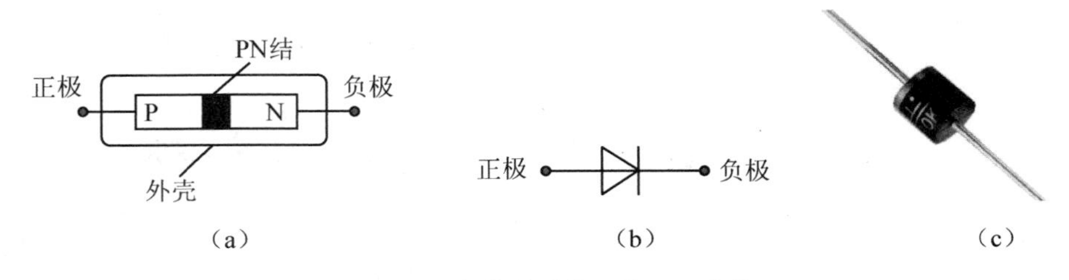

图 1-5 二极管的结构、符号及实物

1.2.2 分类

①根据使用材料不同，可以分为硅二极管和锗二极管。

②根据管芯结构不同，可分为点接触型二极管、面接触型二极管及平面型二极管，如图 1-6 所示。

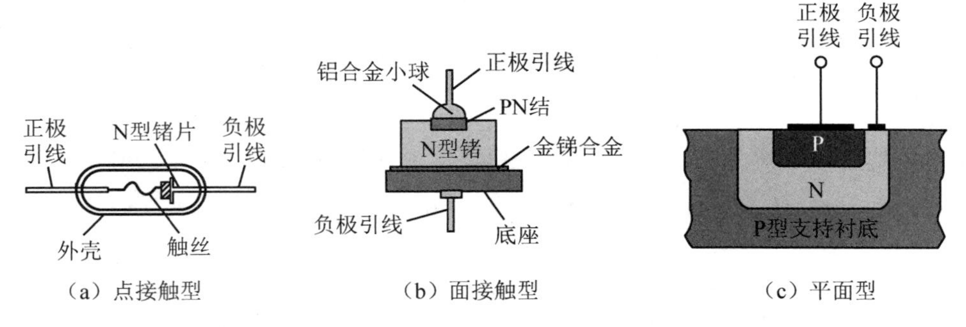

图 1-6 二极管根据管芯结构分类

点接触型二极管只允许通过较小的电流，适用于高频小电流电路，如收音机的检波电路等。面接触型二极管的 PN 结面积较大，允许通过较大的电流，主要用于把交流电变换成直流电的整流电路中。平面型二极管不仅能通过较大的电流，而且性能稳定可靠，多用于开关、脉冲及高频电路中。

③根据用途不用，可分为整流二极管、发光二极管、光电二极管、开关二极管、稳压二极管等。

1.2.3 伏安特性

二极管的管芯是PN结，因PN结具有单向导电性，所以二极管也同样具有单向导电性。

二极管的伏安特性是指加在二极管两端的电压与流过二极管的电流之间的关系曲线，分为正向特性与反向特性两个部分。

1. 正向特性

二极管两端加正向电压时，二极管的电压与其电流的关系曲线为正向特性曲线，分为两个部分：死区和正向导通区。当二极管两端所加的正向电压开始增大，正向电流很小几乎为零，此时二极管呈现很大的电阻，如图1-7中0*A*段，通常把这个区域称为死区，*A*点的电压称为死区电压。硅二极管的死区电压约为0.5 V，锗二极管的死区电压约为0.2 V。当二极管外加电压超过死区电压时，正向电流开始迅速增加，正向电阻减小，这时二极管处于正向导通状态，导通后，二极管正向电阻很小。硅二极管的正向导通电压为0.5～0.7 V，锗二极管的正向导通电压为0.2～0.3 V，如图1-7所示。二极管的这种特性就像人的学习过程，刚开始努力时，可能见不到效果，形同于“死区”，但经过不懈坚持，在未来某一点就会突然开始有“电流”产生，阻力变小，学起来也就越来越顺利，随着知识的积累将获得巨大的成就。

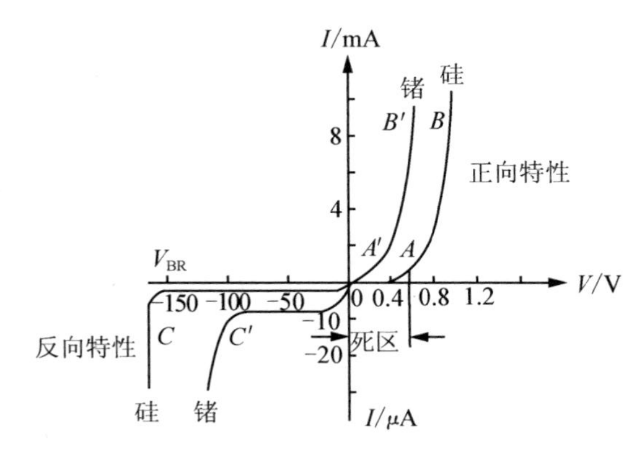

图1-7 二极管伏安特性曲线

2. 反向特性

当二极管两端外加反向电压时，反向电流很小，在很大范围内不随反向电压的变化而变化，此时的电流称为反向饱和电流，如图1-7中的$0C$段(或$0C'$段)所示。

当二极管的反向电压加到一定数值时，反向电流急剧增大，这种现象称为反向击穿。此时的电压称为反向击穿电压，用V_{BR}表示，如图1-7所示。

反向击穿有两种，分别是电击穿和热击穿，其中电击穿可恢复，热击穿不可恢复。

1.2.4 主要参数

二极管的参数是指用来表示二极管性能好坏和适用范围的技术指标，其主要参数有以下几个。

1. 最大整流电流 I_F

最大整流电流是指二极管长时间连续工作时，允许通过的最大正向平均电流值。

2. 最高反向工作电压 U_{RM}

加在二极管两端的反向电压高到一定值时，二极管会被击穿，失去单向导电能力。为了保证使用安全，规定了最高反向工作电压值。例如，1N4001二极管反向耐压为50 V，1N4007反向耐压为1000 V。

3. 反向电流 I_{RM}

反向电流是指二极管在常温(25 ℃)和最高反向电压作用下，流过的反向电流。反向电流越小，二极管的单向导电性越好。反向电流与温度有着密切的关系，温度每升高10 ℃，反向电流约增大一倍。

4. 最高工作频率 f_M

f_M是二极管的最高工作频率，主要取决于PN结电容的大小。当工作频率超过f_M时，二极管将失去单向导电性。

1.3 整流电路

整流电路主要是应用二极管的单向导电性，将交流电转换为脉动直流电的电路。根据电路结构不同可分为半波整流电路、全波整流电路以及桥式整流电路；根据交流输入的相数可分为单相整流电路和多相整流电路。本节主要介绍单相半波整流电路及单相桥式整流电路。

1.3.1　单相半波整流电路

单相半波整流电路

1. 电路结构

单向半波整流电路如图 1-8(a)所示，由变压器、整流二极管 VD 和负载电阻 R_L 组成。从图 1-8(b)可以看出，输出波形为半个波，故称为半波整流。

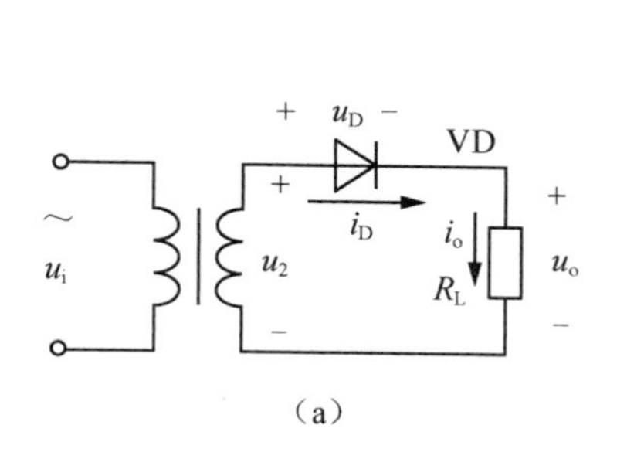

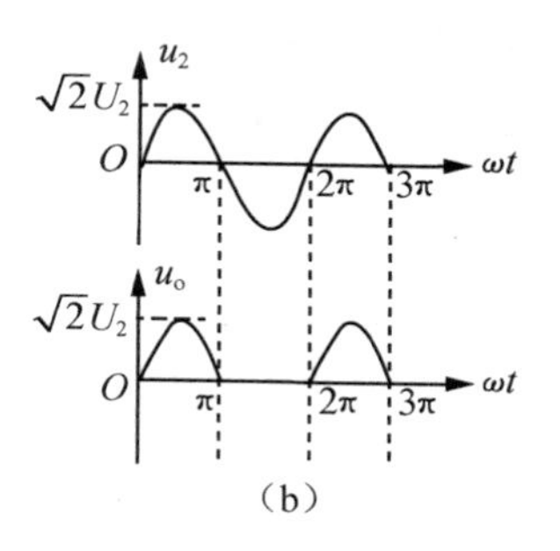

图 1-8　单向半波整流电路

2. 工作过程

u_2 正半周时，二极管 VD 承受正向电压而导通，此时负载上有电流流过，且与二极管上的电流相等，即 $i_o=i_D$。忽略二极管的电压降，则负载两端的输出电压等于变压器副边电压，即 $u_o=u_2$，输出电压 u_o 的波形与 u_2 的波形相同。

u_2 负半周时，二极管 VD 承受反向电压而截止，此时负载上无电流流过，输出电压 $u_o=0$，变压器副边电压 u_2 全部加在二极管 VD 上。

3. 负载上的直流电压与直流电流的估算

单相半波整流电路输出电压的平均值为

$$U_o=0.45U_2 \tag{1-1}$$

流过负载电阻 R_L 的电流平均值为

$$I_o=\frac{U_o}{R_L}=0.45\frac{U_2}{R_L} \tag{1-2}$$

流经二极管的电流平均值与负载电流平均值相等，即

$$I_D=I_o=0.45\frac{U_2}{R_L} \tag{1-3}$$

二极管截止时承受的最高反向电压为 u_2 的最大值，即

$$U_{RM}=U_{2M}=\sqrt{2}U_2 \tag{1-4}$$

选择二极管时，必须满足：最大整流电流 $I_{DM} \geqslant I_o$；最高反向工作电压 $U_{RM} \geqslant \sqrt{2}U_2$。

1.3.2 单相桥式整流电路

桥式整流电路

1. 电路结构

单相桥式整流电路如图 1-9(a)所示，由变压器、四只整流二极管和负载电阻 R_L 组成，其简单画法如图 1-9(b)所示。

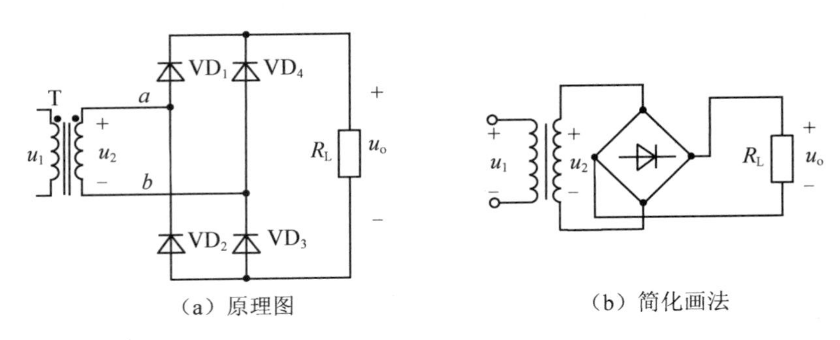

图 1-9 单相桥式整流电路

2. 工作过程

u_2 正半周时，a 点电位高于 b 点电位，二极管 VD_1，VD_3 承受正向电压而导通，VD_2，VD_4 承受反向电压而截止。此时电流的路径为 $a \to VD_1 \to R_L \to VD_3 \to b$，构成回路，其输出波形图如图 1-10 所示。

u_2 负半周时，b 点电位高于 a 点电位，二极管 VD_2，VD_4 承受正向电压而导通，VD_1，VD_3 承受反向电压而截止。此时电流的路径为 $b \to VD_4 \to R_L \to VD_2 \to a$，构成回路，其输出波形图如图 1-10 所示。

3. 负载上的直流电压与直流电流的估算

单相全波整流电压的平均值为

$$U_o = \frac{1}{\pi}\int_0^{\pi} \sqrt{2}U_2 \sin \omega t \,\mathrm{d}(\omega t) = 2\frac{\sqrt{2}}{\pi}U_2 = 0.9U_2 \tag{1-5}$$

流过负载电阻 R_L 的电流平均值为

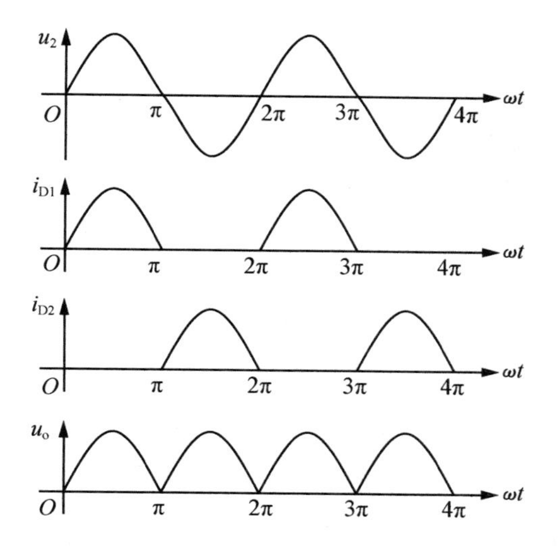

图 1-10 单相桥式整流电路输出波形图

$$I_o=\frac{U_o}{R_L}=0.9\frac{U_2}{R_L} \tag{1-6}$$

流经每个二极管的电流平均值为负载电流的一半，即

$$I_D=\frac{1}{2}I_o=0.45\frac{U_2}{R_L} \tag{1-7}$$

每个二极管在截止时承受的最高反向电压为 u_2 的最大值，即

$$U_{RM}=U_{2M}=\sqrt{2}U_2 \tag{1-8}$$

1.4 滤波电路

整流电路输出的脉动直流电，含有很大的交流成分，为了使输出电压接近于理想的直流电压，可利用电容电感等元件组成的滤波电路进一步滤除电路中交流成分，这一过程称为滤波。完成这一任务的电路称为滤波电路，也称滤波器。

滤波电路通常由电容、电感和电阻按一定的方式组合成多种形式。

1.4.1 电容滤波

1. 半波整流电容滤波电路

在半波整流电路的负载两端并联一个容量较大的电容即可构成滤波电路，如图 1-11(a)所示。

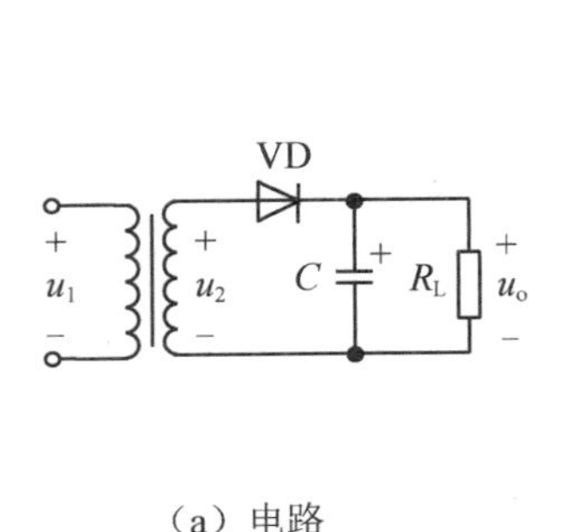

(a) 电路

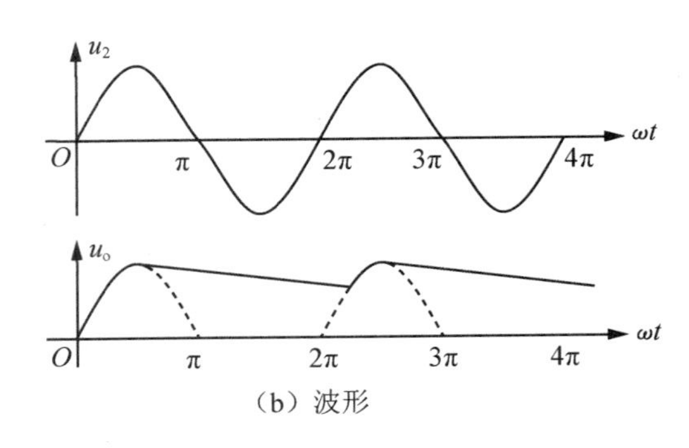

(b) 波形

图 1-11 半波整流电容滤波电路

课程思政：了解我国中车集团发明的超快速充电电容技术

u_2 为正半周时，当 u_2 大于滤波电容两端电压 u_C 时，二极管 VD 导通，u_2 向电容充电，由于充电回路电阻很小，因而充电很快，u_C 基本和 u_2 同步变化(忽略二极管 VD 的正向压降)。当 $t=\pi/2$ 时，u_2 达到峰值，电容器两端的电压 u_C 也近似达到最大值。

当 u_2 由峰值下降到小于 u_C 时，二极管 VD 截止，此时电容器向负载 R_L 放电，由于放电时间常数($\tau=RC$)相对较大，故放电速度较慢。电容器继续放电，输出电压也逐渐下降，直到下一个周期到来。当 $u_2>u_C$ 时，电容器再次充电，不断重复第一周期的过程。

接入滤波电容器后，输出电压变得比较平滑，而且滤波电容器容量越大，负载电阻 R_L 越大，电容器放电越缓慢，输出电压越平滑，输出波形如图 1-11(b)所示。

半波整流电容滤波电路的输出电压可按下列公式估算：

$$U_o=U_2 \tag{1-9}$$

2. 桥式整流电容滤波电路

在桥式整流负载两端并联一个大容量的电容器即可构成滤波电路，如图 1-12(a)所示。桥式整流电容滤波电路工作原理与半波整流电容滤波电路类似，不同的是在一个周期内 VD_1，VD_3 与 VD_2，VD_4 轮流导通对电容 C 充电，致使电容器放电时间缩短，输出电压更加平滑，输出电压平均值升高，输出电压波形图如图 1-12(b)所示。

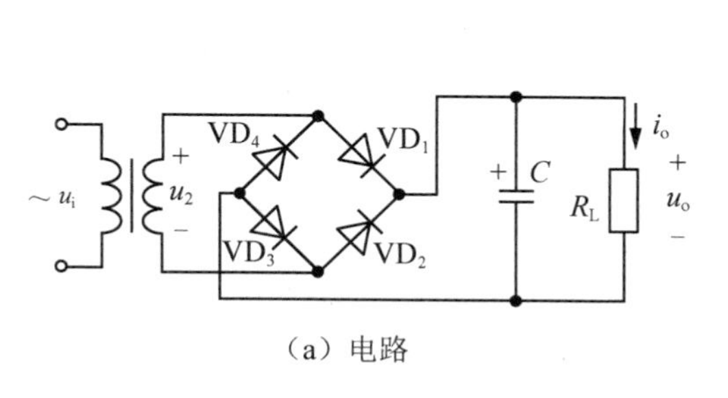

(a) 电路

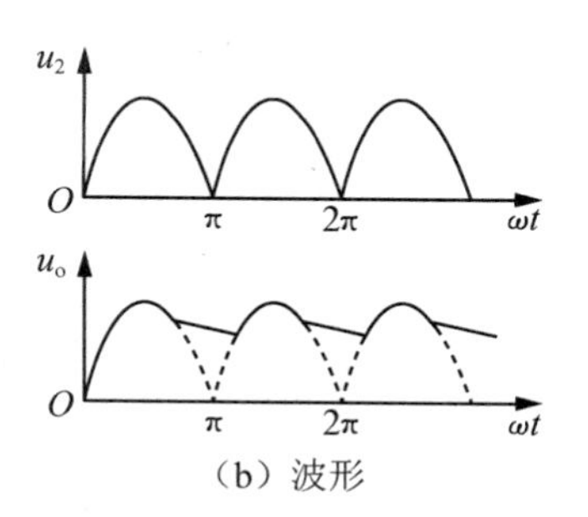

(b) 波形

图 1-12　桥式整流电容滤波电路

桥式整流电容滤波电路的输出电压可按下列公式估算：

$$U_o = 1.2U_2 \tag{1-10}$$

3. 电容滤波电路的特点

①元件少，成本低。

②输出电压高，脉动小。

③电容滤波电路的输出特性曲线如图 1-13 所示。电容滤波电路的输出电压在负载变化时波动较大，说明它的带负载能力较差，只适用于负载较轻且变化不大的场合。

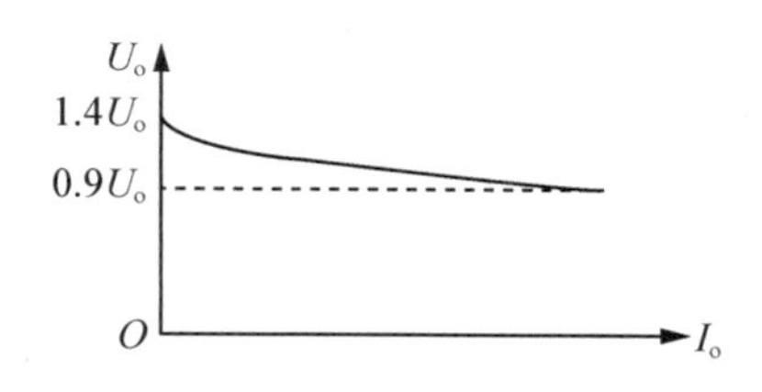

图 1-13　电容滤波电路的输出特性曲线

1.4.2　电感滤波

1. 电路组成

电感滤波电路由变压器、桥式整流电路、电感线圈 L、负载电阻 R_L 串联组成，如图 1-14 所示。电感滤波电路适用于大电流负载。

2. 工作原理

当流过电感的电流发生变化的时候，电感线圈中会产生自感电动势阻碍电流的变化，桥式整流后输出的脉动直流电，通过电感线圈，在负载 R_L 上输出较为平滑的直流电，如图 1-15 所示。

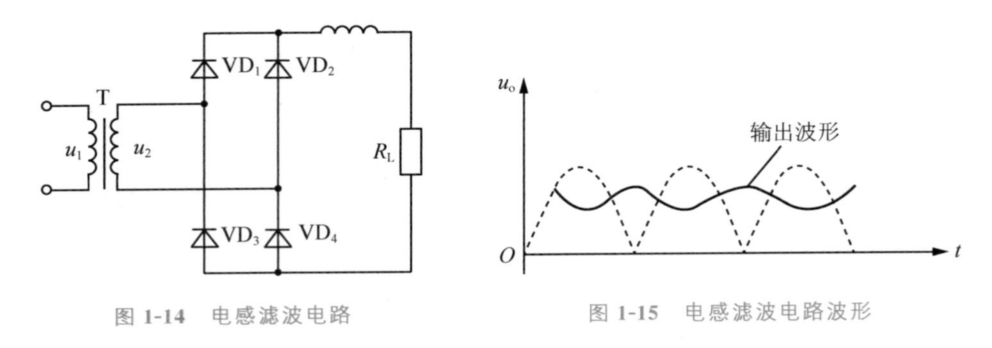

图 1-14　电感滤波电路

图 1-15　电感滤波电路波形

桥式整流电感滤波电路的输出电压可按下列公式估算：

$$U_o = 1.1U_2 \tag{1-11}$$

因为电感对直流电的阻抗较小，对交流电的阻抗较大，因此能够得到较好的滤波效果而且直流损耗小。要想实现好的滤波效果，势必要增加电感的匝数，这样电感的体积将会增加，成本也会增加。

1.4.3　复式滤波

为了进一步滤除电路中的交流成分，可采用复式滤波器。常见的复式滤波电路有 *LC* 型滤波电路，π 型 *LC* 滤波电路(*CLC* 型)和 π 型 *RC* 滤波电路(*CRC* 型)，如图 1-16 所示。

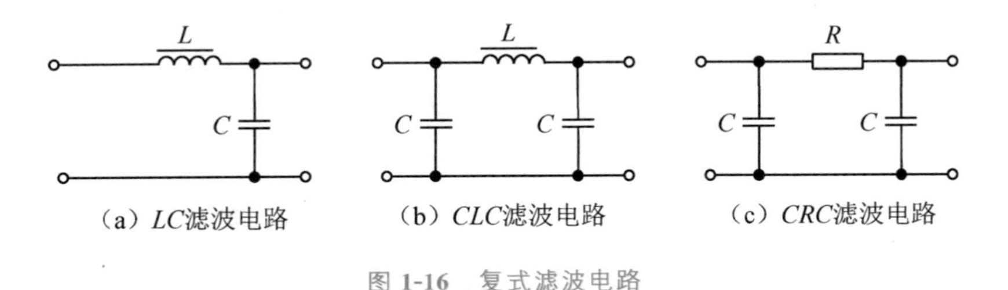

(a) *LC*滤波电路　(b) *CLC*滤波电路　(c) *CRC*滤波电路

图 1-16　复式滤波电路

1. *LC* 型滤波电路

电感滤波电路带负载能力强，在输出时再加上电容将剩余的纹波旁路掉，可以降低对元件的电流冲击，使输出电压更加平稳。

2. π 型 *LC* 滤波电路(*CLC* 型)

π 型 *LC* 滤波电路体积大，但是可以输出纹波更低的电压，也就是说，其输出电压波形更平滑。

3. π型 *RC* 滤波电路(*CRC* 型)

在电容滤波的基础上再加一级 *RC* 滤波电路即可组成 π 型 *RC* 滤波电路，经过第一级滤波之后，残余的纹波电压降落在电阻 *R* 的两端，最后再由后级电容 *C* 旁路掉。若要实现较好的滤波，只能增大 *R* 和后级电容 *C*，这样势必会增加电路的功耗，因此该电路一般用于负载电流较小的场合。

1.5 特殊二极管

1.5.1 稳压二极管

特殊二极管

1. 稳压二极管的实物和图形符号

稳压二极管常用在稳压电路的稳压模块中，其实物和图形符号如图 1-17 所示。

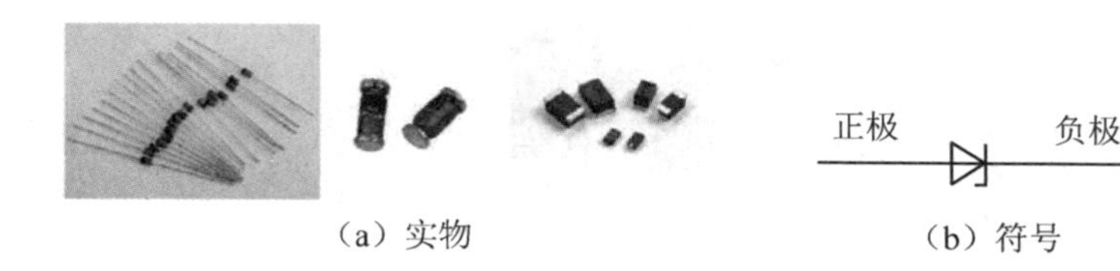

图 1-17　稳压二极管的实物和图形符号

2. 稳压二极管的伏安特性

稳压二极管伏安特性与普通二极管相似，其正向特性相同，不同的是反向特性时击穿电压较低。

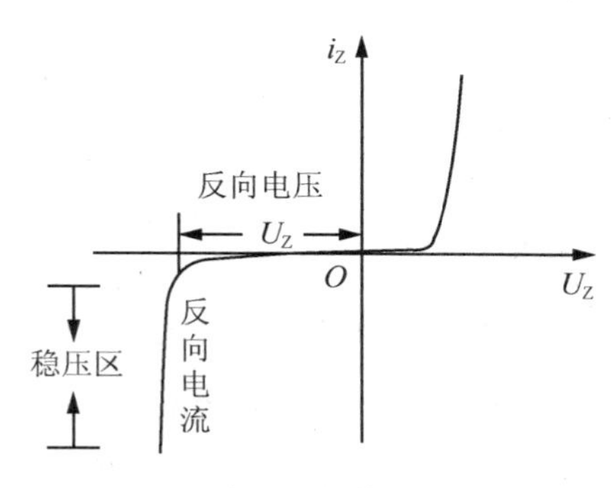

图 1-18　稳压二极管的特性曲线

从图 1-18 中可以看出，如果把击穿电流限制在一定的范围内，稳压二极管就可以长时间稳定工作在反向击穿区。反向电压 U_Z 即稳压值。稳压二极管就是利用二极管反向击穿时电压几乎不变的特性实现稳压的。

稳压二极管的主要参数有稳定电压及稳定电流。稳定电压是指反向击穿电压，一般标于稳压二极管的外壳上。稳定电流是指稳压二极管工作在稳定状态时流过的电流，为防止稳压二极管发生热击穿(流过二极管的电流超过了临界极限，导致内部温度过高，致使内部结构损毁)，要求稳压二极管工作时不能超过最大稳定电流。

3. 稳压二极管的检测

检测方法与普通二极管相同，但稳压二极管的正向电阻比普通二极管的正向电阻要大一些。

1.5.2 发光二极管

1. 发光二极管的实物和图形符号

发光二极管与普通二极管一样也是由 PN 结构成，同样具有单向导电性。其电路实物和图形符号如图 1-19 所示。

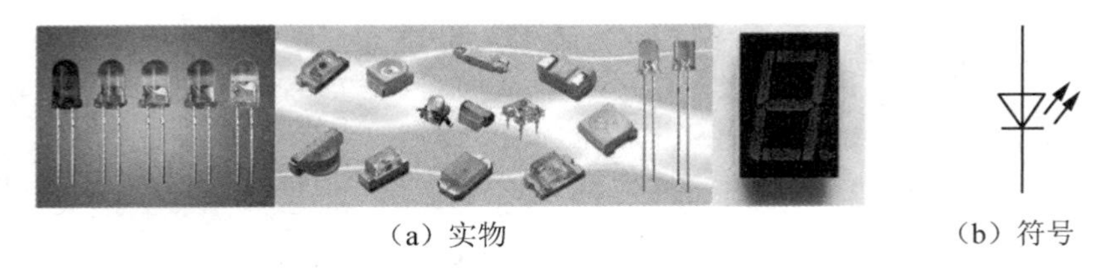

(a) 实物　　(b) 符号

图 1-19　发光二极管的实物和图形符号

半导体发光二极管(LED)广泛应用于指示灯、仪表显示、手机背光源和车载光源等照明领域。

2. 发光二极管的伏安特性

发光二极管伏安特性曲线与普通二极管特性曲线相似。发光二极管临界导通状态下的电压称为阈值电压。开始时发光二极管两端的电压变化，流过二极管的电流几乎不变，当正向电压大于阈值电压后，电流随电压变化呈线性增加，进入发光段，当满足电流条件时，发光二极管会发光，如图 1-20 所示。

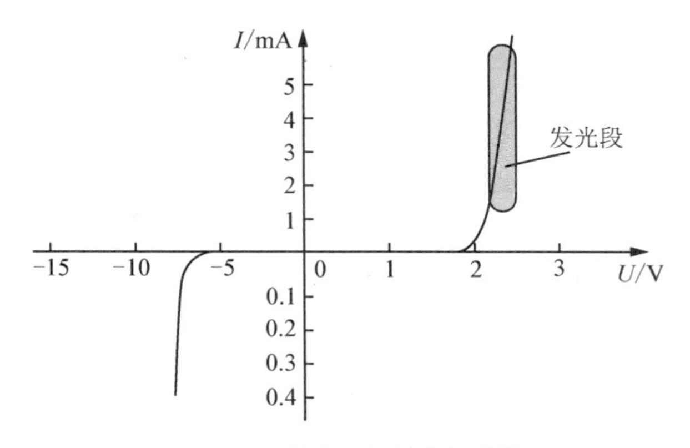

图 1-20　发光二极管特性曲线

3. 发光二极管的检测

检测方法与普通二极管相同，当满足电流条件时，发光二极管会发光。

1.5.3　光电二极管

1. 光电二极管的实物和图形符号

广泛应用于各种光敏传感器、光电控制器的光电二极管其实物和图形符号如图 1-21 所示。

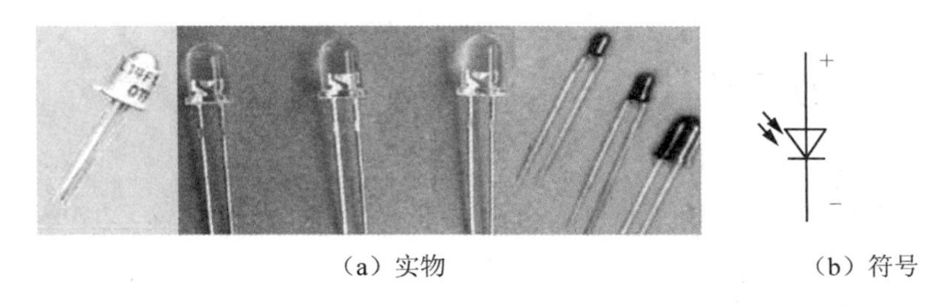

（a）实物　　（b）符号

图 1-21　光电二极管的实物和图形符号

2. 光电二极管的特性

光电二极管工作在反向特性区。在反向电压作用下，没有光照时，反向电流极其微弱，称为暗电流；有光照时，反向电流迅速增大到几十微安，称为亮电流。光的强度越大，反向电流也越大，如图 1-22 所示。

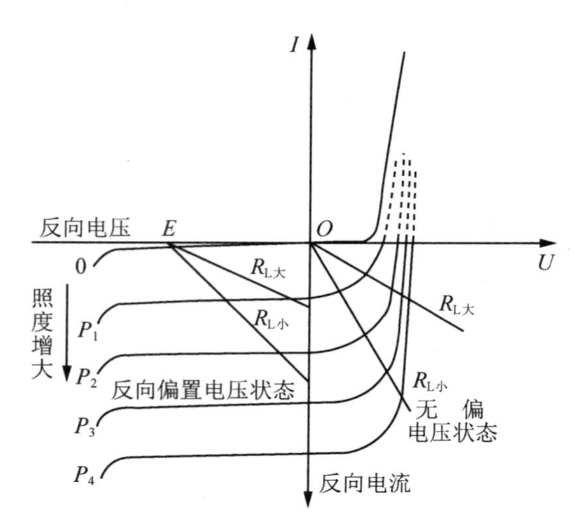

图 1-22 光电二极管特性曲线

实训 1 二极管的检测

二极管的
识别与检测

【实训目标】

1. 学会识读二极管极性。

2. 学会用指针万用表和数字万用表判断二极管的好坏。

3. 学会用指针万用表和数字万用表判别二极管的极性。

4. 学会区分硅二极管和锗二极管。

【实训内容】

识读二极管的外形判断其极性，用指针万用表检测二极管，用数字万用表检测二极管。

【实训准备】

指针万用表、数字万用表、二极管、发光二极管。

【实训步骤】

1. 识读二极管

(1)二极管的型号命名方法

二极管的型号命名由五个部分组成：主称、材料与极性、类别、序号、规格号，见表 1-1。

表 1-1　二极管的型号命名方法

第一部分 主称		第二部分 材料与极性		第三部分 类别		第四部分 序号	第五部分 规格号
数字	意义	字母	意义	字母	意义		
2	二极管	A	N 型 锗材料	P	小信号管 （普通管）	用数字表示同一类别产品序号	用字母表示产品规格、档次
				W	电压调整管和电压基准管（稳压管）		
				L	整流堆		
		B	P 型 锗材料	N	阻尼管		
				Z	整流管		
				U	光电管		
		C	N 型 硅材料	K	开关管		
				B 或 C	变容管		
				V	混频检波管		
		D	P 型 硅材料	JD	激光管		
				S	隧道管		
				CM	磁敏管		
		E	化合物 材料	H	恒流管		
				Y	体效应管		
				EF	发光二极管		

（2）外形识别

从外形上识别二极管，整流二极管[图 1-23(a)]涂白的一极为二极管的负极；棕色的开关二极管[图 1-23(b)]涂黑的一极为负极；发光二极管[图 1-23(c)]引脚短的一极为负极。

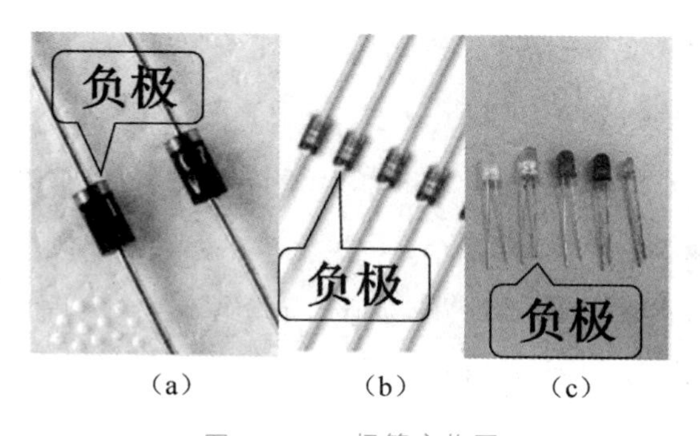

图 1-23　二极管实物图

2. 用指针万用表检测二极管

选用万用表电阻挡 $R\times1$ kΩ 或 $R\times100$ Ω 进行测量。

①调零：将两表笔短接，调节调零旋钮，将电阻调至零。

②测电阻：将万用表的红黑表笔分别接二极管的两端，读数，电阻较小时，黑表笔所接的为二极管的正极，红表笔所接的为负极，如图 1-24 所示。

图 1-24　用指针万用表检测二极管

选择合适挡位，测量二极管的正反向电阻，填写在表 1-2 中。

表 1-2　测量结果记录表

选择挡位	正向测量值	反向测量值	二极管的状态判断

③辨别好坏。如果测得的正反向电阻均很小，说明二极管内部短路；如果测得的正反向电阻均很大，则说明二极管内部断路。出现这两种情况说明二极管已损坏。

3. 用数字万用表检测二极管

①将数字万用表调至“”挡。

②将万用表的红黑表笔分别接二极管的两端，读数，显示“1.”时，表示电阻无穷大，说明此时二极管处于截止状态；显示“0.558”时，红表笔接的是二极管的正极，黑表笔接的是二极管的负极，读数为二极管的导通电压，如图 1-25 所示。也就是说，用数字万用表测量二极管时，显示导通电压值时，红表笔接的是二极管的正极，黑表

笔接的是二极管的负极。（注：在实训过程中，因选择的二极管不同，其导通电压也会有所不同。）

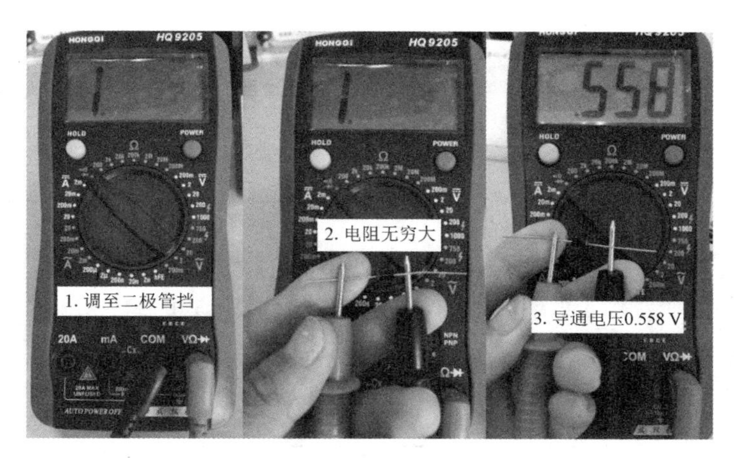

图 1-25　用数字万用表检测二极管

用数字万用表测量二极管，填写在表 1-3 中。

表 1-3　测量结果记录表

选择挡位	正向测量值	反向测量值	二极管的状态判断

4. 二极管工作特性的测量

将二极管接在电路中时，如何测量其特性呢？

用面包板搭建图 1-26 所示电路，用万用表测量二极管 VD 两端的导通电压，换二极管再次测量，并将测量结果填写在表 1-4 中。

硅二极管一般正向压降为 0.5～0.7 V，锗二极管的正向压降为 0.2～0.3 V，根据测量结果判断二极管的材料是硅还是锗。

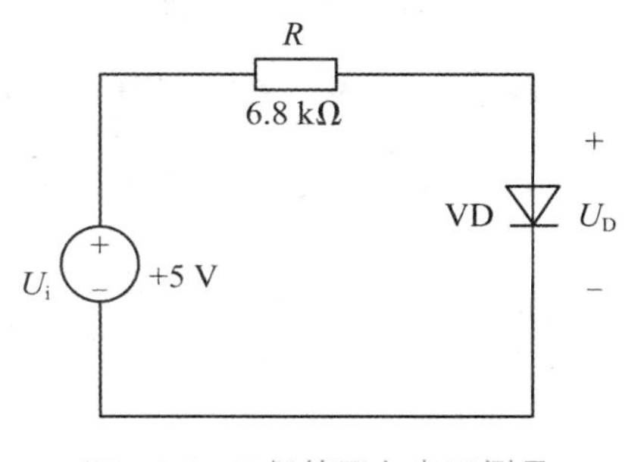

图 1-26　二极管正向电压测量

表 1-4 测量结果记录表

选择挡位	二极管型号	正向导通电压值	二极管的材料

5. 二极管伏安特性的测试

①搭建图 1-27 所示电路，改变 U_i 的电压，按照表 1-5 中的数据测量二极管两端的电压 U_D 或电流 I，并把相应的电压 U_D 和电流 I 填入表中。

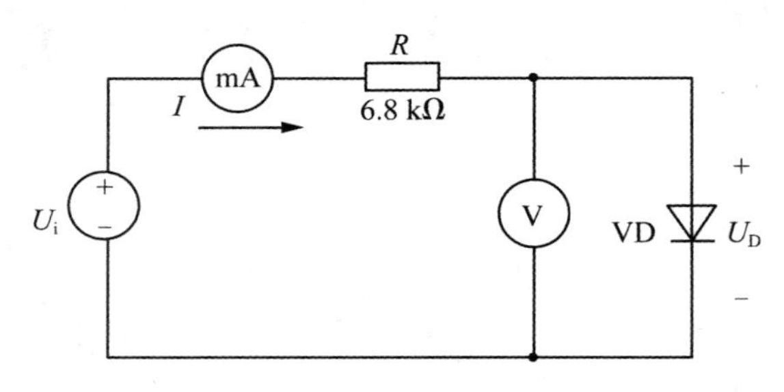

图 1-27 二极管正向特性测量

表 1-5 测量结果记录表

U_D/V	0	0.5						
I/mA			0.5	1	2	3	5	10

因二极管两端所加为正向电压，故此时所测量的电压或电流值均应为正值。

②搭建图 1-28 所示电路，改变 U_i 的电压，按照表 1-6 中的数据测量流过二极管两端的电流 I，并把相应的测量数据填入表中。

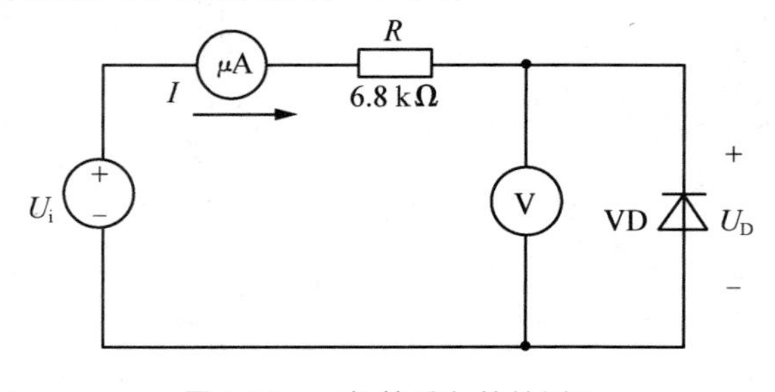

图 1-28 二极管反向特性测量

表 1-6 测量结果记录表

U_D/V	−1	−5	−10	−15	−20
I/A					

因二极管两端所加为反向电压，故此时所测量的电流值均应为负值。

③根据表 1-5 和表 1-6 测量结果在图 1-29 中绘制二极管的伏安特性曲线，即 U-I 关系曲线，U 为横坐标，I 为纵坐标。

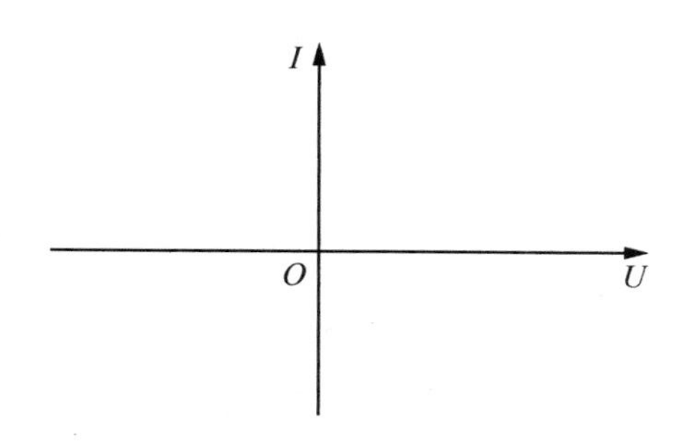

图 1-29 绘制伏安特性曲线

【实训小结】

因二极管具有单向导电性，其正向电阻小而反向电阻很大，故可用万用表的电阻挡判别其极性及好坏。

通过搭建电路，测量二极管两端的电压及流过二极管的电流的关系，绘制二极管的伏安特性，得出二极管具有单向导电性。

【实训评价】

班级		姓名	成绩	
任务	考核内容	考核要求	学生自评	教师评分
二极管识别与检测	识读二极管（10 分）	能够根据外形正确选择出普通的二极管		
	引脚判别（20 分）	能够使用指针万用表判断区分二极管的正、负极		
		能够使用数字万用表判断区分二极管的正、负极		
	故障检测（10 分）	会判别二极管的好坏		

续表

任务	考核内容	考核要求	学生自评	教师评分
二极管特性测试	二极管参数测量(20分)	会搭建二极管正向电压测量电路，会测量二极管的正向导通电压，能够根据导通电压判别其材料		
		会搭建二极管正反向测量电路，会测量流过二极管的电流及二极管两端的电压		
	特性曲线(10分)	会绘制二极管的特性曲线		
安全规范	规范(10分)	工具摆放规范		
	整洁(10分)	台面整洁，安全		
职业态度	考勤纪律(10分)	按时上课，不迟到早退； 按照教师的要求动手操作； 实训完毕后，关闭电源，整理工具和仪器仪表		
小组评价				
教师总评	签名：　　　　日期：			

实训2 桥式整流滤波电路的搭建与检测

【实训目标】

1. 掌握桥式整流滤波电路的测试方法。
2. 学会绘制桥式整流滤波电路中的电压波形。

【实训内容】

测试桥式整流滤波电路的电压，绘制整流电路的电压波形。

【实训准备】

双踪示波器，数字万用表，模拟电路实验台，元器件(整流二极管、100 μF电解电容、10 kΩ电阻、发光二极管)，面包板。

【实训步骤】

1. 核对并检测元件

①按照元件清单核对元件数量、规格、型号，见表1-7。

表1-7 元件列表清单

序号	文字符号	元件名称及规格	数量（个）	电气符号	实物图形	备注
1	VD	整流二极管（1N4007）	4			构成整流电路
2	C	滤波电容（电解电容）（100 μF/16 V）	1			主要起到滤波作用
3	LED1	发光二极管	1			
4	R_L	负载电阻（10 kΩ）	1			负载

②检测元件。检测元件参数（如电阻的阻值）、极性及好坏。

2. 用面包板搭建电路（图1-30）

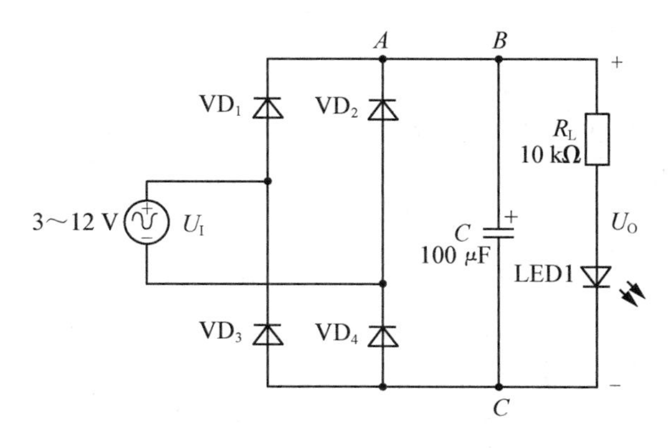

图1-30 桥式整流滤波电路

元器件装配工艺要求：二极管、电阻均采用水平安装，元件体紧贴面包板。

布局要求：疏密均匀，按照原理图一字形排列，左输入、右输出，每个安装孔只插入一个元件引脚，元器件水平或垂直放置。

布线要求：按电路原理图布线，布线应做到横平竖直，转角成直角，导线不能相互交叉，确需交叉的导线应在元件体下穿过。

3. 通电测试

①检查电路。

②接通电源，用数字万用表测量输出电压值，填入表1-8中。

表1-8 测量结果记录表

电路	输出直流 电压测量值	输出电压 波形简图	输出电压 峰峰值
桥式整流滤波电路			
桥式整流 （去掉电容）			
半波整流 （去掉电容、任一 一只二极管）			

③用示波器观察输出波形，将波形画入表1-9中。

表1-9 波形记录表

桥式整流滤波电路输出波形	周期	幅度
	量程范围	量程范围

续表

桥式整流输出波形 （去掉电容）	周期	幅度
	量程范围	量程范围
半波整流输出波形 （去掉电容、任一一只二极管）	周期	幅度
	量程范围	量程范围

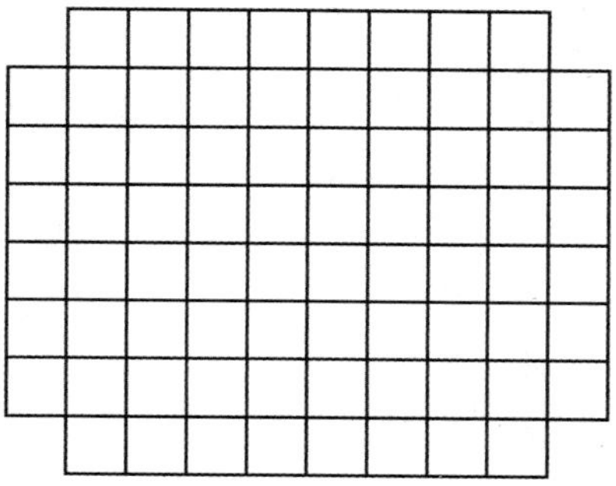

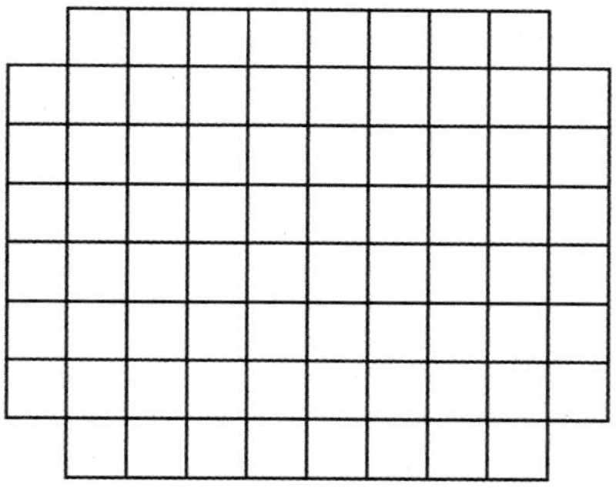

【实训小结】

输入信号采用电工电子实训台 3～12 V 交流电源供电，经四只整流二极管组成的桥式整流电路、电容滤波电路之后输出电压为输入电压的 1.2 倍，即 $U_O=1.2U_I$。

通过搭建不同的电路掌握半波整流电路、桥式整流电路、整流滤波电路，通过测量输出电压，掌握这三种电路的异同点。

【实训评价】

<table>
<tr><td>班级</td><td></td><td>姓名　　|</td><td>成绩</td><td></td></tr>
<tr><td>任务</td><td>考核内容</td><td>考核要求</td><td>学生自评</td><td>教师评分</td></tr>
<tr><td rowspan="3">搭建电路</td><td>元器件的检测
(10 分)</td><td>根据元器件的清单，识别元器件；
通过检测，判断元器件的质量，坏的元器件需要及时更换</td><td></td><td></td></tr>
<tr><td>电路搭建
(5 分)</td><td>能按照实训电路图正确搭建电路</td><td></td><td></td></tr>
<tr><td>布局
(5 分)</td><td>元器件布局合理</td><td></td><td></td></tr>
<tr><td rowspan="4">通电测试</td><td>输入、输出
电压测量(15 分)</td><td>能正确使用数字万用表测量相关电压</td><td></td><td></td></tr>
<tr><td>输入、输出波形
测量(15 分)</td><td>能正确使用示波器测量波形，会通过示波器的波形计算频率</td><td></td><td></td></tr>
<tr><td>参数测量
(10 分)</td><td>能分析相关二极管开路时电路的工作状态</td><td></td><td></td></tr>
<tr><td>故障检测
(10 分)</td><td>能检测并排除常见故障</td><td></td><td></td></tr>
<tr><td rowspan="2">安全规范</td><td>规范
(10 分)</td><td>工具摆放规范</td><td></td><td></td></tr>
<tr><td>整洁
(10 分)</td><td>台面整洁，安全</td><td></td><td></td></tr>
<tr><td>职业态度</td><td>考勤纪律
(10 分)</td><td>按时上课，不迟到早退；
按照教师的要求动手操作；
实训完毕后，关闭电源，整理工具和仪器仪表</td><td></td><td></td></tr>
<tr><td>小组评价</td><td colspan="4"></td></tr>
<tr><td>教师总评</td><td colspan="4">签名：　　　　日期：</td></tr>
</table>

要点总结

1. 半导体的导电能力随着掺入的杂质、输入的电压(或电流)、温度和光照条件的不同而发生很大的变化。半导体具有掺杂特性、光敏特性、热敏特性三大特性。由纯净的硅或锗构成的半导体称为本征半导体，杂质半导体中主要靠电子导电的称为 N 型半导体，主要靠空穴导电的称为 P 型半导体。

2. 采用一定的加工工艺将 P 型半导体和 N 型半导体紧密地结合在一起，在其交界处形成一个特殊的接触面，称为 PN 结。PN 结加正向电压时导通，加反向电压时截止，这种特殊性称为 PN 结的单向导电性。

3. 二极管由 PN 结构成，因此二极管也具有单向导电性。二极管的伏安特性分为正向特性和反向特性两部分，其中正向特性分为死区和正向导通区。硅二极管的死区电压约为 0.5 V，正向导通电压为 0.5～0.7 V；锗二极管的死区电压约为 0.2 V，正向导通电压为 0.2～0.3 V。反向特性分为反向截止区及反向击穿区。

4. 将交变电流变化为脉动直流电的过程称为整流。利用二极管的单向导电性可以组成半波整流、桥式整流电路。利用电容电感等元件组成的滤波电路进一步滤除电路中交流成分，称为滤波，滤波电路一般接在整流电路后面。

5. 稳压二极管工作在反向击穿区，光电二极管工作在反向特性区，发光二极管工作在正向导通区。

巩固练习

一、填空题

1. 半导体的导电能力随着掺入的________、输入的________、________和________的不同而发生很大的变化。

2. 半导体中主要靠电子导电的称为________型半导体，主要靠空穴导电的称为________型半导体。

3. 将 P 型半导体和 N 型半导体紧密地结合在一起，则在它们的交界处形成一特殊层称为________。

4. PN 结加正向电压时________，加反向电压时________，这种特殊性称为 PN

结的________导电性。

5. 硅二极管的死区电压约为________V，正向导通电压为________V。锗二极管的死区电压约为________V，正向导通电压为________V。

6. 将交变电流变换成单向脉动电流的过程叫________。在整流电路的输出端并联一个电容，利用电容的________特性可以使脉动电压变得较平稳，这个电容的作用叫________。

7. 常用的滤波电路有________、________和复式滤波等几种，滤波电路一般接在________电路后面。

8. 稳压二极管是利用二极管的________特性工作的。

9. 光电二极管工作在________区，发光二极管工作在________区。

10. 用指针万用表判断二极管的极性时，选用________电阻挡。

二、判断题

1. 一般来说，硅二极管的导通电压大于锗二极管的导通电压。（　）

2. 整流输出电压经电容滤波后，电压波动减小，故输出直流电压也下降。（　）

3. 二极管在反向电压小于反向击穿电压时，反向电流极小；当反向电压大于反向击穿电压后，反向电流会迅速增大。（　）

4. 同硅二极管相比，锗二极管的参数更易受温度的影响。（　）

5. 半导体分本征、掺杂半导体，二者导电能力相等。（　）

三、综合题

1. 二极管电路如图 1-31 所示，判断二极管 VD_1，VD_2 的状态。

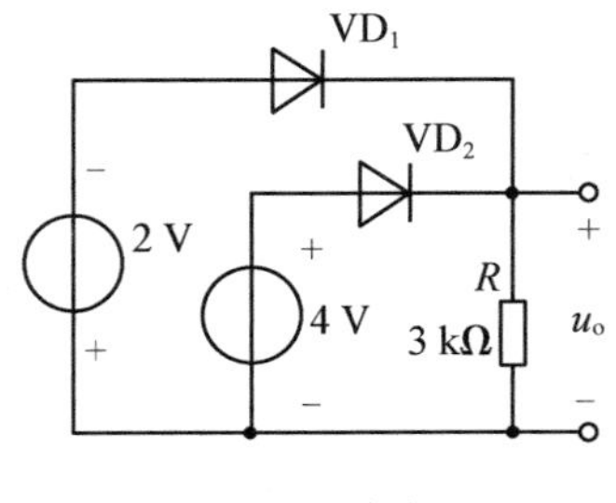

图 1-31　综合题 1

2. 写出图 1-32 所示各电路的输出电压值，设二极管为理想二极管。

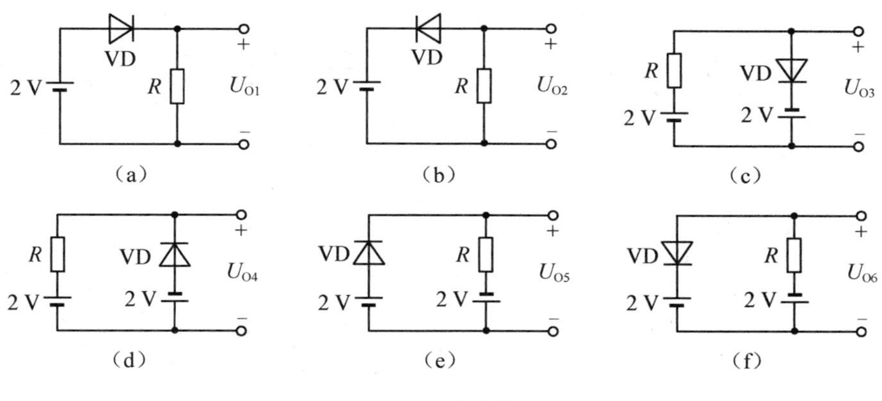

图 1-32　综合题 2

单元 2

三极管及放大电路

三极管是半导体基本元器件之一，是电子电路的核心元件，常用在放大电路及开关电路中。

知识目标

1. 掌握三极管的结构及电路符号。

2. 理解三极管的输入输出特性曲线。

3. 了解三极管的类型和主要参数。

4. 掌握基本放大电路的组成及工作原理。

5. 理解分压式偏置电路的电路结构及工作原理。

6. 了解放大器的基本分析方法及性能指标。

7. 了解温度对静态工作点的影响，理解稳定静态工作点的意义。

8. 了解放大器的级间耦合方式及主要性能指标。

能力目标

1. 学会查阅元器件手册，能够按要求选择合适的三极管。

2. 能够用万用表检测三极管极性并判断其好坏。

3. 能够正确搭建基本放大电路并测试其静态工作点及输入输出波形。

4. 能够正确搭建分压式偏置电路并测试其静态工作点及输入输出波形。

5. 能够分析放大电路中常见的故障及其原因。

课程思政：了解我国芯片设计现状

2.1 三极管

三极管又称晶体三极管，有双极型和单极型两种类型。本单元主要介绍双极型三极管(Bipolar Junction Transistor，BJT)。双极型三极管是一种电流控制型器件，常用于放大电路、振荡电路及开关电路。

2.1.1　三极管的结构与分类

三极管的结构与分类

1. 三极管的结构

三极管由两个紧靠着的PN结构成，如图2-1所示。这两个PN结将半导体的基片分成了集电区、基区、发射区三个区，其中基区很薄且杂质浓度低，集电区的面积较大，发射区较厚且杂质浓度大。由这三个区各引出一个电极，分别称为集电极(c)、基极(b)、发射极(e)，基极和发射极之间的PN结称为发射结，基极和集电极之间的PN结称为集电结。

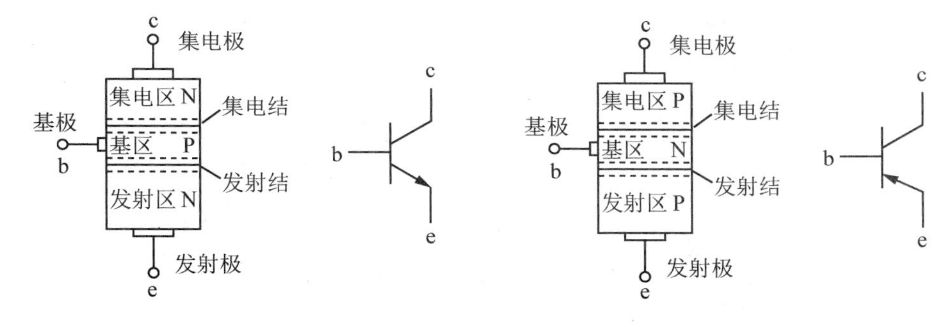

图2-1　三极管的结构和符号

2. 三极管的分类

课程思政：了解晶体管发展历程及我国半导体科技发展历程

根据半导体内部结构不同，三极管可以分为NPN型和PNP型两种，其结构和电路符号如图2-1所示。

根据材料不同，可分为锗三极管和硅三极管。硅三极管受温度影响较锗三极管小，性能更稳定，所以应用更广泛。

根据三极管的工作频率不同，分为低频三极管、高频三极管和超高频三极管。

根据功率不同，分为小功率三极管(耗散功率<0.5 W)、中功率三极管(0.5～1 W)和大功率三极管(耗散功率≥1 W)，如图2-2所示，从左至右分别为小功率三极管、中功率三极管、大功率三极管。

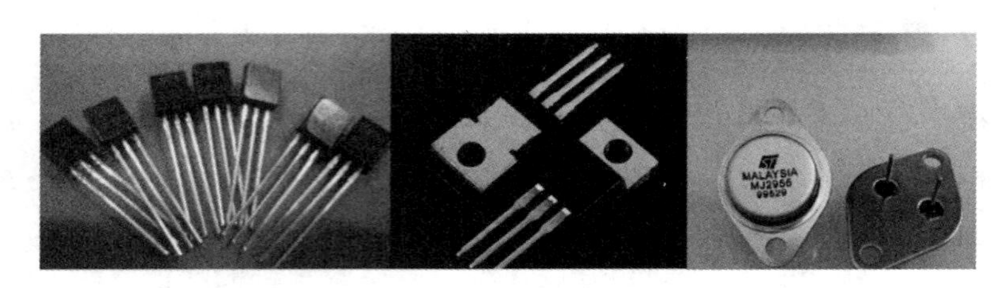

图 2-2 三极管的实物

根据用途的不同，分为放大三极管和开关三极管等。

三极管的
电流放大作用

2.1.2 三极管的电流放大作用

1. 三极管各电极上的电流分配关系

以 NPN 型三极管为例，搭成图 2-3 所示电路。U_{BB} 为基极电源，通过电位器 R_P 和基极电阻 R_B 为三极管的发射结提供正偏电压；集电极电源 U_{CC} 通过集电极电阻 R_C 为集电结提供反向偏置电压。为保证三极管工作在放大状态，需要 U_{CC} 的电压高于 U_{BB} 的电压。改变电位器 R_P，基极电流 I_B、集电极电流 I_C 和发射极电流 I_E 都发生变化，测量结果见表 2-1。

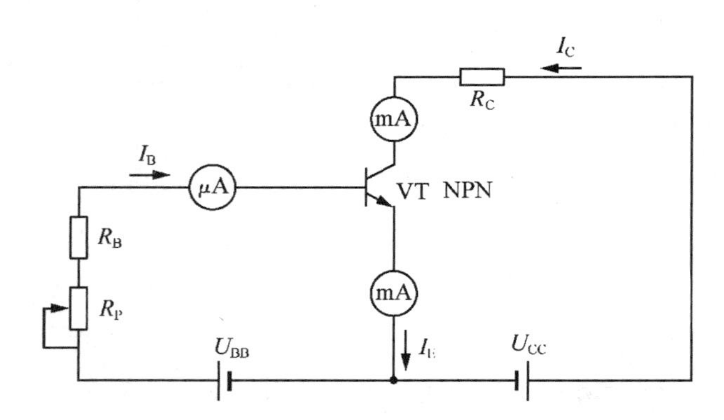

图 2-3 三极管电流放大实验电路

表 2-1 三极管各极电流测量数据 (单位：mA)

I_B	0	0.01	0.02	0.03	0.04	0.05
I_C	<0.001	0.51	1.03	1.58	2.04	2.60
I_E	<0.001	0.52	1.05	1.62	2.08	2.65

由表 2-1 中可以得出三极管中的电流分配关系：

$$I_E = I_C + I_B \tag{2-1}$$

即流过三极管发射极的电流等于流过三极管基极和集电极的电流之和，从表 2-1 中可以看出基极电流相对较小，可以得出

$$I_E \approx I_C \tag{2-2}$$

2. 三极管的电流放大作用

从表 2-1 中可以看出，当基极电流 I_B 从 0.01 mA 变为 0.02 mA 时，集电极电流 I_C 从 0.51 mA 变为 1.03 mA，比较这两个变化量可以得出

$$\frac{\Delta I_C}{\Delta I_B} = \frac{1.03\ \text{mA} - 0.51\ \text{mA}}{0.02\ \text{mA} - 0.01\ \text{mA}} = 52$$

这说明当基极电流 I_B 有一个微小的变化时，就会引起集电极电流 I_C 较大的变化，这就是三极管的电流放大作用。用符号 β 表示，即

$$\beta = \frac{\Delta I_C}{\Delta I_B} \tag{2-3}$$

β 称为三极管的交流放大倍数，与三极管的材料、结构以及三极管的工作电流有关。

在表 2-1 中，每一组集电极电流与基极电流之间的关系式为

$$\bar{\beta} = \frac{I_C}{I_B} \tag{2-4}$$

例如，根据第二列数据，可以得出

$$\bar{\beta} = \frac{I_C}{I_B} = \frac{0.51\ \text{mA}}{0.01\ \text{mA}} = 51$$

$\bar{\beta}$ 称为三极管的直流放大倍数，对于同一只三极管而言，其直流放大倍数与交流放大倍数近似相等，即

$$\bar{\beta} \approx \beta \tag{2-5}$$

2.1.3　三极管的伏安特性曲线

三极管的伏安特性曲线

三极管的伏安特性曲线指的是三极管外部各极电流与极间电压之间的关系曲线，分为两个部分：输入特性曲线和输出特性曲线。

1. 输入特性曲线

三极管的输入特性曲线指的是当集电极与发射极之间的电压 U_{CE} 不变时，输入回

路中基极与发射极之间的电压 U_{BE} 与基极电流 I_B 之间的关系曲线，如图 2-4 所示。

在图 2-5 所示三极管的输入回路中，三极管的发射结正向偏置，因此，三极管的输入特性曲线与二极管的正向伏安特性曲线相似，也存在着死区电压。当发射结电压超过死区电压时，三极管才能正常工作，硅三极管的 U_{BE} 为 0.5～0.7 V，锗三极管的 U_{BE} 为 0.2～0.3 V。

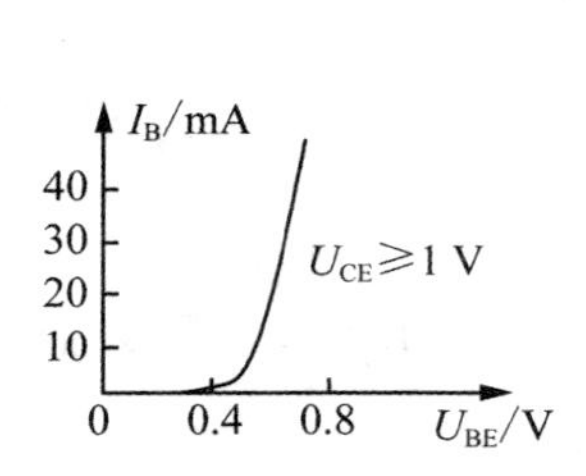

图 2-4　三极管的输入特性

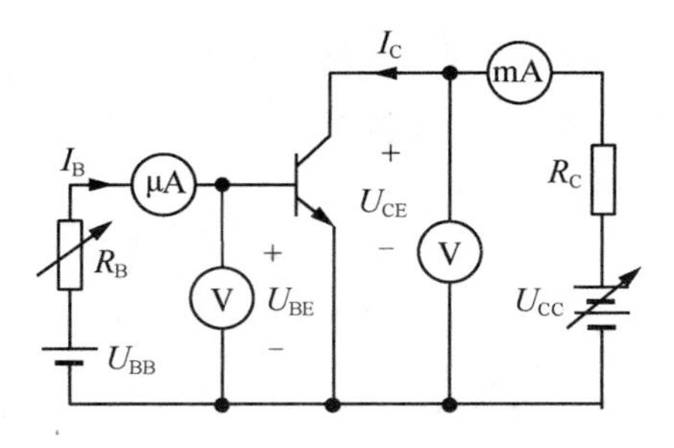

图 2-5　测量三极管特性的实验电路

2. 输出特性曲线

三极管的输出特性曲线指的是当基极与发射极之间的电压 U_{BE} 不变时，集电极与发射极之间的电压 U_{CE} 与集电极电流 I_C 之间的关系曲线，如图 2-6 所示。

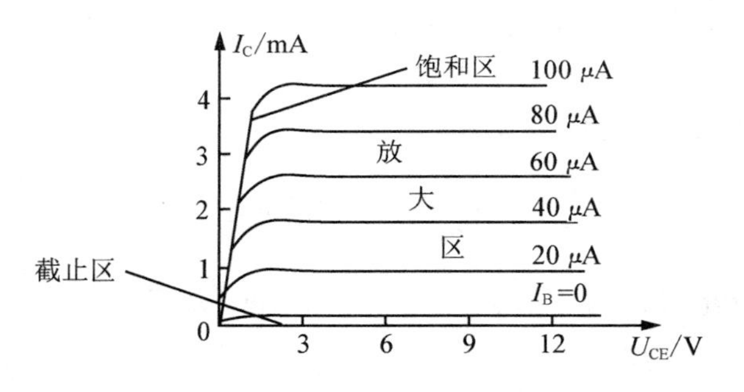

图 2-6　三极管输出特性曲线

从图 2-6 中可以看出 I_B 不同时，对应的 I_C 及输出特性曲线也不同，所以三极管的输出特性曲线是一组曲线，可以分为以下三个工作区。

(1)截止区

基极电流 $I_B=0$ 曲线下方所对应的区域为截止区。

在截止区，$I_B=0$，I_C 近似等于零，发射结和集电结均反偏，三极管没有电流放大作用，相当于一个断开的开关。

(2)饱和区

U_{CE} 较小($U_{CE}<U_{BE}$)时对应的区域为饱和区。

在饱和区，发射结和集电结均正偏，虽然 $I_B\neq0$，但是 I_C 不受 I_B 控制，三极管没有电流放大作用，集电极和发射极之间的电阻很小，相当于一个闭合的开关。

(3)放大区

输出特性曲线近似于水平的部分为放大区。

在放大区，发射结正偏、集电结反偏，基极电流不为零，$I_C=\beta I_B$，三极管具有电流放大作用，且 I_C 的变化与 I_B 的变化成正比，即 $\Delta I_C=\beta\Delta I_B$。因此，水平线之间的宽度即三极管的电流放大倍数。

【例 2-1】 已知图 2-7 中测得各引脚的电压值分别如图中所示，试判断三极管各工作在什么区域？

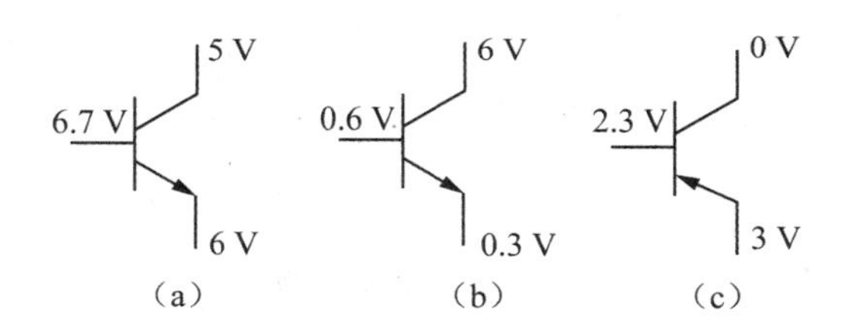

图 2-7　例 2-1 图

解： 分析这类问题主要是根据各区的电压条件来确定三极管的工作区域。

(a)图中，三极管为 NPN 型，发射结和集电结均正偏，工作在饱和区。

(b)图中，三极管为 NPN 型，发射结正偏、集电结反偏，工作在放大区。

(c)图中，三极管为 PNP 型，发射结正偏、集电结反偏，工作在放大区。

2.1.4　三极管的主要参数

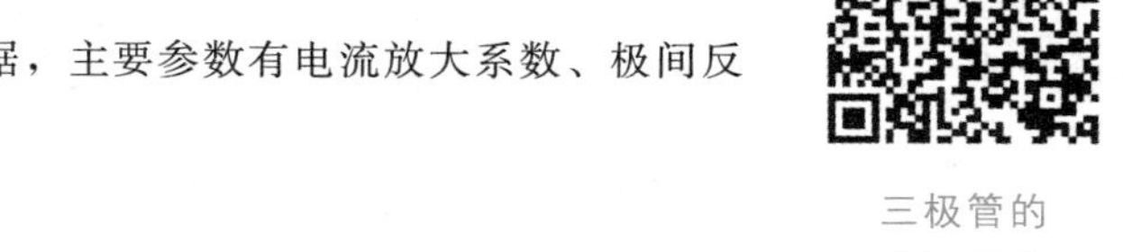

三极管的主要参数

三极管的参数是正确选用三极管的重要依据，主要参数有电流放大系数、极间反向电流、极限参数。

(1)电流放大系数

①共射直流电流放大系数 $\bar{\beta}$(也可用 h_{FE} 表示)。

$$\bar{\beta}=\frac{I_C}{I_B} \tag{2-6}$$

②共射交流电流放大系数 β。

$$\beta=\frac{\Delta I_{C}}{\Delta I_{B}} \tag{2-7}$$

(2)极间反向电流

①集电极-基极反向饱和电流 I_{CBO}。

I_{CBO} 是指当发射极开路时，集电极和基极之间的电流。该电流受温度的影响较大，其数值随着温度升高而增加。

②集电极-发射极反向饱和电流 I_{CEO}(又称穿透电流)。

I_{CEO} 是指当基极开路时，由集电极直接穿透三极管到达发射极的电流。穿透电流 I_{CEO} 越小，工作越稳定。

硅三极管的反向饱和电流一般小于锗三极管的反向饱和电流。

(3)极限参数

三极管的极限参数是指三极管正常工作时，允许通过的最大电流、所能承受的最大电压以及最大耗散功率。

①集电极最大允许电流 I_{CM}。

当集电极电流 I_C 超过一定值时，三极管的电流放大系数 β 就会下降。规定三极管的 β 值下降到正常值 2/3 时的集电极电流 I_C，称为集电极最大允许电流 I_{CM}。当集电极电流超过 I_{CM} 时，三极管性能将会变差，甚至会烧坏。

②集电极和发射极反向击穿电压 $U_{(BR)CEO}$。

当基极开路时，加于集电极和发射极之间的最大允许电压称为 $U_{(BR)CEO}$。若 U_{CE} 超过 $U_{(BR)CEO}$ 时，集电极电流会迅速增加，击穿三极管导致其损坏。

③集电极最大允许耗散功率 P_{CM}。

三极管因温度升高而引起的参数变化不超过允许值时，集电极所消耗的最大功率为集电极最大允许耗散功率 P_{CM}。如图 2-8 所示，为使三极管安全工作，其 P_{CM} 需在安全工作区内。

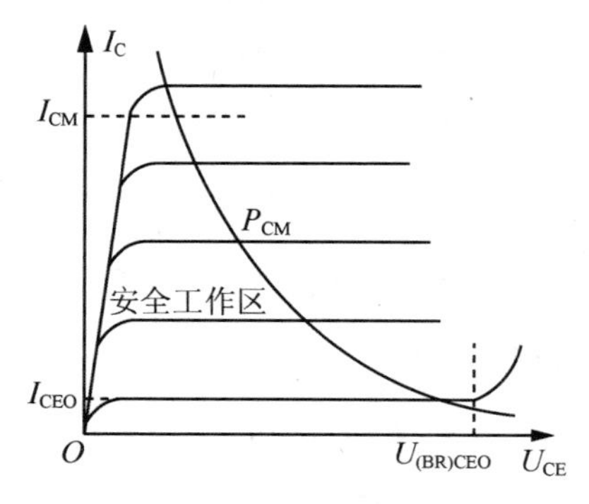

图 2-8 三极管的安全工作区

1. 电路的组成及各元件的作用

三极管 VT：具有电流放大作用，是放大器的核心器件。

基极偏置电阻 R_B：为三极管基极提供合适的偏置电流，可通过阻值的变化获得不同的基极偏置电流。

集电极电阻 R_C：将集电极电流的变化转换成集电极与发射极之间的电压变化。这个变化的电压就是放大器的输出电压，因此，其阻值的大小直接影响放大电路的电压放大倍数。

U_{CC} 直流电源：通过电阻 R_B 和电阻 R_C 为发射结提供正偏电压、集电结提供反偏电压，保证三极管工作在放大区。

电容 C_1，C_2：分别为输入、输出耦合电容，利用电容的“隔直通交”作用，实现信号源与输入端之间、输出端与负载之间直流信号的隔离及交流信号的传递。为了减小传递信号的电压损失，应选得足够大，一般为几微法至几十微法，通常采用电解电容器。

电路中的 R_L 为负载电阻，u_s 为输入信号电压源，R_S 为信号源内阻。

2. 放大电路中符号使用规定

在放大电路中，既有直流分量又有交流分量。在电路分析时，为了理解方便，将直流和交流分开分析，为了防止电路分析时混淆，特做如下规定，见表 2-2。

表 2-2 物理量与表示符号

物理量	表示符号
直流量 （用大写物理量加大写下标）	I_B，I_C，I_E，U_{BE}，U_{CE}
交流量 （用小写物理量加小写下标）	i_b，i_c，i_e，u_{be}，u_{ce}，u_i，u_o
总量 （用小写物理量加大写下标）	i_B，i_C，i_E，u_{BE}，u_{CE}
有效值 （用大写物理量加小写下标）	V_i

3. 基本共射放大电路的工作原理

(1)没有信号输入时

没有信号输入时的电路工作状态，称为静态。电路各处均处于直流状态，负载没有电流流过，输出电压为零。

(2)有信号输入时

有信号输入时，输入的交流电压变化引起基极电流的变化，经过三极管进行放大，在集电极上输出一个变化较大的集电极电流，再经过耦合电容的滤波作用在负载上输出一个较大的电压。由图 2-11 可知，输入信号 $u_i = u_c + u_{BE}$。当输入交流信号时，电容器 C_1 对于交流信号短路，故 $u_i = u_{BE}$；当加在发射结上的电压 u_{BE} 发生了变化，将引起基极电流 i_B 的变化，由于三极管工作在放大区，因此集电极电流是基极电流的 β 倍，集电极电流 $i_C = \beta(I_B + i_b)$，集电极与发射极之间的电压 $u_{CE} = U_{CC} - R_C i_C = U_{CC} - \beta(I_B + i_b)R_C = U_{CE} - \beta \cdot i_b R_C$，输出电压 $u_o = u_{CE}$。因此，只要三极管工作在放大区，u_o 的变化将比 u_i 的变化大得多，这就是基本共射放大电路的放大原理。

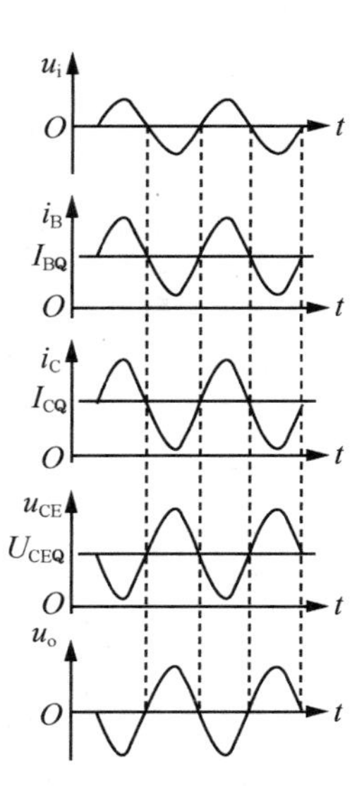

图 2-11 基本共射放大电路工作波形图

2.2.3 静态分析

基本共射放大电路静态时电流电压确定的点称为静态工作点，用 Q 表示，一般用 I_{BQ}，I_{CQ}，U_{BEQ}，U_{CEQ} 表示。放大电路的静态分析主要是估算放大电路的静态工作点，有近似估算法和图解法两种方法。

静态工作点

1. 近似估算法

为了计算方便，通常采用直流通路估算电路的静态工作点，因电容有“隔直通交”的作用，在画直流通路时，可将电容视为开路，如图 2-12 所示。

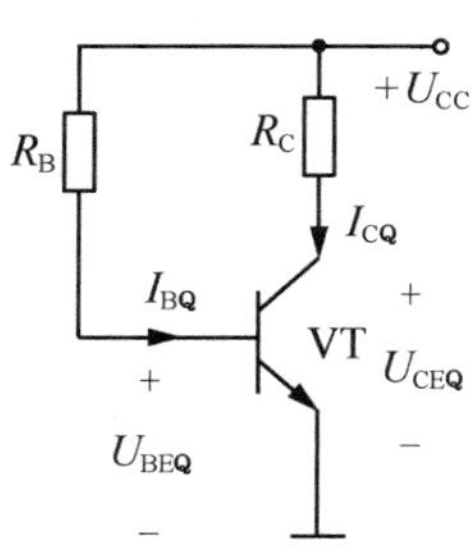

图 2-12 基本共射放大电路直流通路

由基尔霍夫电压方程(KVL 方程)可得

$$I_{BQ} = \frac{U_{CC} - U_{BEQ}}{R_B} \tag{2-13}$$

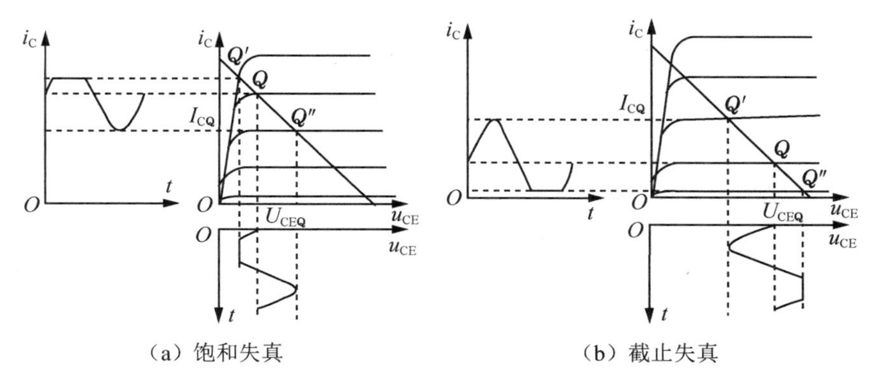

（a）饱和失真　　（b）截止失真

图 2-18　静态工作点与波形失真关系

2. 稳定工作点的必要性

静态工作点的选取对放大电路正常工作至关重要。集电极电流过高会产生饱和失真，集电极电流过低会产生截止失真。因此，要正确设置工作点并保证它的稳定。

在实际工作中，环境温度的变化、电源电压的变化、元器件老化及更换三极管等都会导致工作点的变化。

2.3.2　电路结构及稳定 Q 原理

最常用的具有自动稳定静态工作点 Q 功能的电路是分压式偏置电路。这里以共射极分压式偏置电路为例进行介绍。

1. 电路结构

若要实现静态工作点的稳定，需要满足 $I_2 \gg I_{BQ}$，根据 KCL 方程可知 $I_1 = I_2 + I_{BQ}$，故 $I_1 \approx I_2$。图 2-19(b)为分压式偏置放大电路的直流通路，根据 KVL 可以求知基极电压。

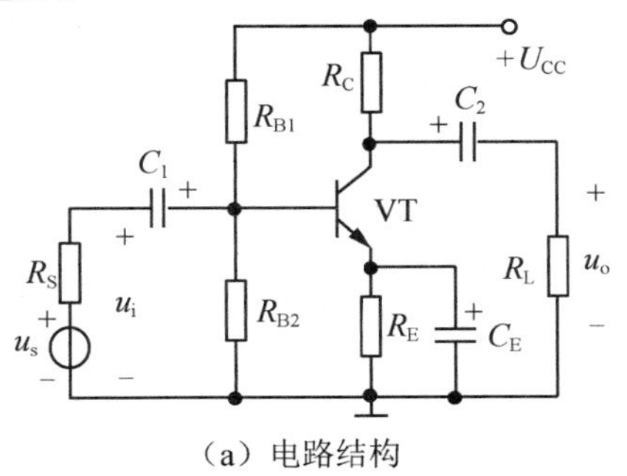

（a）电路结构　　（b）直流通路

图 2-19　分压式偏置放大电路

$$U_{BQ} \approx \frac{R_{B2}}{R_{B1}+R_{B2}} U_{CC} \tag{2-21}$$

由上式可以得出，U_{BQ} 的大小与三极管的参数无关，只与 U_{CC} 和电阻有关。

2. 稳定 Q 的过程

半导体器件容易受温度、光照、电压电流等因素的影响。在此以温度变化为例进行讲解，若温度升高，集电极的电流 I_C 将增加，由三极管电流分配关系 $I_E=I_B+I_C \approx I_C$ 可知，发射极的电压 U_E 增加，因此 U_{BE} 减小，由三极管输入特性可知 I_B 也减小，根据电流放大可知 I_C 减小，从而抑制集电极电流 I_C 因温度升高而升高的影响，使其处于基本不变的稳定状态。

可以表示为：

温度 $\uparrow \rightarrow I_C \uparrow \rightarrow I_E \uparrow \rightarrow U_E(=I_E R_E) \uparrow \rightarrow U_{BE}(=U_B - I_E R_E) \downarrow \rightarrow I_B \downarrow \rightarrow I_C \downarrow$

3. 静态工作点的估算

根据图 2-19(b)所示直流通路，可以估算分压式偏置电路的静态工作点，计算顺序为集电极电流—基极电流—集发电压。

$$U_B = \frac{R_{B2}}{R_{B1}+R_{B2}} U_{CC}$$

$$I_{CQ} \approx I_{EQ} = \frac{U_B - U_{BEQ}}{R_E}$$

$$I_{BQ} = \frac{I_{CQ}}{\beta}$$

$$U_{CEQ} = U_{CC} - I_{CQ}(R_C + R_E)$$

【例 2-5】在图 2-20 所示放大电路中，已知 $U_{CC}=12$ V，$R_C=6$ kΩ，$R_{E1}=300$ Ω，$R_{E2}=2.7$ kΩ，$R_{B1}=60$ kΩ，$R_{B2}=20$ kΩ，$R_L=6$ kΩ，晶体管 $\beta=50$，$U_{BE}=0.6$ V。试求静态工作点 I_B，I_C 及 U_{CE}。

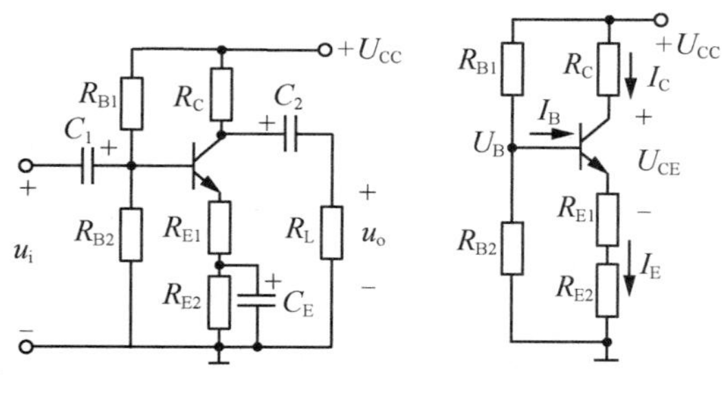

图 2-20 例 2-5 图

解：由直流通路求静态工作点

$$U_B \approx \frac{R_{B2}}{R_{B1}+R_{B2}}U_{CC}=\frac{20}{60+20}\times 12\ \text{V}=3\ \text{V}$$

$$I_C \approx I_E=\frac{U_B-U_{BE}}{R_E}=\frac{3-0.6}{3}\ \text{mA}=0.8\ \text{mA}$$

$$I_B \approx \frac{I_C}{\beta}=\frac{0.8}{50}\times 10^3\ \mu\text{A}=16\ \mu\text{A}$$

$$\begin{aligned}U_{CE}&=U_{CC}-I_CR_C-I_E(R_{E1}+R_{E2})\\&=12\ \text{V}-0.8\times 6\ \text{V}-0.8\times 3\ \text{V}\\&=4.8\ \text{V}\end{aligned}$$

2.4 射极输出器

放大器输入和输出回路公共端选择不同时，对应的电路也不相同，存在三种基本组态：共发射极电路、共集电极电路和共基极电路。前面介绍的基本放大电路及分压式偏置电路都是共射极电路，此处不再讨论，而共基极电路应用较少，本节重点讨论共集电极电路。

共集电极电路(图 2-21)的输入和输出公共端为集电极，由该电路的交流通路(图 2-22)可以看出，输出信号是从发射极取出的，故称为射极输出器。

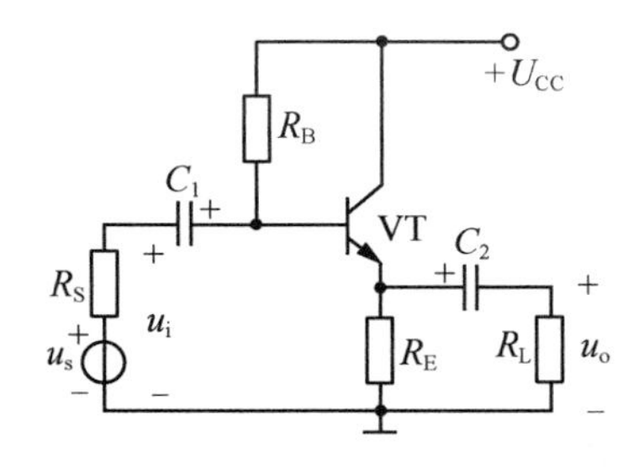

图 2-21　共集电极电路

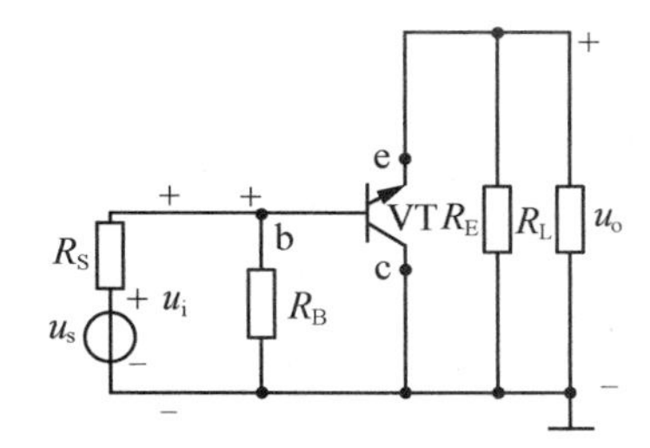

图 2-22　共集电极电路交流通路

射极输出器的特点：

①电压放大倍数小于 1，但约等于 1，即电压跟随。因此射极输出器又称射极跟随器。

②输入电阻较高。

③输出电阻较低。

射极输出器具有较高的输入电阻和较低的输出电阻，这是射极输出器最突出的优点。射极输出器常用作多级放大器的第一级或最末级，也可用于中间隔离级。用作输入级时，其高的输入电阻可以减轻信号源的负担，提高放大器的输入电压。用作输出级时，其低的输出电阻可以减小负载变化对输出电压的影响，并易于与低阻负载相匹配，向负载传送尽可能大的功率。

射极输出器应用于集成电路的输出和输入电路，共射电路广泛应用于集成电路的中间级，有不同的适用场合，结合起来就能实现多级放大。因此，我们在学习中也要扬长避短，团结奋斗，应用自己的长处发光发亮，合作共赢。

2.5 多级放大电路

2.5.1 多级放大电路组成

在实际应用中，有时需要将信号放大几千倍甚至几万倍，而单级放大电路一般只能放大几十倍，很难满足高倍数放大的要求。为此，常把多个单级放大电路连接起来构成多级放大电路，其组成框图如图 2-23 所示。

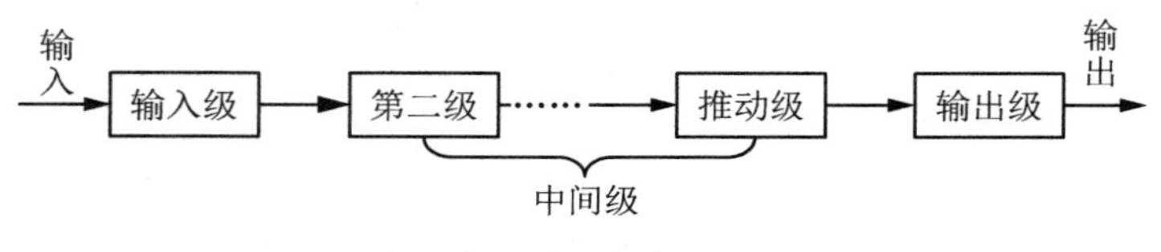

图 2-23 多级放大电路的组成框图

2.5.2 多级放大电路耦合方式

级与级之间的连接方式称为耦合。常见的耦合方式主要有阻容耦合、变压器耦合、直接耦合、光电耦合四种。

1. 阻容耦合

两级放大电路之间通过电容进行连接，称为阻容耦合，如图 2-24 所示。因电容具有“隔直通交”的作用，所以阻容耦合电路的各级直流电流通过电容进行隔离，静态工作点相互独立。阻容耦合放大电路不能放大直流信号及缓慢变化的信号，很难集成，一般用在分立元件电路中。

2. 变压器耦合

两级放大电路之间通过变压器进行连接，称为变压器耦合，如图 2-25 所示。变压器耦合多级放大电路各级工作点互相独立、互不影响，可以实现阻抗的变换，获取最大不失真功率，但其不能传送直流、不能耦合缓慢变化的信号，低频响应差，体积大不易于集成。

【实训内容】

识读三极管的外形判断其极性，用指针万用表或数字万用表判别三极管的三个极。

【实训准备】

指针万用表或数字万用表，不同类型三极管若干只。

【实训步骤】

1. 观察

三极管外形如图 2-28 所示。

图 2-28　三极管的外形

观察实训三极管的外形及标识，识读三极管，在表 2-3 中记录三极管的型号、材料等。

表 2-3　观察结果记录表

三极管型号	管型	材料

2. 判别三极管的管型

三极管管型的判别

三极管按照结构可以分为 NPN 型和 PNP 型两种，根据三极管的结构可知，三极管有两个 PN 结，因此按照判别二极管极性的方法，可判断出三极管的基极及管型。

①用指针万用表电阻挡 $R\times1$ kΩ 或 $R\times100$ Ω 进行判别，先用黑表笔接某一引脚，红表笔分别接另两只引脚，测量两两引脚之间的阻值，若两次阻值都很小，黑表笔所接的为基极，管型为 NPN 型。若用红表笔接某一引脚，黑表笔分别接另两只引

脚，测量两两引脚之间的阻值，若两次阻值都很小，红表笔所接的为基极，管型为 PNP 型。

②用数字万用表“”挡进行判别，先用黑表笔接某一引脚，红表笔分别接另两只引脚，若两次读数都很小，此时黑表笔所接的为基极，管型为 PNP 型。若用红表笔接某一引脚，黑表笔分别接另两只引脚，若两次读数都很小，此时红表笔所接的为基极，管型为 NPN 型。

三极管引脚的判别

3. 判别三极管的引脚

先根据步骤 2 判别出基极，假设被测管为 NPN 型。

用手捏住假设的集电极和发射极，测假设集电极与发射极之间的电阻，并将结果记在表 2-4 中，然后互换表笔再测量；将假设的集电极与发射极互换，比较两次测得的电阻，阻值较小时，黑表笔所接的是集电极。

若管型为 PNP 型，则阻值较小时，红表笔所接的是集电极。

表 2-4　测量结果记录表

外形	型号	测量结果（指针万用表）			结论
		红表笔	黑表笔	阻值	
		1	2		
		2	1		
		1	3		
1 2 3		3	1		
		2	3		
		3	2		
	9013	用手捏住 1，2 引脚	3		
		3	用手捏住 1，2 引脚		
		用手捏住 2，3 引脚	1		
用手捏住		1	用手捏住 2，3 引脚		

续表

外形	型号	测量结果(指针万用表)			结论
		红表笔	黑表笔	阻值	
123	9012	1	2		
		2	1		
		1	3		
		3	1		
		2	3		
		3	2		
		用手捏住1，2引脚	3		
		3	用手捏住1，2引脚		
		用手捏住2，3引脚	1		
		1	用手捏住2，3引脚		

也可用100 kΩ左右的电阻代替手指，如图2-29所示。

4. 判断三极管的好坏

选用指针万用表电阻挡$R\times1$ kΩ或$R\times100$ Ω进行测量。以NPN型三极管为例，用黑表笔接基极，红表笔接发射极，电阻较小，交换表笔测量，电阻为无穷大，说明三极管的发射结正常；若两次阻值都很大，说明三极管开路；若两次测量阻值都为零，说明三极管短路。同理可以测其他引脚之间的电阻加以判断。

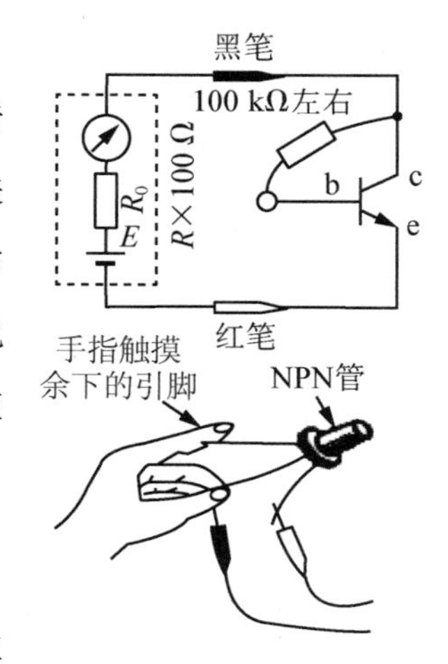

图2-29　判别三极管的引脚

5. 判别三极管的材料

选用数字万用表“”挡进行判别，以NPN型三极管为例，用红表笔接基极，黑表笔分别接集电极和发射极，若显示读数在0.6～0.7 V，则为硅三极管，若显示读数在0.2～0.3 V，则为锗三极管。

6. 用万用表测三极管放大倍数

选择万用表 h_{FE} 挡位进行测量，将三极管引脚插入对应型号的插孔即可。

【实训小结】

用指针万用表电阻挡 $R\times1\ \text{k}\Omega$ 或 $R\times100\ \Omega$，可以判断三极管的管型及引脚，主要是利用三极管内部 PN 结的单向导电性。用数字万用表可以判断三极管的材料。

【实训评价】

<table>
<tr><td>班级</td><td></td><td>姓名</td><td></td><td>成绩</td><td></td></tr>
<tr><td>任务</td><td>考核内容</td><td colspan="2">考核要求</td><td>学生自评</td><td>教师评分</td></tr>
<tr><td rowspan="5">三极管识别与检测</td><td>外形识读
(15 分)</td><td colspan="2">会根据型号查找元件手册确定三极管的管型、材料</td><td></td><td></td></tr>
<tr><td>管型判断
(15 分)</td><td colspan="2">能够区分 NPN、PNP 管型，能判断出基极</td><td></td><td></td></tr>
<tr><td>引脚判断
(10 分)</td><td colspan="2">能够判断出发射极 e、集电极 c</td><td></td><td></td></tr>
<tr><td>好坏判断
(10 分)</td><td colspan="2">能够判断出三极管的好坏</td><td></td><td></td></tr>
<tr><td>材料判别
(10 分)</td><td colspan="2">能够判别三极管的材料</td><td></td><td></td></tr>
<tr><td>三极管特性测试</td><td>放大倍数
(10 分)</td><td colspan="2">掌握测量方法</td><td></td><td></td></tr>
<tr><td rowspan="2">安全规范</td><td>规范(10 分)</td><td colspan="2">工具摆放规范</td><td></td><td></td></tr>
<tr><td>整洁(10 分)</td><td colspan="2">台面整洁，安全</td><td></td><td></td></tr>
<tr><td>职业态度</td><td>考勤纪律
(10 分)</td><td colspan="2">按时上课，不迟到早退；
按照教师的要求动手操作；
实训完毕后，关闭电源，整理工具和仪器仪表</td><td></td><td></td></tr>
<tr><td>小组评价</td><td colspan="5"></td></tr>
<tr><td>教师总评</td><td colspan="5">签名：　　　　　日期：</td></tr>
</table>

实训4 基本放大电路的搭建与调试

【实训目标】

1. 学会根据电路图搭建基本放大电路。

2. 学会静态工作点的测试方法。

3. 学会用示波器观察输出电压的波形。

【实训内容】

测量放大电路的静态工作点及放大电路的主要参数，用示波器观察输出电压的波形。

【实训准备】

电工电子实训台、低频信号发生器、示波器、万用表、毫伏表、面包板、电阻、电容、导线等。

【实训步骤】

1. 核对并检测元件

①按照元件清单核对元件数量、规格、型号，见表2-5。

表2-5 元件列表清单

序号	文字符号	元件名称及规格	数量/个	电气符号	注意事项
1	VT	9013(NPN型三极管)	1	b c VT e	判别三极管极性
2	R_B	基极电阻330 kΩ	1		先测量阻值
3	R_C	集电极电阻510 Ω	1		
4	R_L	负载电阻1 kΩ	1		
5	C_1，C_2	耦合电容16 V/10 μF (电解电容)	2	+	电解电容的极性

②检测元件。检测元件参数(如电阻的阻值)、极性及好坏。

2. 用面包板搭建电路

元器件装配工艺要求：电阻采用水平安装，三极管、电解电容采用立式安装，元件体紧贴面包板。

布局要求：按照原理图一字形排列，三极管放在面包板的中间位置，左输入、右输出，每个安装孔只插入一个元件引脚，元器件水平或垂直放置。

布线要求：按电路原理图布线，导线长度适中，接线时注意区分电解电容器的极性、三极管的引脚。(图 2-30)

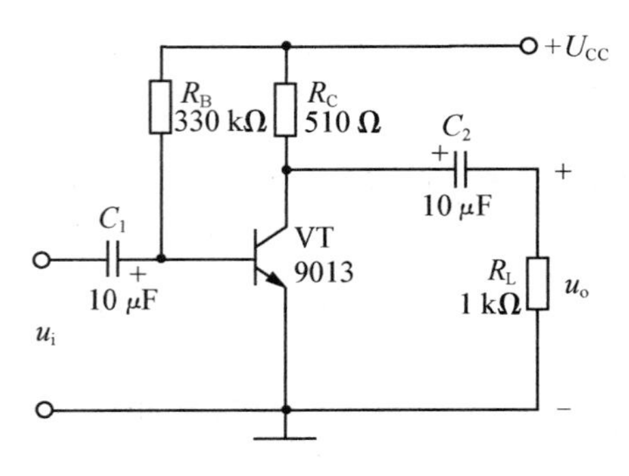

图 2-30　基本放大电路原理图

3. 通电测试

(1)检查电路

(2)接通电源

U_{CC} 选用＋12 V 电源供电，用万用表测量电路的静态工作点，用黑表笔接地，红表笔分别接三极管的三个极，将测量结果填入表 2-6 中。

表 2-6　静态工作点测量

电压	测量结果	电流	计算结果
U_{BQ}		I_{BQ}	
U_{CEQ}		I_{CQ}	

(3)测量电压放大倍数

①将信号发生器接入放大器的输入端，向放大电路输入 1 kHz，5 mV 的正弦信号，同时将已预热的示波器接至放大电路的输出端，观察输出电压的波形。

②将信号发生器输入放大器的电压调大，使输出电压的不失真波形幅度最大。

③用毫伏表测出输入电压和输出电压，算出放大倍数，填入表格 2-7 中。

④将放大器加上负载，按上述方法测出输入电压和输出电压，算出放大倍数。

⑤放大器继续接负载，按表 2-8 的要求改变信号发生器输出信号的频率，并用毫

伏表测出输入电压和输出电压，算出放大倍数。

表 2-7　电压放大倍数测试数据

输入信号频率/Hz	是否加负载 R_L	输入电压	输出电压	放大倍数
1000	否			
1000	是			

表 2-8　频率特性测试数据

输入信号的频率/Hz	输入电压	输出电压	放大倍数
100			
200			
400			
1000			
2000			
5000			
10000			

【实训小结】

学会测量放大器的静态工作点。通过比较得出负载对放大倍数的影响。改变输入信号，可以获得相应被放大了的信号。输出电压与输入电压反相，放大倍数为负值。

【实训评价】

<table>
<tr><td>班级</td><td></td><td>姓名</td><td></td><td>成绩</td><td></td></tr>
<tr><td>任务</td><td>考核内容</td><td colspan="2">考核要求</td><td>学生自评</td><td>教师评分</td></tr>
<tr><td rowspan="3">搭建电路</td><td>元器件的检测
（10 分）</td><td colspan="2">根据元器件的清单，识别元器件；
通过检测，判断元器件的质量，坏的元器件需要及时更换</td><td></td><td></td></tr>
<tr><td>线路连接
（10 分）</td><td colspan="2">能够按照实训电路图正确规范连线</td><td></td><td></td></tr>
<tr><td>布局
（10 分）</td><td colspan="2">元器件布局合理</td><td></td><td></td></tr>
</table>

续表

任务	考核内容	考核要求	学生自评	教师评分
通电测试	功能调试 (10 分)	学会测试并计算静态工作点		
	输出波形 振荡频率 (20 分)	能正确使用示波器测量波形; 学会通过示波器的波形计算频率; 学会计算电压放大倍数		
	故障检测 (10 分)	能够检测并排除常见故障		
安全规范	规范(10 分)	工具摆放规范		
	整洁(10 分)	台面整洁,安全		
职业态度	考勤纪律 (10 分)	按时上课,不迟到早退; 按照教师的要求动手操作; 实训完毕后,关闭电源,整理工具和仪器仪表		
小组评价				
教师总评	签名:　　　　日期:			

实训 5 分压式偏置放大电路的搭建与调试

分压式偏置放大电路的波形测试

【实训目标】

1. 学会测量分压式偏置放大电路的静态工作点。
2. 学会使用函数信号发生器给放大电路提供合适的输入信号。
3. 学会使用示波器测量放大电路的输出波形,并学会绘制波形。
4. 了解电路的常见故障,掌握波形失真的原因并学会解决波形失真的方法。

【实训内容】

搭建并调试分压式偏置放大电路,测量其静态工作点及主要参数,用示波器观察输出电压的波形,排除相应的故障。

【实训准备】

电工电子实训台、低频信号发生器、示波器、万用表、毫伏表、面包板、电阻、电容、导线等。

【实训步骤】

1. 核对并检测元件

①按照元件清单核对元件数量、规格、型号，见表2-9。

表2-9　元件列表清单

序号	文字符号	元件名称及规格	数量/个	电气符号
1	VT	9011(NPN型三极管)	1	b c VT e
2	R_{B1}	240 kΩ	1	
3	R_{B2}	240 kΩ	1	
4	R_C，R_L	2.7 kΩ	1	
5	R_E	1 kΩ	1	
6	C_1，C_2	16 V/10 μF电解电容	2	+
7	C_E	16 V/47 μF电解电容	1	
8	R_P	100 kΩ	1	

②检测元件。检测元件参数(如电阻的阻值)、极性及好坏。

2. 用面包板搭建电路

元器件装配工艺要求：电阻采用水平安装，三极管、电解电容采用立式安装，元件体紧贴面包板。

布局要求：按照原理图一字形排列，三极管放在面包板的中间位置，左输入、右输出，每个安装孔只插入一个元件引脚，元器件水平或垂直放置。(图2-31)

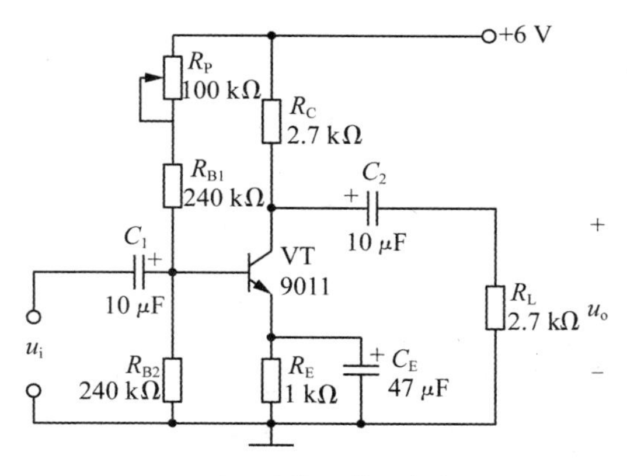

图2-31　分压式偏置放大电路原理图

布线要求：按电路原理图布线，导线长度适中，接线时注意区分电解电容器的极性、三极管的引脚。

3. 通电测试

(1)检查电路

(2)接通电源

U_{CC} 选用+6 V电源供电，用万用表测量电路的静态工作点，用黑表笔接地，红表笔分别接三极管的三个极，将测量结果填入表2-10中。

表 2-10　静态工作点测量

电压	测量结果	电流	计算结果
U_{BQ}		I_{BQ}	
U_{CEQ}		I_{CQ}	
U_{EQ}			

(3)测量电压放大倍数

①将信号发生器接入放大器的输入端，向放大电路输入1～1.5 kHz，5～10 mV的正弦信号，同时将已预热的示波器接至放大电路的输出端，观察输出电压的波形，并用双踪示波器观察 u_o 和 u_i 的相位关系，记入表2-11中。

表 2-11　放大倍数测量

R_L/kΩ	U_i/V	U_o/V	A_u 放大倍数	观察记录一组 u_o 和 u_i 波形
空载				u_i — t　　u_o — t
2.7 kΩ				

②观察静态工作点对输出波形失真的影响。逐步加大输入信号，使输出电压 u_o 足够大但不失真，然后保持输入信号不变，分别增大、减小 R_p，使波形出现失真，绘出 u_o 的波形，并测出失真情况下的 I_C 和 U_{CE} 值，记入表2-12中。

表 2-12 静态工作点对输出波形失真的影响

I_C/mA	U_{CE}/V	u_o 波形	失真情况	三极管工作状态
		u_o, t		
		u_o, t		
		u_o, t		

③输入信号对输出波形的影响。

先将静态工作点调在交流负载线的中点，即增大输入信号的幅度，并同时调节 R_p，用示波器观察 u_o，使输出波形同时出现波峰和波谷被削平的现象，如图 2-32 所示。

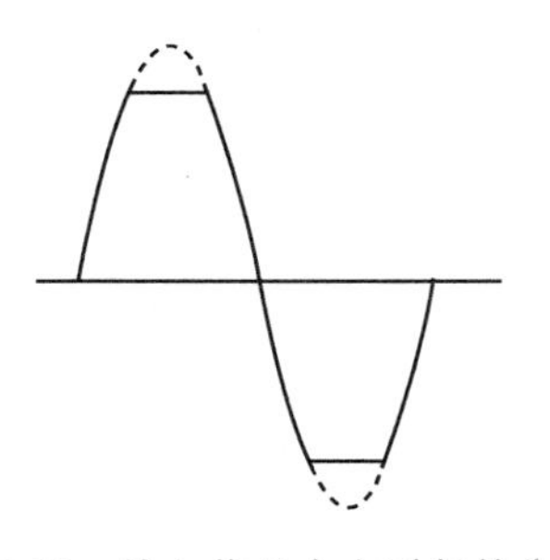

图 2-32 输入信号太大引起的失真

反复调整输入信号，使波形输出幅度最大，且无明显失真时，按照表 2-13 测量数据并记录。

表 2-13 输入信号对输出波形的影响

I_c/mA	U_{im}/mV	U_{om}/V	U_{OPP}/V

④断开电容 C_E，用毫伏表、示波器测量放大器的输出电压，观察电容 C_E 对电路电压放大倍数的影响，分析其原因。

4. 故障检测、分析及故障的排除

(1)无输出信号

首先检查电源、示波器及连线是否出现故障。

测量放大器的直流供电电压，若不正常，检查供电电源线或连线。

测量放大器的静态工作点，用万用表直流电压挡检测三极管发射极、基极、集电极对地电压，判断三极管是否在放大工作状态，若不在放大工作状态，说明直流通路有故障，进一步检测并排除。

(2)输出信号产生非线性失真

若输出信号正负半周被削平，衰减输入信号。

若输出信号正半周被削平，调节 R_p，提高静态工作点。

若输出信号负半周被削平，调节 R_p，降低静态工作点。

(3)有输出信号，但输出信号偏小

先检查电源、三极管有无损坏，若正常检查发射极耦合电容，若损坏，更换电容。

【实训小结】

通过对三极管放大倍数的测量，了解负载对输出波形的影响。分压式偏置放大电路能够稳定静态工作点，当输出波形产生截止或饱和失真时，可通过调节静态工作点消除失真。

【实训评价】

班级		姓名		成绩	
任务	考核内容	考核要求		学生自评	教师评分
搭建电路	元器件的检测(10 分)	根据元器件的清单，识别元器件；通过检测，判断元器件的质量，坏的元器件需要及时更换			
	布局、线路连接(10 分)	合理布局，并能够按照实训电路图正确规范连线			
通电测试	功能调试(10 分)	R_L 端有信号输出			
	静态工作点测试(10 分)	用万用表测量静态工作点			
	电路参数调整(10 分)	观察静态工作点对输出波形的影响，学会绘制输出波形，学会分析失真波形的原因			
	故障检测(20 分)	能够检测并排除常见故障			

续表

任务	考核内容	考核要求	学生自评	教师评分
安全规范	规范(10分)	工具摆放规范		
	整洁(10分)	台面整洁，安全		
职业态度	考勤纪律(10分)	按时上课，不迟到早退； 按照教师的要求动手操作； 实训完毕后，关闭电源，整理工具和仪器仪表		
小组评价				
教师总评	签名：　　　　日期：			

要点总结

1. 三极管，又称晶体三极管，有双极型和单极型两种类型，是一种电流控制型器件。三极管有三个电极，分别称为集电极、基极和发射极；有两个PN结，分别是集电结和发射结；有三种工作状态，分别是截止、饱和、放大。

2. 当基极电流 I_B 有一个微小的变化时，就会引起集电极电流 I_C 较大的变化，这就是三极管的电流放大作用。三极管工作在放大区的条件是发射结正偏、集电结反偏。

3. 静态是指未加信号时的直流工作状态，共射极基本放大电路的静态工作点为 I_{BQ}，I_{CQ}，U_{CEQ}，静态工作点 Q 设置得不合适，将导致放大器输出波形失真，主要有饱和失真与截止失真，统称为非线性失真。为保证放大电路正常工作，必须设置合适的静态工作点，分压式偏置放大电路能够自动稳定静态工作点。

4. 放大电路的动态分析就是有输入信号时，交流信号的工作状态，用估算法可以求出放大电路的电压放大倍数、输入输出电阻。

5. 放大器存在三种基本组态：共发射极电路、共集电极电路和共基极电路。

6. 射极输出器具有输出电压与输入电压近似相等、输入电阻较高、输出电阻较低的特点。

7. 多级放大电路常见的耦合方式主要有阻容耦合、直接耦合、变压器耦合、光电耦合四种。多级放大电路的总电压放大倍数为各级电压放大倍数的乘积，总输入电阻即为第一级的输入电阻，总输出电阻即为最后一级的输出电阻。

巩固练习

一、填空题

1. 三极管，又称晶体三极管，有双极型和单极型两种类型，是一种________控制型器件。

2. 三极管根据结构不同有________型和________型两种，PNP 型三极管处于放大状态时，________极电位最高，________极电位最低。

3. 三极管工作在放大区的条件是发射结________，集电结________。

4. 三极管输出特性分________、________和________三个区，三极管用于放大器时，处于________区。

5. 在共射基本放大电路中，输入电压与输出电压相位________。

6. 对于直流通路而言，放大器中的电容可视为________；对于交流通路而言，电容器可视为________，电源可视为________。

7. 当环境温度升高时，将引起 I_{CQ} ________。

8. 射极输出器具有________、________、________的特点。

9. 静态工作点 Q 设置得不合适，将导致放大器输出波形失真，主要有________失真和________失真。

10. 多级放大电路常见的耦合方式主要有________、________、变压器耦合和光电耦合四种。

二、综合题

1. 测得下列三极管的三个电极的电位，如图 2-33 所示。试判断三极管工作在什么状态(设图中均为硅三极管)。

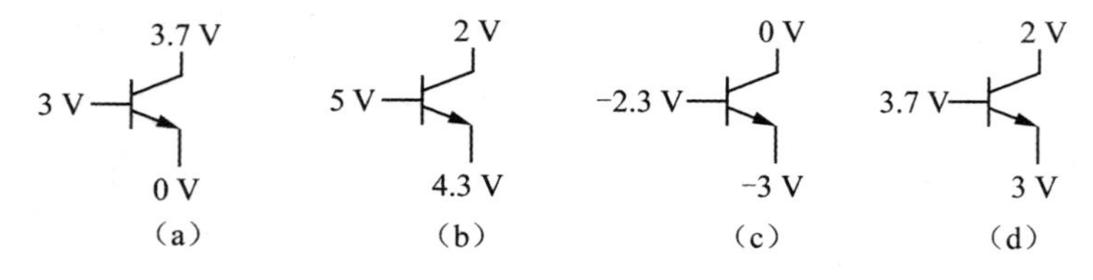

图 2-33 综合题 1

2. 如图 2-34 所示，已知三极管的 $\beta=100$，$U_{BE}=0.7$ V。

(1)试分别画出直流通路和交流通路。

(2)估算该电路的 Q 点。

(3)求该电路的电压放大倍数、输入电阻和输出电阻。

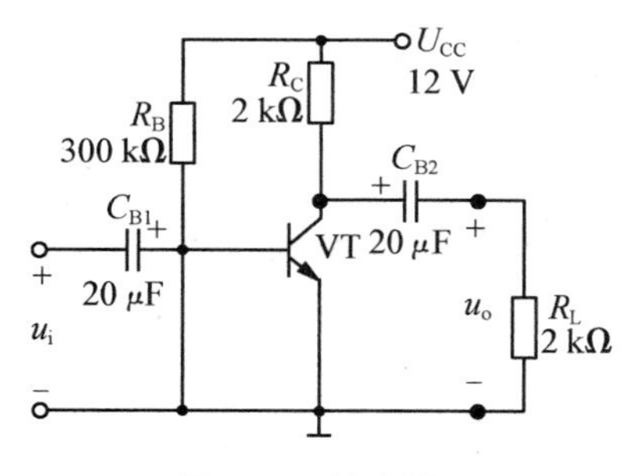

图 2-34　综合题 2

3. 图 2-35 为一低频电压放大电路，三极管的 $\beta=50$，$R_{B1}=20$ kΩ，$R_{B2}=10$ kΩ，$R_C=2$ kΩ，$R_E=1$ kΩ，$U_{CC}=12$ V。求：

(1)画出交流及直流通路。

(2)求静态工作点。

(3)空载时的电压放大倍数 A_u。

(4)若 $R_L=2$ kΩ，则放大器的放大倍数 A_u 又为多少？

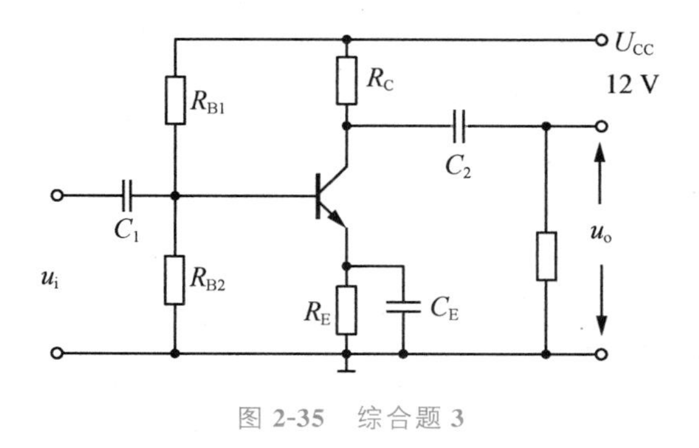

图 2-35　综合题 3

单元 3

常用放大器

课程思政：大国工匠人物 高凤林

知识目标

1. 掌握集成运算放大器的电路图形符号及器件的引脚功能。

2. 了解集成运算放大器的主要参数及理想集成运算放大器的特点。

3. 掌握反相输入、同相输入等集成运算放大器常用电路的工作原理。

4. 理解反馈的概念，了解反馈的分类、反馈类型的判别方法。

5. 了解负反馈对放大器性能的影响。

6. 了解低频功率放大器的作用、特点及分类。

7. 理解 OCL 功率放大器和 OTL 功率放大器的组成、工作原理及主要元件的作用。

8. 掌握典型功放集成电路 LM386 的引脚功能及实际应用电路。

能力目标

1. 学会集成运算放大器常用电路的测量方法。

2. 学会集成运算放大器常用电路的安装和调试方法。

3. 学会简单的音频功放电路的安装与调试方法。

3.1 集成运算放大器

集成运算放大器(Integrated Operational Amplifier)简称集成运放，是由多级直接耦合放大电路组成的高增益模拟集成电路。

3.1.1 集成运算放大器概述

1. 集成运算放大器的组成

集成运算放大器一般由输入级、中间级、输出级、偏置电路四个部分组成，如图 3-1 所示。

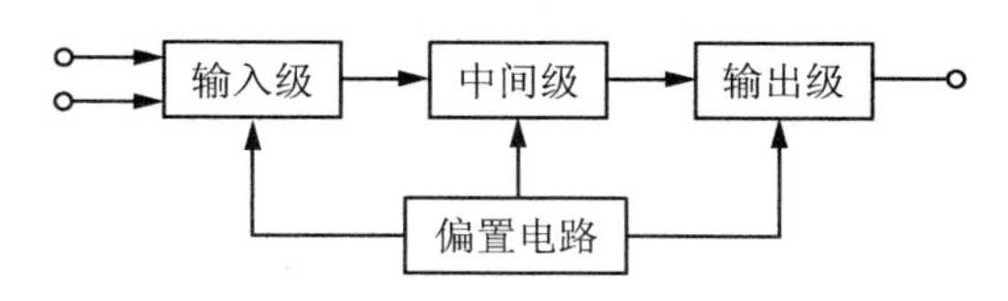

图 3-1 集成运算放大器的电路组成框图

输入级：一般由差动放大电路构成，目的是减小放大电路的零点漂移、提高输入阻抗。

中间级：一般由共发射极放大电路构成，目的是获得较高的电压放大倍数。

输出级：一般由互补对称电路构成，目的是减小输出电阻，提高电路的带负载能力。

偏置电路：一般由各种恒流源电路构成，作用是为上述各级电路提供稳定、合适的偏置电流，决定各级的静态工作点。

2. 集成运算放大器的电路符号

集成运算放大器的电路符号如图 3-2 所示。它有两个输入端，标"＋"的输入端称为同相输入端，输入信号由此端输入时，输出信号与输入信号相位相同；标"－"的输入端称为反相输入端，输入信号由此端输入时，输出信号与输入信号相位相反。

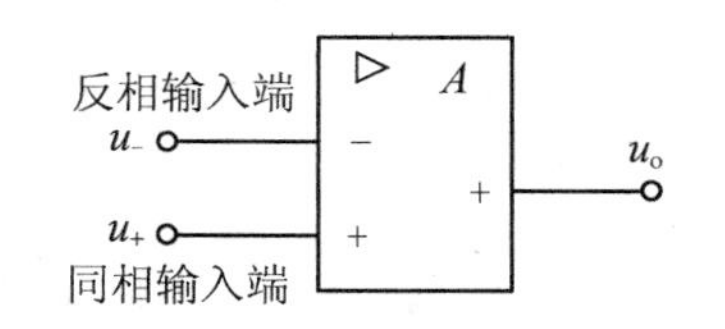

图 3-2 集成运算放大器的电路符号

3. 集成运算放大器的主要参数

差模开环电压放大倍数 A_{do}：指集成运算放大器本身(无外加反馈回路)的差模电压放大倍数，即 $A_{do}=\frac{u_o}{u_+-u_-}$。它体现了集成运算放大器的电压放大能力，一般为

$10^4 \sim 10^7$。A_{do} 越大，电路越稳定，运算精度也越高。

共模开环电压放大倍数 A_{co}：指集成运算放大器本身的共模电压放大倍数。它反映集成运算放大器抗温漂、抗共模干扰的能力，优质的集成运算放大器 A_{co} 应接近于零。

共模抑制比 K_{CMR}：用来综合衡量集成运算放大器的放大能力和抗温度漂移、抗共模干扰的能力，一般应大于 80 dB。

差模输入电阻 r_{id}：指差模信号作用下集成运算放大器的输入电阻。

输入失调电压 U_{io}：指为使输出电压为零，在输入级所加的补偿电压值。它反映差动放大部分参数的不对称程度，显然越小越好，一般为毫伏级。

失调电压温度系数 $\Delta U_{io}/\Delta T$：指温度变化 ΔT 时所产生的失调电压变化 ΔU_{io} 的大小。它直接影响集成运算放大器的精确度，一般为几十微伏每摄氏度。

转换速率 S_R：衡量集成运算放大器对高速变化信号的适应能力，一般为几伏每微秒，若输入信号变化速率大于转换速率，输出波形会严重失真。

4. 理想集成运算放大器的传输特性

理想集成运算放大器的传输特性指的是当参数 $A_{do}=\infty$，$r_{id}=\infty$，$r_o=0$，$K_{CMR}=\infty$ 时集成运算放大器输出电压与输入电压之间的关系曲线，如图 3-3 所示。

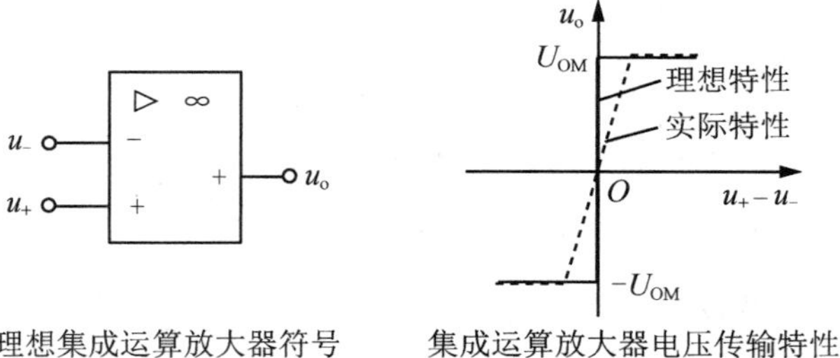

理想集成运算放大器符号　　集成运算放大器电压传输特性

图 3-3　集成运算放大器的传输特性

理想集成运算放大器的传输特性分为非线性区和线性区。

(1)非线性区

当 $u_i>0$，即 $u_+>u_-$ 时，$u_o=+u_{OM}$。

当 $u_i<0$，即 $u_+<u_-$ 时，$u_o=-u_{OM}$。

(2)线性区

①虚断。由 $r_{id}=\infty$，得 $i_+=i_-=0$，即理想集成运算放大器两个输入端的输入电

号传输方向依次判断相关点的瞬时极性，直至判断出反馈信号的瞬时极性。如果反馈信号的瞬时极性使净输入减小，则为负反馈；反之，为正反馈。

【例 3-2】在图 3-11 中，设基极输入信号 u_i 的瞬时极性为正，则发射极反馈信号 u_f 的瞬时极性亦为正，发射结上实际得到的信号 u_{be}(净输入信号)与没有反馈时相比减小了，即反馈信号削弱了输入信号的作用，故可确定为负反馈。

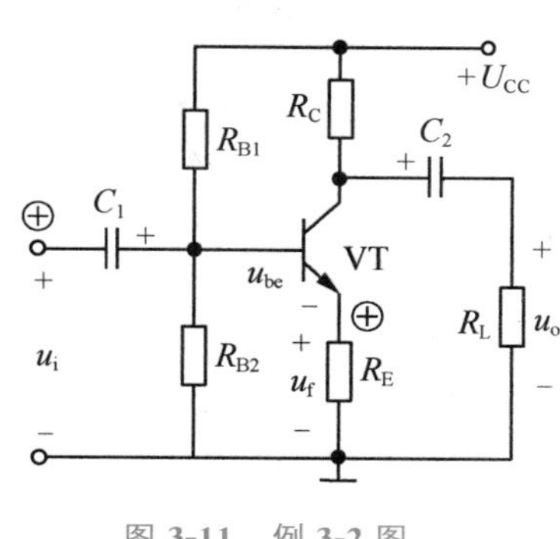

图 3-11 例 3-2 图

2. 电压反馈和电流反馈

根据反馈信号是取自输出电压还是取自输出电流，可分为电压反馈和电流反馈。电压反馈的反馈信号 x_f 取自输出电压 u_o，x_f 与 u_o 成正比。电流反馈的反馈信号 x_f 取自输出电流 i_o，x_f 与 i_o 成正比。

判断方法：设想输出端短路(即令 $u_o=0$)，若反馈信号消失，则属于电压反馈；若反馈信号依然存在，则属于电流反馈。

3. 串联反馈和并联反馈

根据反馈网络与基本放大电路在输入端的连接方式，可分为串联反馈和并联反馈。串联反馈的反馈信号和输入信号以电压串联方式叠加，以得到基本放大电路的输入电压 u_d。并联反馈的反馈信号和输入信号以电流并联方式叠加，以得到基本放大电路的输入电流 i_i。

判断方法：设想输入端短路时，若反馈信号消失，则属于并联反馈；若反馈信号依然存在，则属于串联反馈。串联反馈和并联反馈还可以根据电路结构判别。当反馈信号和输入信号接在放大电路的同一点(另一点往往是接地点)时，一般可判定为并联反馈；而接在放大电路的不同点时，一般可判定为串联反馈。

3.2.3 负反馈放大电路

根据反馈的分类，可构成电压串联、电压并联、电流串联和电流并联四种不同类型的负反馈放大电路。

1. 电压串联负反馈

如图 3-12 所示，电路反馈类型为电压串联负反馈，分析过程如下。

①设输入信号 u_i 瞬时极性为正，则输出信号 u_o 的瞬时极性为正，经 R_F 返送回反相输入端，反馈信号 u_f 的瞬时极性为正，净输入信号 u_d 与没有反馈时相比减小了，即反馈信号削弱了输入信号的作用，故为负反馈。

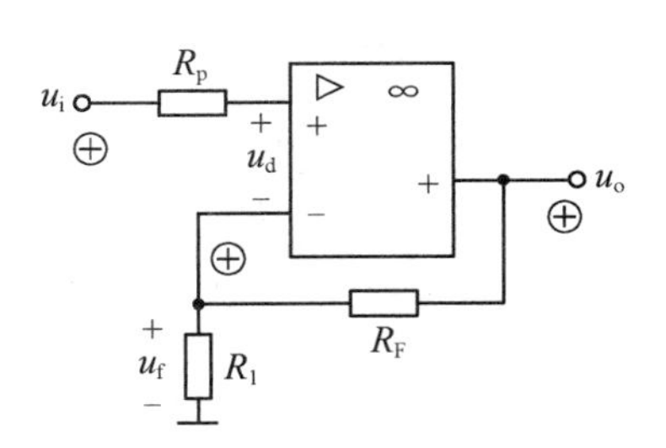

图 3-12 电压串联负反馈

②将输出端交流短路，R_F 直接接地，反馈电压 $u_f=0$，即反馈信号消失，故为电压反馈。

③输入信号 u_i 加在集成运算放大器的同相输入端和地之间，而反馈信号 u_f 加在集成运算放大器的反相输入端和地之间，不在同一点，故为串联反馈。

2. 电压并联负反馈

如图 3-13 所示，电路反馈类型为电压并联负反馈，分析过程如下。

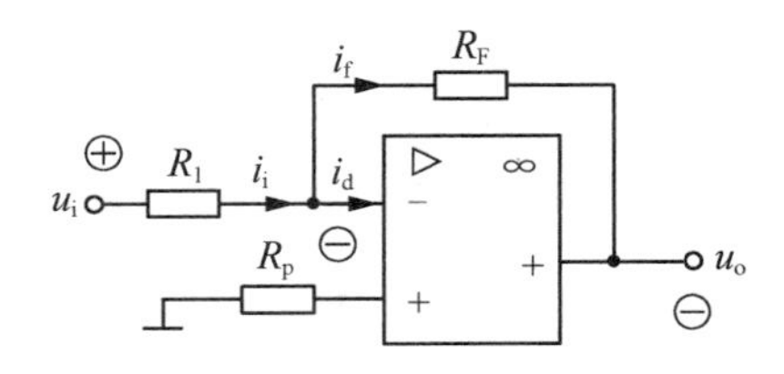

图 3-13 电压并联负反馈

①设输入信号 $u_i(i_i)$ 瞬时极性为正，则输出信号 u_o 的瞬时极性为负，流经 R_F 的电流(反馈信号)i_f 的方向与图 3-13 所示参考方向相同，即 i_f 瞬时极性为正，净输入信号 i_d 与没有反馈时相比减小了，即反馈信号削弱了输入信号的作用，故为负反馈。

②将输出端交流短路，R_F 直接接地，反馈电流 $i_f=0$，即反馈信号消失，故为电压反馈。

③输入信号 i_i 加在集成运算放大器的反相输入端和地之间，而反馈信号 i_f 也加在集成运算放大器的反相输入端和地之间，在同一点，故为并联反馈。

3. 电流串联负反馈

如图 3-14 所示，电路反馈类型为电流串联负反馈，分析过程如下。

①设输入信号 u_i 瞬时极性为正，则输出信号 u_o 的瞬时极性为正，经 R_F 返送回反相输入端，反馈信号 u_f 的瞬时极性为正，净输入信号 u_d 与没有反馈时相比减小了，即反馈信号削弱了输入信号的作用，故为负反馈。

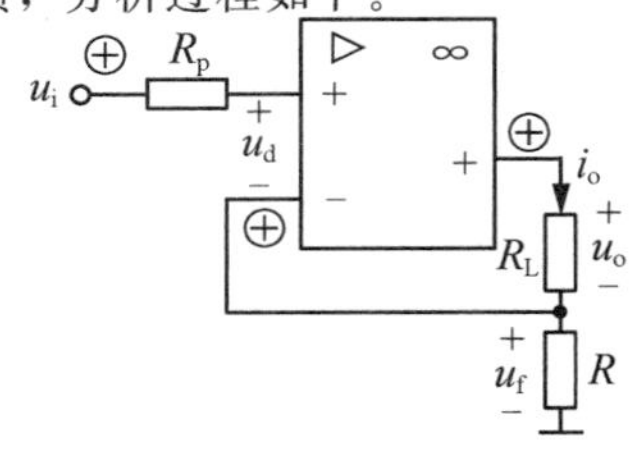

图 3-14 电流串联负反馈

②将输出端交流短路，尽管 $u_o=0$，但输出电流 i_o 仍随输入信号而改变，在 R 上仍有反馈电压 u_f 产生，故可判定不是电压反馈，而是电流反馈。

③输入信号 u_i 加在集成运算放大器的同相输入端和地之间，而反馈信号 u_f 加在集成运算放大器的反相输入端和地之间，不在同一点，故为串联反馈。

4. 电流并联负反馈

如图 3-15 所示，电路反馈类型为电流并联负反馈，分析过程如下。

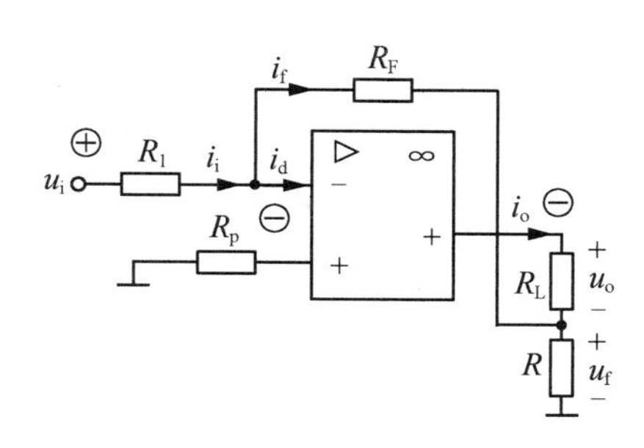

图 3-15 电流并联负反馈

①设输入信号 $u_i(i_i)$ 瞬时极性为正，则输出信号 u_o 的瞬时极性为负，流经 R_F 的电流(反馈信号) i_f 的方向与图示参考方向相同，即 i_f 瞬时极性为正，净输入信号 i_d 与没有反馈时相比减小了，即反馈信号削弱了输入信号的作用，故为负反馈。

②将输出端交流短路，尽管 $u_o=0$，但输出电流 i_o 仍随输入信号而改变，在 R 上仍有反馈电压 u_f 产生，故可判定不是电压反馈，而是电流反馈。

③输入信号 i_i 加在集成运算放大器的反相输入端和地之间，而反馈信号 i_f 也加在集成运算放大器的反相输入端和地之间，在同一点，故为并联反馈。

3.2.4 负反馈对放大电路性能的影响

1. 稳定放大电路的放大倍数

基本放大电路的静态工作点、放大倍数容易受温度、电源电压变化的影响而变得不稳定，而分压式偏置电路能够自动稳定静态工作点，从而稳定放大倍数，正是因为在电路中引入了负反馈。由例题 3-2 可知，引入负反馈可以使放大电路的输出电压或输出电流稳定，电路放大倍数的稳定性大大提高。但引入负反馈后，会降低放大电路的放大倍数。

2. 减小非线性失真

图 3-16 为基本放大电路非线性失真示意图，在无负反馈时产生正半周大负半周小的失真。

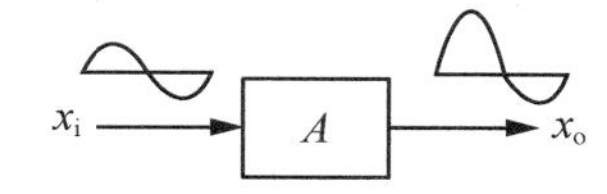

图 3-16 基本放大电路非线性失真示意图

引入负反馈后，失真了的信号经反馈网络又送回到输入端，与输入信号反相叠加，得到的净输入信号为正半周小而负半周大。这样正好弥补了放大器的缺陷，使输出信号比较接近于正弦波，如图 3-17 所示。

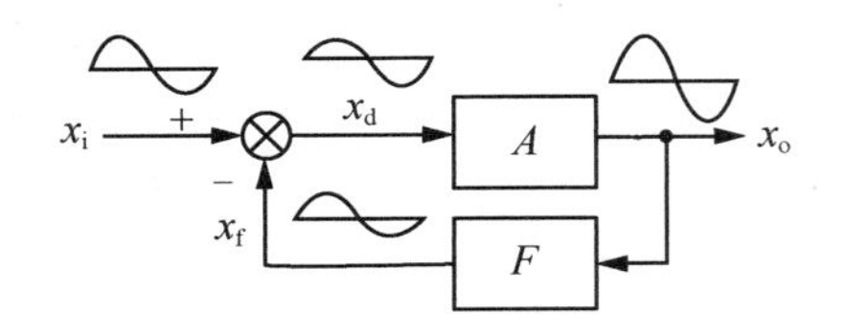

图 **3-17** 负反馈电路非线性失真示意图

3. 展宽通频带

引入负反馈可以展宽放大电路的通频带。这是因为放大电路在中频段的开环放大倍数 A 较高，反馈信号也较大，因而净输入信号降低得较多，闭环放大倍数 A_f 也随之降低较多；而在低频段和高频段，A 较低，反馈信号较小，因而净输入信号降低得较小，闭环放大倍数 A_f 也降低较小。这样使放大倍数在比较宽的频段上趋于稳定，即展宽了通频带，如图 3-18 所示。

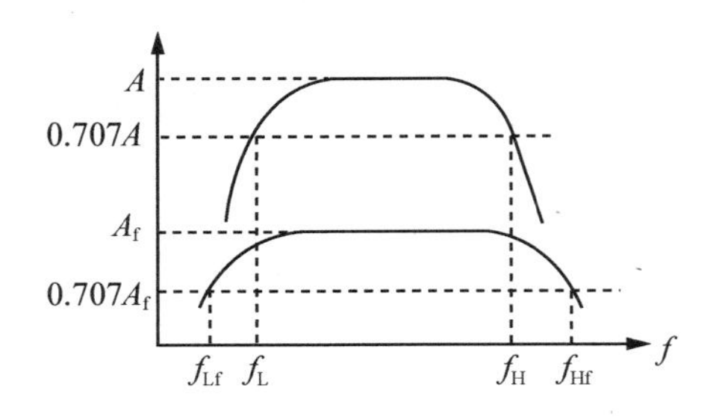

图 **3-18** 负反馈展宽通频带

4. 改变输入电阻

对于串联负反馈，由于反馈网络和输入回路串联，总输入电阻为基本放大电路本身的输入电阻与反馈网络的等效电阻两部分串联相加，故可使放大电路的输入电阻增大。

对于并联负反馈，由于反馈网络和输入回路并联，总输入电阻为基本放大电路本身的输入电阻与反馈网络的等效电阻两部分并联，故可使放大电路的输入电阻减小。

5. 改变输出电阻

对于电压负反馈，由于反馈信号正比于输出电压，反馈的作用是使输出电压趋于稳定，使其受负载变动的影响减小，即使放大电路的输出特性接近理想电压源特性，故而使输出电阻减小。

对于电流负反馈，由于反馈信号正比于输出电流，反馈的作用是使输出电流趋于稳定，使其受负载变动的影响减小，即使放大电路的输出特性接近理想电流源特性，故而使输出电阻增大。

综上所述，放大电路中引入负反馈，电路性能更加稳定，但是以牺牲放大倍数为代价的。因此，在设计放大电路时，可以根据不同的需要引入不同的反馈类型，用辩证的思维去设计电路、思考事情，不能一味追求某一方面的性能，要综合考虑，根据需求，实现电路功能，找寻最优解。

课程思政：大国工匠人物 管延安

3.3 低频功率放大器

3.3.1 低频功率放大器概述

1. 对低频功率放大器的基本要求

放大器在输出较大电压的同时，还需要输出较大的电流，这种放大器称为功率放大器。功率放大器的主要任务就是不失真地放大功率，对功率放大器的基本要求主要有以下几点。

(1)输出足够的功率

为了获得足够大的输出功率，在保证功放管(三极管)安全工作的前提下，尽可能输出较大幅度的电压和电流。

(2)非线性失真要小

由于功放管(三极管)工作在大信号状态，电压和电流的幅度较大，极有可能超出三极管特性曲线的线性范围而产生失真。为使功率放大器正常工作，应尽量保证三极管工作在放大区。

(3)效率要高

功放管的效率是指负载得到的交流信号功率 P_o 与直流电源供出功率 P_E 的比值。用公式表示为

$$\eta=\frac{P_o}{P_E}\times 100\% \tag{3-12}$$

即功放管将直流电源提供的能量转换为交流信号输出给负载，功率越大，损耗也就越小，为防止损耗过大引起功放管发热损坏，必须尽可能提高功放管的效率。

(4)散热性要好

当功放管工作温度超过极限值时，将导致其损坏。因此，功放管上通常都安装有散热片。

2. 低频功率放大器的分类

①低频功率放大器根据静态工作点设置的位置不同，可以分为甲类、乙类和甲乙类三种，如图 3-19 所示。

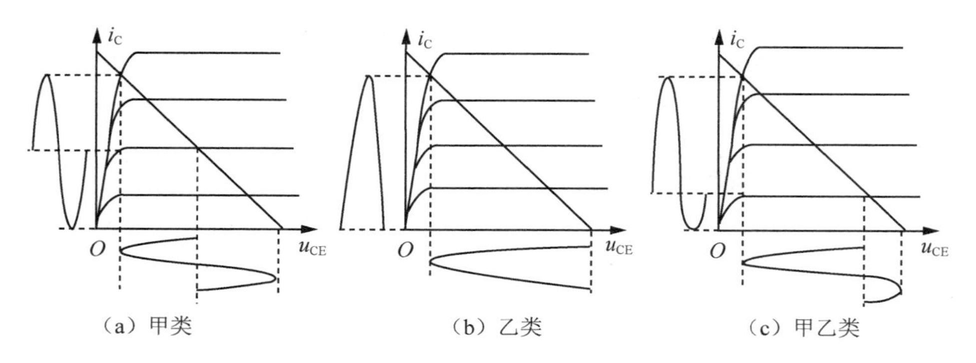

（a）甲类　　（b）乙类　　（c）甲乙类

图 **3-19**　低频功率放大器的分类

甲类功率放大电路的静态工作点设置在交流负载线的中点。在工作过程中，三极管始终处在导通状态。这种电路功率损耗较大，效率较低，最高只能达到 50%。

乙类功率放大电路的静态工作点设置在交流负载线的截止点，三极管仅在输入信号的半个周期导通。这种电路功率损耗减到最少，使效率大大提高。

甲乙类功率放大电路的静态工作点介于甲类和乙类之间，三极管有不大的静态偏流。其失真情况和效率介于甲类和乙类之间。

②低频功率放大器根据耦合方式不同可分为直接耦合功率放大电路（如 OCL 功率放大电路）、阻容耦合功率放大电路（如 OTL 功率放大电路）和变压器耦合功率放大电路。

3.3.2　OCL 功率放大电路

1. 电路组成及特点

OCL 是无输出电容（Output Capacitorless）的英文简称。OCL 功率放大电路，采用双电源（正、负两个电源）供电的互补对称电路结构，如图 3-20 所示。

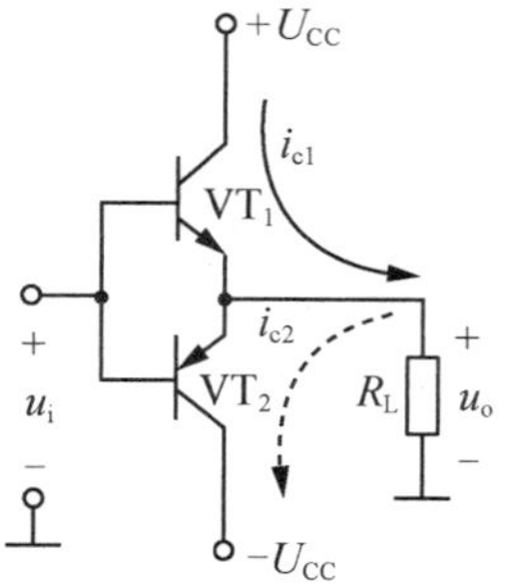

$+U_{CC}$、i_{c1}、VT_1、i_{c2}、VT_2、u_i、R_L、u_o、$-U_{CC}$

图 **3-20**　OCL 功率放大电路

VT_1 采用 NPN 型功率三极管，VT_2 采用 PNP 型功率三极管，两个三极管特性及参数相同。

2. 工作原理

静态($u_i=0$)时，$U_B=0$，$U_E=0$，偏置电压为零，VT_1 和 VT_2 均处于截止状态，负载中没有电流，电路工作在乙类状态。

动态($u_i\neq0$)时，在 u_i 的正半周 VT_1 导通而 VT_2 截止，VT_1 以射极输出器的形式将正半周信号输出给负载；在 u_i 的负半周 VT_2 导通而 VT_1 截止，VT_2 以射极输出器的形式将负半周信号输出给负载。可见在输入信号 u_i 的整个周期内，VT_1，VT_2 两管轮流交替地工作，互相补充，使负载获得完整的信号波形，故称互补对称电路。

从图 3-21 所示的工作波形可以看到，在波形过零的一个小区域内输出波形产生了失真，这种失真称为交越失真。产生交越失真的原因是 VT_1，VT_2 发射结静态偏压为零，放大电路工作在乙类状态。当输入信号 u_i 小于三极管的发射结死区电压时，两个三极管都截止，在这一区域内输出电压为零，使波形失真。

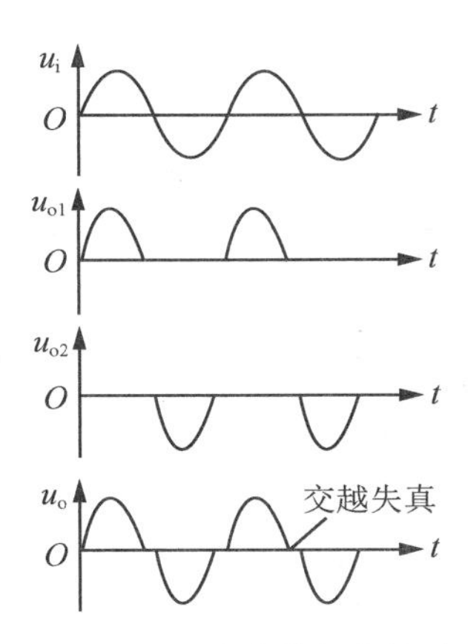

图 3-21 交越失真波形

3. 应用电路

为减小交越失真，可给 VT_1，VT_2 发射结加适当的正向偏压，以便产生一个不大的静态偏流，使 VT_1，VT_2 导通时间稍微超过半个周期，即工作在甲乙类状态，如图 3-22 所示。图中二极管 VD_1，VD_2 用来提供偏置电压。静态时三极管 VT_1，VT_2 虽然都已基本导通，但因它们对称，U_E 仍为零，负载中仍无电流流过。

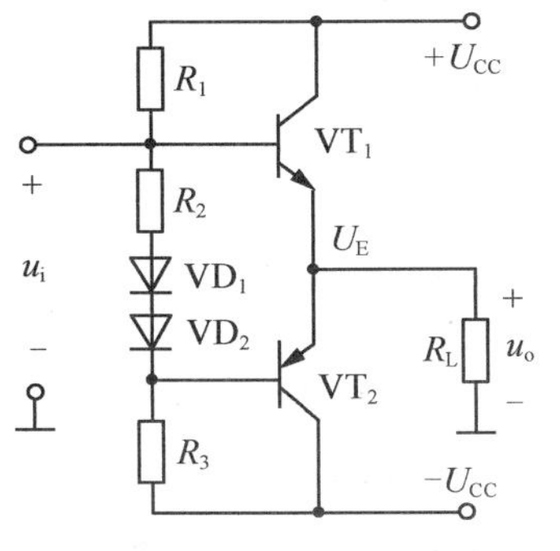

图 3-22 带偏置电路的 OCL 电路

互补对称电路的改进与电路设计就好比我们国家之间的交流与合作，只有各国行天下之道，和睦相处、合作共赢，繁荣才能持久，安全才有保证。在合作中要坚持共建共享，坚持合作共赢，防止“交越失真”。

3.3.3 OTL 功率放大电路

1. 电路组成及特点

OTL 是无输出变压器(Output Transformerless)的英文简称。OTL 功率放大电路采用单电源供电的互补对称电路结构，用大容量电容 C 代替负电源，使负载 R_L 得到完整的波形。图 3-23 为带偏置电路的 OTL 电路。

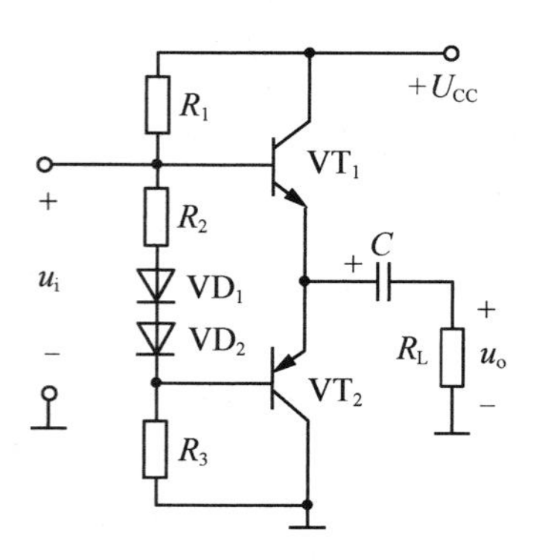

图 3-23 带偏置电路的 OTL 电路

2. 工作原理

因电路对称，静态时两个三极管发射极连接点电位为电源电压的一半，负载中没有电流。动态时，在 u_i 的正半周 VT_1 导通而 VT_2 截止，VT_1 以射极输出器的形式将正半周信号输出给负载，同时对电容 C 充电；在 u_i 的负半周 VT_2 导通而 VT_1 截止，电容 C 通过 VT_2，R_L 放电，VT_2 以射极输出器的形式将负半周信号输出给负载，电容 C 在这时起到负电源的作用。为了使输出波形对称，必须保持电容 C 上的电压基本维持在 $U_{CC}/2$ 不变，因此 C 的容量必须足够大。

3.3.4 集成功率放大器

集成功率放大器以其输出功率大、外围连接元件少、使用方便等优点，应用越来越广泛。目前，OTL，OCL 均有各种不同输出功率和不同电压的多种型号的集成电路。使用应注意输出引脚外接电路的特征。

1. 常用集成功率芯片介绍

LM386 是一种目前应用较多的小功率音频放大电路，其内部电路为 OTL 电路，其外形及引脚如图 3-24 所示。

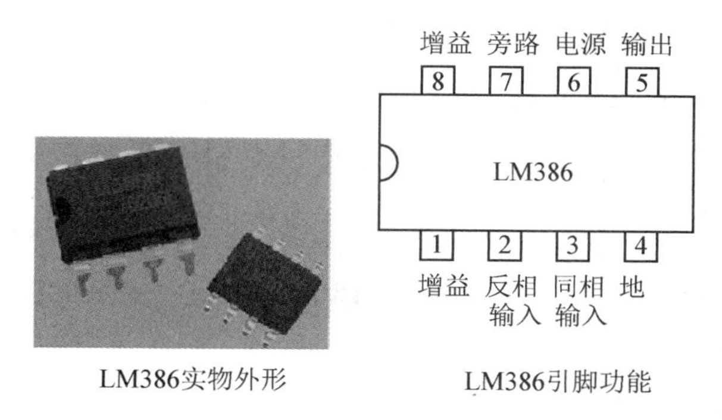

图 3-24　LM386 实物外形及引脚功能

LM386 采用 8 脚双列直插式塑料封装。4 脚为接“地”端，6 脚为电源端，2 脚为反相输入端，3 脚为同相输入端，5 脚为输出端，7 脚为去耦端，1，8 脚为增益调节端。电路功耗低、增益可调、允许的电源电压范围宽、通频带宽、外接元件少，广泛应用于收录机、电视伴音等系统中，是专为低损耗电源所设计的集成功率放大器电路。

2. LM386 应用电路

(1)用 LM386 组成 OTL 应用电路

信号从同相输入端 3 脚输入，在 5 脚输出，输出信号经过 220 μF 电容滤波后向扬声器 R_L 提供信号功率。可通过调节与 3 脚连接的 10 kΩ 的电位器，调节输出信号。7 脚通过电容 C 实现去耦的作用，避免电路相互间的耦合干扰。1，8 脚之间接 10 μF 电容和 20 kΩ 电位器，用来调节增益，如图 3-25 所示。

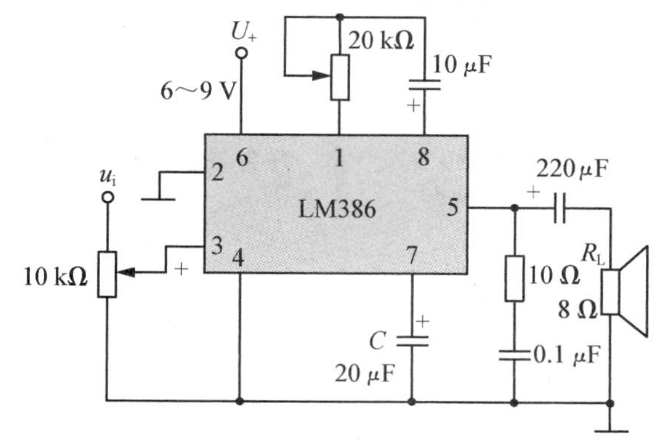

图 3-25　LM386 组成 OTL 放大电路

(2)用 LM386 组成 BTL 电路

BTL 功率放大电路又称桥式推挽电路，其输出级与扬声器间采用电桥式的连接方式，主要用来解决 OCL，OTL 电源利用率不高的问题。与 OCL，OTL 功率放大器相比，在相同的工作电压和相同的负载条件下，BTL 是它们输出功率的 3～4 倍。在单电源的情况下，BTL 可以不用输出电容，电源的利用率为一般单端推挽电路的两倍，适用于电源电压低而需要获得较大输出功率的场合，在新型的集成功率放大电路中应用比较广泛。

当输入 u_i 的正半周信号时，左边的 LM386 工作，在其 5 脚输出信号，形成输出信号的上半周；当输入 u_i 的负半周信号时，右边的 LM386 工作，在其 5 脚输出信号，形成输出信号的负半周。这样，就可以得到一个完整的信号，驱动扬声器工作。可以通过调节 500 kΩ 电位器实现输出直流电位的平衡，如图 3-26 所示。

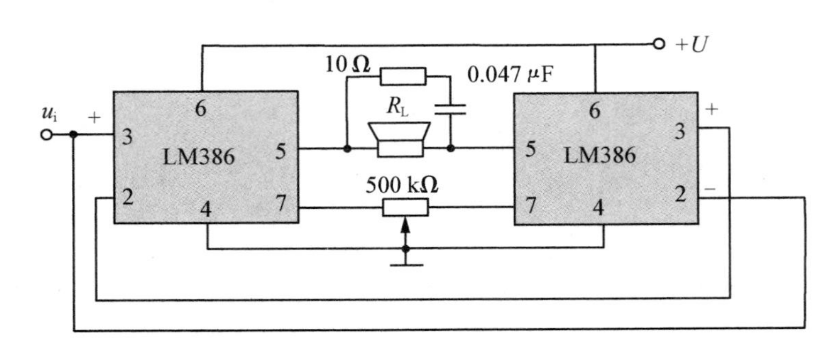

图 3-26 LM386 组成 BTL 电路

实训 6 搭建集成运算 UA741 应用电路

【实训目标】

学会搭建反相输入电路、同相输入电路，并会测量其相关参数。

【实训内容】

搭建反相输入电路并测量其参数，搭建同相输入电路并测量其参数。

【实训准备】

双踪示波器、万用表、模拟电路实验台、元器件、面包板。

【实训步骤】

1. 核对并检测元件

①按照元件清单核对元件数量、规格、型号，见表 3-1。

表 3-1　元件列表清单

序号	元件	规格	数量/个	电气符号	注意事项
1	集成运算放大器	UA741CN	1	OFFSET N1 1, IN_- 2, IN_+ 3, U_{CC-} 4, 8 NC, 7 U_{CC+}, 6 OUT, 5 OFFSET N2	注意引脚顺序
2	R_1，R_2	10 kΩ	各 1		先测量阻值
3	R_3，R_F	100 kΩ	各 1		
4	R_4	22 kΩ	1		

②检测元件。

③查阅《集成电路及元器件使用手册》，了解 UA741CN 各引脚的排列及功能，如图 3-27 所示。

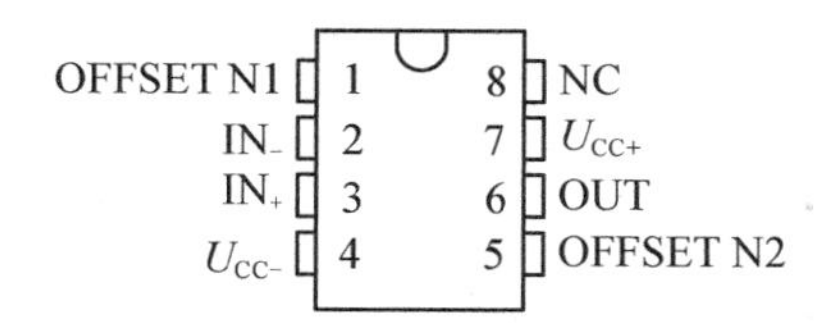

图 3-27　UA741CN 引脚功能

UA741CN 为集成运算放大器，其 2 脚是反相输入端，3 脚是同相输入端，6 脚是输出端，7 脚接正电源，4 脚接负电源（双电源工作时）或地（单电源工作时），1 脚和 5 脚是失调电压调零端，8 脚是空脚内部没有任何连接。

反相比例放大电路

2. 搭建反相比例放大电路

①按照图 3-28 在面包板上搭建 UA741 反相比例放大电路，搭建过程中遵循以下工艺要求。

元器件装配工艺要求：电阻采用水平安装、集成运算放大器紧贴面包板。

布局要求：UA741 放置在中间位置，按照原理图左输入、右输出，每个安装孔只插入一个元件引脚，元器件水平或垂直放置。

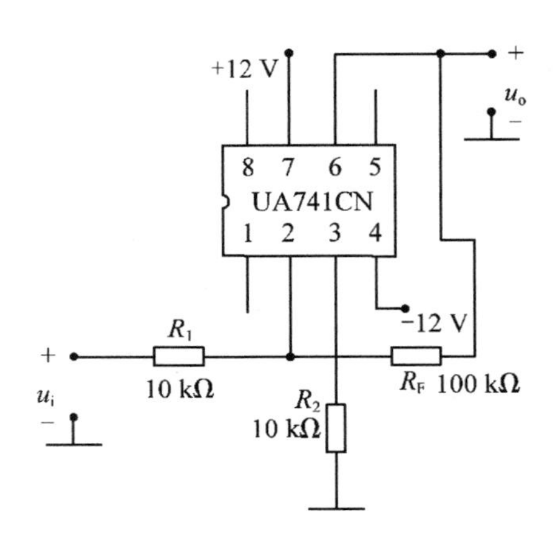

图 3-28 反相比例放大电路

布线要求：按电路原理图布线，导线长度适中，接线时注意区分电解电容器的极性、三极管的引脚。

②检查电路，接入±12 V 直流电源。

③在反相输入端输入直流电源 u_i，按照表 3-2 中的数据进行测量，并记录数据。

④按照表 3-2 中的输入电压，用反相比例放大电路公式 $u_o = -\frac{R_F}{R_1}u_i$，估算相应的输出电压，并记录数据。

表 3-2 结果记录表

输入电压 u_i/V		−0.6	−0.9	0.6	0.9
输出电压 u_o/V	实测值				
	估算值				

3. 搭建同相比例放大电路

同相比例放大电路

① 按照图 3-29 在面包板上搭建 UA741 同相比例放大电路，搭建过程中遵循以下工艺要求。

元器件装配工艺要求：电阻采用水平安装、集成运算放大器紧贴面包板。

布局要求：UA741 放置在中间位置，按照原理图左输入、右输出，每个安装孔

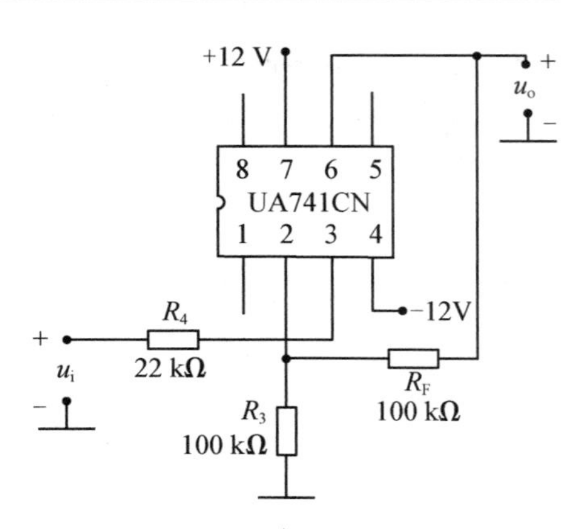

图 3-29 同相比例放大电路

只插入一个元件引脚，元器件水平或垂直放置。

布线要求：按电路原理图布线，导线长度适中，接线时注意区分电解电容器的极性、三极管的引脚。

②检查电路，接入±12 V直流电源。

③在同相输入端输入直流电源 u_i，按照表3-3中的数据进行测量，并记录数据。

④按照表3-3中的输入电压，用同相比例放大电路公式 $u_o=\left(1+\frac{R_F}{R_1}\right)u_i$，估算相应的输出电压，并记录数据。

表3-3 结果记录表

输入电压 u_i/V		−1	−3	1	3
输出电压 u_o/V	实测值				
	估算值				

【实训小结】

改变输入信号，可以获得相应被放大了的信号；反相比例放大电路输出电压与输入电压反相，同相比例放大电路输出与输入同相，都放大相应的比例；实测值与理论值存在误差。

【实训评价】

班级		姓名		成绩	
任务	考核内容	考核要求		学生自评	教师评分
搭建电路	元器件的检测（10分）	根据元器件的清单，识别元器件； 通过检测，判断元器件的质量，坏的元器件需要及时更换			
	线路连接（10分）	能够按照实训电路图正确规范连线			
	布局（10分）	元器件布局合理			

续表

班级		姓名		成绩	
通电测试	反相比例放大电路功能调试(20 分)	能够正确地接入电源及输入信号;学会测量输出电压,并学会计算电压放大倍数			
	同相比例放大电路功能调试(20 分)	能够正确地接入电源及输入信号;学会测量输出电压,并学会计算电压放大倍数			
安全规范	规范(10 分)	工具摆放规范			
	整洁(10 分)	台面整洁,安全			
职业态度	考勤纪律(10 分)	按时上课,不迟到早退; 按照教师的要求动手操作; 实训完毕后,关闭电源,整理工具和仪器仪表			
小组评价					
教师总评	签名:　　　　日期:				

实训 7 音频功放电路的安装与调试

【实训目标】

手工焊接

1. 能够正确使用万用表检测元器件。
2. 学会正确安装、焊接并调试迷你小音箱电路。
3. 掌握音频功率放大电路的安装与调试方法。

【实训内容】

对照元器件清单识别核对以及检测元器件等。按照电子工艺要求进行电路板的安装,并进行通电检测,完成整机组装。

【实训准备】

双踪示波器、万用表、模拟电路实验台、电烙铁、烙铁支架、烙铁棉、吸锡器、剥线钳、镊子、斜口钳、螺钉旋具、4 节 1.5 V 七号电池、焊锡丝、松香助焊剂、细导线等。

【实训步骤】

音频功放电路的安装与调试

1. 元件的识别与检测

(1)电阻 R

根据色环识读 $R_1 \sim R_7$ 后，再用万用表测量其阻值。

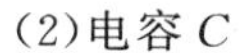

(2)电容 C

瓷片电容无极性，根据标称容值安装，例如 104 安装在 104P 位置，其容值为 10×10^4 pF；电解电容有极性，长引脚为正极，短引脚(标有白块的一侧)为负极。

(3)发光二极管 VD

长引脚为正极，短引脚为负极。正负不能接错，否则不能发光。

(4)扬声器

用万用表 $R\times1$ Ω 挡，测出其阻值略小于 8 Ω，用表笔轻触两端，有“咯咯”声。

2. 电子元器件的安装与焊接

(1)安装电阻和电容

按照电路原理图将电阻 $R_1 \sim R_7$ 插装到电路板相应位置上，根据焊接工艺要求将引脚焊接到电路板上，剪断剩余引线，大约距离板面 1 mm。将标有 104 的 4 个瓷片电容(无极性)安装在电路板的 C_1，C_2，C_4，C_5 位置，再将 5 个电解电容(长脚为正极)安装在电路板的 C_3，C_6，C_7，C_8，C_9 相应位置上，如图 3-30 所示，根据焊接工艺要求将引脚接到电路板上，剪断剩余引线。

(2)安装集成电路等器件

将 TDA2822M 安装在 IC1、电位器安装在 VR1、DC 插座安装在 DC、开关安装在 K_1，如图 3-31 所示，然后在印制电路板的覆铜面焊接。

图 3-30　电阻电容安装图

图 3-31　IC 等器件的安装图

(3)焊接立体声插头线、扬声器引线、电源引线、跨过线

①将立体声插头三条线直接焊在印制电路板的覆铜面：金色为接地线(GND)，红色、绿色分别接左右声道入线(L-IN，R-IN)。

②将两组排线红色一端分别接电路板的 R＋，L＋，另一端分别接两个扬声器的"＋"极，黑色一端分别接电路板的 R－，L－，另一端分别接两个扬声器的"－"极。

③将红、黑色导线分别从 BAT＋，BAT－电路板正面穿过，将导线头焊接到印制电路板的覆铜面，用剪下的多余引脚或短线安装在 J1，在覆铜面焊接，如图 3-32 所示。

图 3-32　电源线等各种连线焊接

3．电路调试及整机安装

(1)安装发光二极管并固定电路板

发光二极管安装时应对准机壳上的凹槽，并将其引脚弯曲至与外壳高度一致，如图 3-33 所示。

安装好发光二极管后，用螺钉将电路板固定在机壳上。

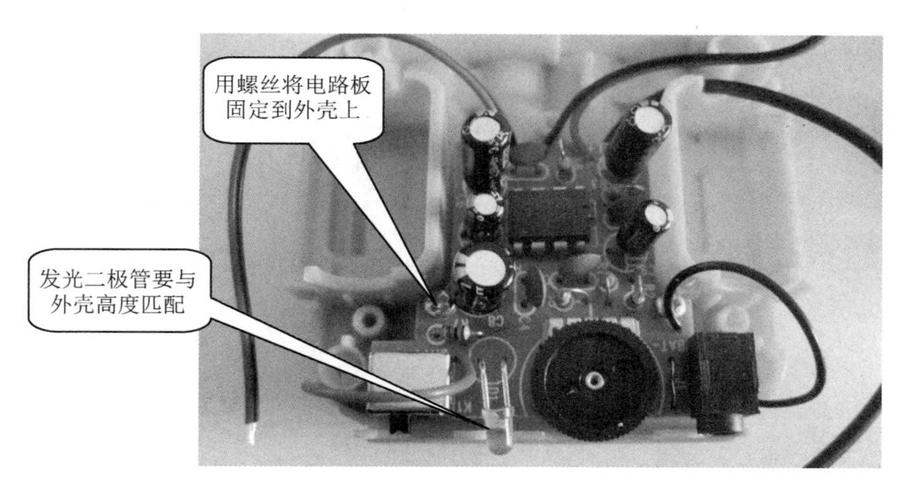

图 3-33　安装发光二极管并固定电路板

(2)组装电池盒

将电池片安装到机壳内，如图 3-34 所示。

(3)连接扬声器和电池盒

扬声器、电池盒与电路板引线连接，扬声器用螺钉旋具固定好，如图 3-35 所示。

图 3-34 组装电池盒

图 3-35 固定扬声器

(4)安全检查

根据原理图图 3-36 检查:

①是否有漏装的元器件或连接导线。

②二极管、电解电容的极性安装是否正确。

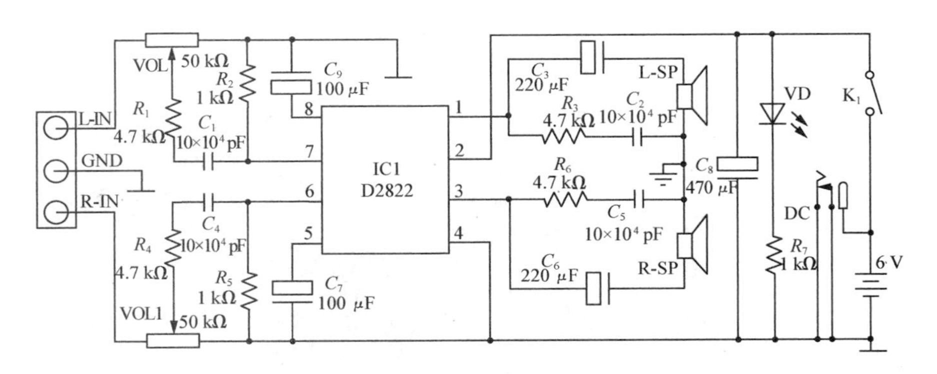

图 3-36 音频功率放大电路原理图

(5)通电检测

①DC 插座外接 6 V 直流电源或在电池盒内放入 4 节 1.5 V 七号电池(注意电池极性)。

②将小音箱开关拨在“ON”,指示灯亮。

③输入音频信号,有音频输出,调节电位器可改变音量。

(6)整机装配

电路工作正常后,进行整机装配。

①用滑动片将扬声器固定在电池盒背面,如图 3-37 所示。

②安装电池盒盖,完成整机组装,如图 3-38 所示。

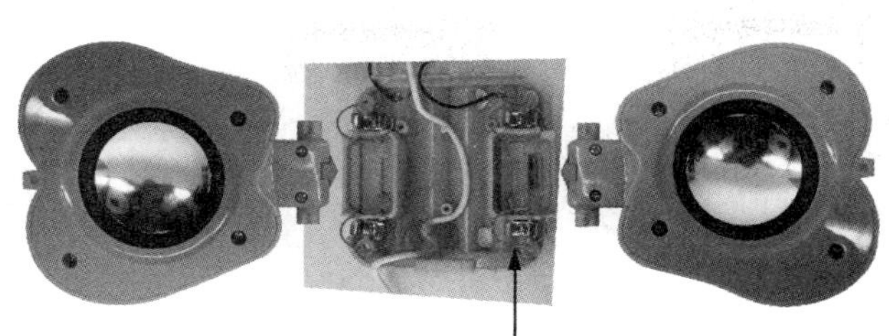

图 3-37 固定扬声器

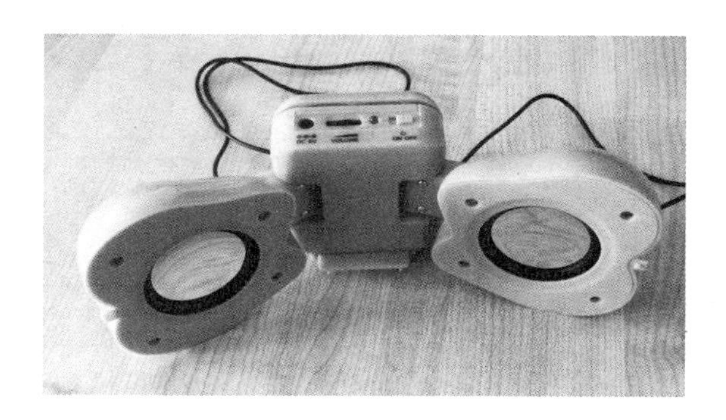

图 3-38 整机装配效果图

4. 常见故障及处理方法

(1)无输出

①电源指示灯不亮，整机不工作：检查电源电路，电源 DC 插座是否焊接短路，处理焊点。

②电源指示灯亮，整机不工作：检查电位器是否焊接短路，处理焊点。

(2)有输出

①电源指示灯不亮，音频输出正常：检查发光二极管极性是否正确安装，若正确，检测发光二极管是否损坏，更换发光二极管。

②电源指示灯正常，音频输出音量小，调节电位器改变小：检查电解电容是否正确安装，检测电容 C_3，C_6 是否漏电或损坏，更换电容器。

(3)输出有杂音

检查焊接质量，去掉焊点中的杂质。

【实训小结】

通过电路的安装，进一步理解音频功率放大电路的工作原理，掌握典型功率放大集成电路 TDA2822M 的引脚及实际应用电路。

【实训评价】

<table>
<tr><td>班级</td><td></td><td colspan="2">姓名</td><td>成绩</td><td></td></tr>
<tr><td>任务</td><td>考核内容</td><td colspan="2">考核要求</td><td>学生自评</td><td>教师评分</td></tr>
<tr><td rowspan="3">电路的安装</td><td>元器件的检测
（10 分）</td><td colspan="2">根据元器件的清单，识别元器件；
通过检测，判断元器件的质量，坏的元器件需要及时更换</td><td></td><td></td></tr>
<tr><td>元件的插装
（10 分）</td><td colspan="2">能够按照实训电路图正确规范插装元件</td><td></td><td></td></tr>
<tr><td>元件的焊接
（10 分）</td><td colspan="2">能够掌握五步焊接法，并完成焊接</td><td></td><td></td></tr>
<tr><td rowspan="2">电路的调试</td><td>通电检测
（20 分）</td><td colspan="2">①DC 插座外接 6 V 直流电源或在电池盒内放入 4 节 1.5 V 七号电池（注意电池极性）
②将小音箱开关拨在“ON”，指示灯亮
③输入音频信号，有音频输出，调节电位器可改变音量</td><td></td><td></td></tr>
<tr><td>故障调试
（20 分）</td><td colspan="2">能够正确地接入电源及输入信号，学会测量输出电压</td><td></td><td></td></tr>
<tr><td rowspan="2">安全规范</td><td>规范（10 分）</td><td colspan="2">工具摆放规范</td><td></td><td></td></tr>
<tr><td>整洁（10 分）</td><td colspan="2">台面整洁，安全</td><td></td><td></td></tr>
<tr><td>职业态度</td><td>考勤纪律
（10 分）</td><td colspan="2">按时上课，不迟到早退；
按照教师的要求动手操作；
实训完毕后，关闭电源，整理工具和仪器仪表</td><td></td><td></td></tr>
<tr><td>小组评价</td><td colspan="5"></td></tr>
<tr><td>教师总评</td><td colspan="5">签名：　　　　　　日期：</td></tr>
</table>

要点总结

1. 集成运算放大器一般由输入级、中间级、输出级、偏置电路四个部分组成。理想集成运算放大器的传输特性分为非线性区和线性区，工作在线性区时有“虚短”和“虚断”的特点。

2. 集成运算放大器的运算电路主要有反相比例放大电路、同相比例放大电路、加法电路、减法电路等。

3. 反馈就是将放大电路输出信号(电压或电流)的一部分或全部，通过某种电路(反馈电路)送回到输入回路，从而影响输入信号的过程。

4. 根据反馈信号对输入信号作用的不同，反馈可分为正反馈和负反馈两大类型。根据反馈信号是取自输出电压还是取自输出电流，可分为电压反馈和电流反馈。根据反馈网络与基本放大电路在输入端的连接方式，可分为串联反馈和并联反馈。

5. 负反馈能够稳定放大电路的放大倍数、减小非线性失真、展宽通频带、影响输入输出电阻。

6. 根据放大电路的静态工作点设置的位置不同，低频功率放大电路可分为甲类、乙类、甲乙类放大电路。

7. OCL 是双电源互补对称的电路。OTL 是采用单电源供电的互补对称电路结构。

巩固练习

一、填空题

1. 集成运算放大器一般由________、________、________、________四个部分组成。

2. 集成运算放大器的输入级一般由差动放大电路构成，目的是减小放大电路的________，提高输入阻抗。

3. 运算放大器的输出是一种具有________的多级直流放大器。

4. 功率放大器按工作点在交流负载线上的位置分类有________类功放、________类功放和________类功放电路。

5. 甲乙推挽功放电路与乙类功放电路比较，前者加了偏置电路，用于向功放管提供少量偏流 I_{BQ}，以减少________失真。

6. 负反馈能使放大器的稳定性________，但放大器的放大倍数________。

7. 电压串联负反馈稳定________电压，能使输入电阻________。

8. 引起零点漂移的原因有电源电压波动及________变化两个，解决的办法可采用________放大器。

9. ________就是将放大电路输出信号(电压或电流)的一部分或全部，通过某种电路(反馈电路)送回到输入回路，从而影响输入信号的过程。

10. ________电路采用双电源互补对称的电路结构，________电路采用单电源互补对称的电路结构。

二、综合题

1. 判别图 3-39 反馈元件 R_{F1}，R_{F2}，R_{F3} 及 C_F 各起何类反馈作用，以及对输入输出电阻的影响。

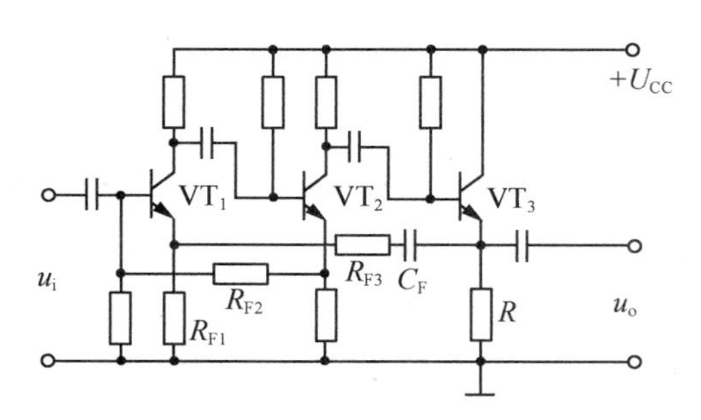

图 3-39　综合题 1

2. 如图 3-40 所示，在下列情况下，求 u_o 和 u_i 的关系式。

(1)S_1 和 S_3 闭合，S_2 断开时。

(2)S_1 和 S_2 闭合，S_3 断开时。

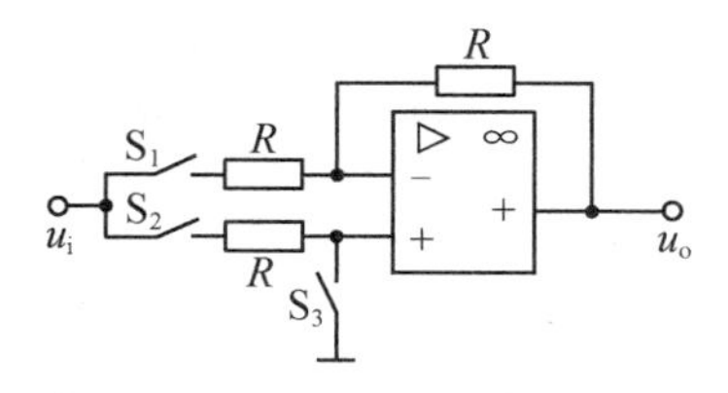

图 3-40　综合题 2

3. 如图 3-41 所示，已知 $R_F=2R_1$，$u_i=2$ V，试求输出电压 u_o。

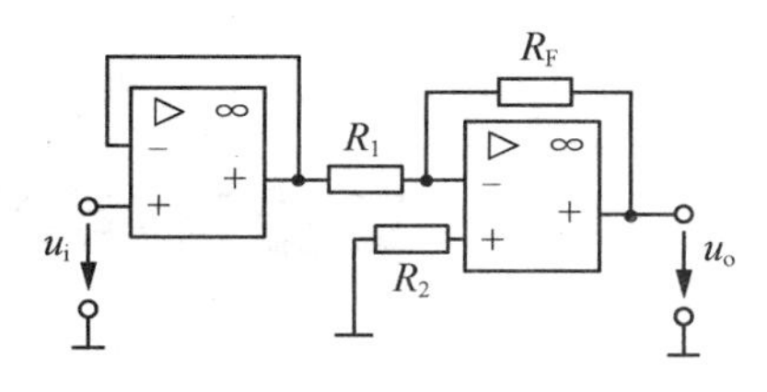

图 3-41 综合题 3

4. 试判断图 3-42 所示电路的反馈组态。

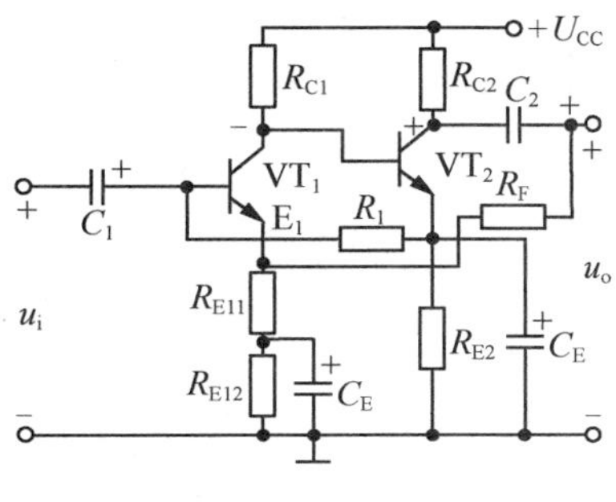

图 3-42 综合题 4

单元 4

正弦波振荡电路（选学）

知识目标

1. 了解振荡的基本概念。

2. 了解自激振荡过程，知道自激振荡平衡条件。

3. 了解 *LC* 振荡电路、*RC* 振荡电路、石英晶体振荡电路的电路组成及特点。

4. 了解石英晶体振荡电路的结构、电特性及电路形式。

能力目标

1. 学会判断电路是否产生自激振荡。

2. 学会分析 *LC* 振荡电路、*RC* 振荡电路、石英晶体振荡电路的工作原理。

4.1 振荡的基本概念

课程思政：大国工匠人物 胡双钱

在会场中，经常会听到刺耳的啸叫声，这是话筒与扬声器距离太近，比较微弱的信号通过话筒—放大—扬声器，循环放大之后产生的。这种现象是一种电声振荡现象，如图 4-1 所示，这个过程也是一个正反馈的过程。

振荡电路就是利用正反馈实现能量转换的电路，是无须外加信号，就能自动地把直流电转化为具有一定频率和一定幅度的交流信号的电路。应用比较广泛的就是正弦波振荡电路。

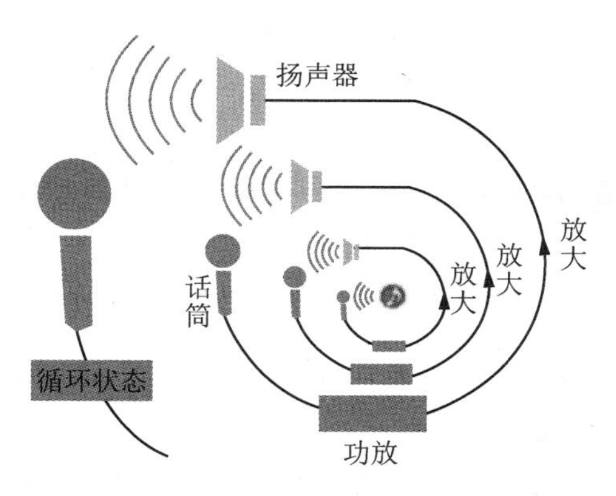

图 4-1　电声振荡现象

正弦波振荡电路主要由放大电路、选频电路、反馈网络三部分组成。

放大电路：要有足够的放大倍数。

选频电路：确定电路的振荡频率，保证正弦波振荡电路具有单一工作频率。

反馈网络：将输出信号反馈到输入端，形成正反馈，使电路产生自激振荡。

4.1.1　自激振荡的过程

接通电源瞬间，由于电路的扰动，放大器输入端得到一个信号，到输出端就被放大了许多倍，输出端的这个大信号又被送到输入端，到输出端就变得更大，如此经过放大—选频—正反馈—再放大，信号越来越大，大到放大器的非线性出现，信号才会稳定在一定的幅度输出，从而得到稳定的自激输出。这就是自激振荡产生的过程。

4.1.2　平衡条件

振荡电路要产生自激振荡必须满足相位平衡和振幅平衡两个条件。

1. 相位平衡条件

反馈信号与输入信号相位相同，即为正反馈，满足相位关系式

$$\varphi=2n\pi(n=0,\ 1,\ 2,\ \cdots) \tag{4-1}$$

式中，n 为正整数。

2. 振幅平衡条件

反馈信号的幅度与输入信号的幅度相等，满足幅度关系式

$$A_{\mathrm{v}}F=1 \tag{4-2}$$

式中，A_v 为放大电路的电压放大倍数，$A_v=u_o/u_i$，F 为反馈网络的反馈系数，$F=u_F/u_o$。

4.2 LC 振荡电路

4.2.1 LC 网络的选频特性

将电容 C 与电感 L 并联所组成的网络称为 LC 并联选频网络，如图 4-2(a)所示。

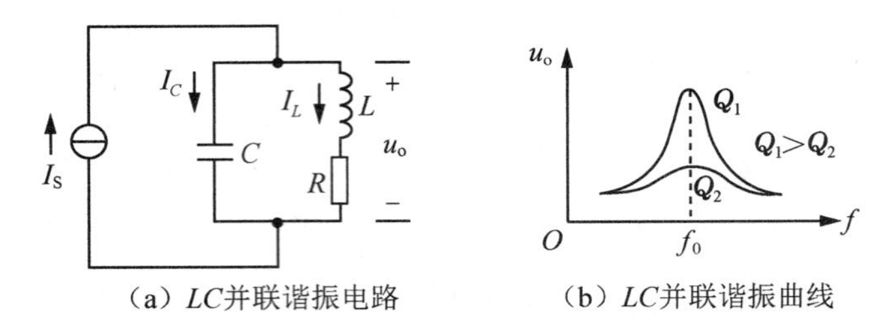

（a）LC并联谐振电路　（b）LC并联谐振曲线

图 4-2　并联谐振电路及其曲线

LC 并联电路的谐振频率为

$$f_0=\frac{1}{2\pi\sqrt{LC}} \tag{4-3}$$

LC 并联谐振曲线如图 4-2(b)所示，Q（$Q=\frac{1}{R}\sqrt{\frac{L}{C}}$ 为品质因数）值越大，曲线越尖，曲线在 f_0 附近越陡，选频特性就越好，组成振荡器时，频率稳定性也越好。

LC 振荡电路主要有电感反馈式振荡电路、电容反馈式振荡电路和变压器反馈式振荡电路三种。

4.2.2 电路的组成及特点

1. 电感反馈式振荡电路

电感反馈式振荡电路如图 4-3 所示。当电路接通电源的一瞬间，振荡电路中的三极管就会产生一个基极电流和集电极电流的扰动。这个扰动信号包含着丰富的交流谐波，作为初始信号进入放大器中，经 LC 并联回路固有频率选出频率为 f_0 的信号，它一方面由输出端送至负载电阻 R_L，另一方面经过线圈反馈至三极管放大器的基极。根据瞬时极性法可知，线圈 L 上产生下负上正的电压，在其次级上端则产生上正下负的信号反馈至基极，这个反馈就是正反馈。正反馈信号加上初始信号，经过放大—

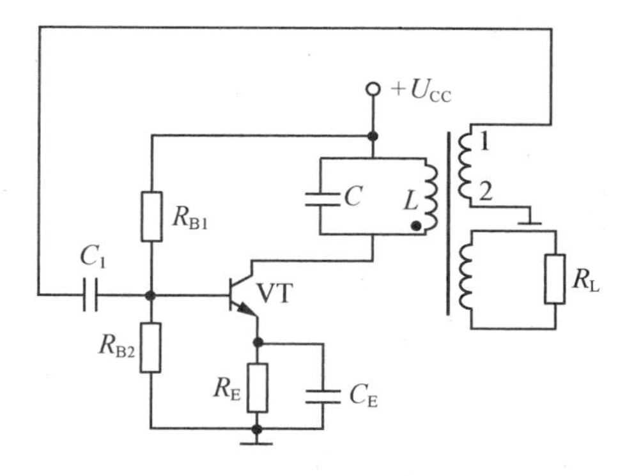

图 **4-3** 电感反馈式振荡电路

选频—正反馈—再放大这一周而复始的过程，振荡就由弱到强地建立起来了。需要注意的是，由于电源和三极管特性的限制，振幅不会无限制地增长下去，到达某一个点时，振幅就不再增加，而是自动维持平衡。其波形如图 4-4 所示。

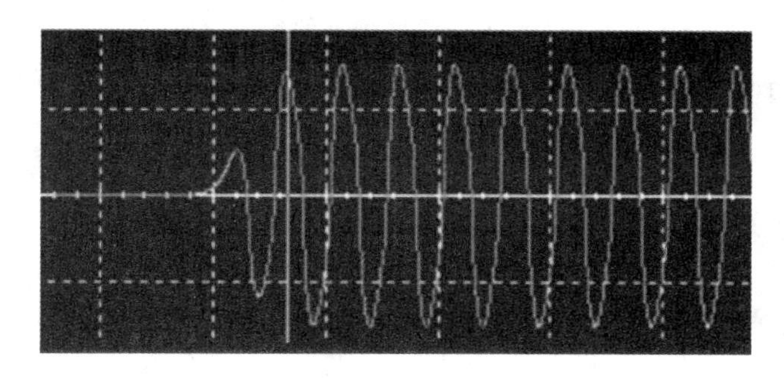

图 **4-4** 电感反馈式振荡电路波形图

电感反馈式振荡电路容易起振，调节频率方便，工作频率可达几十兆赫兹，但电感线圈对高次谐波的阻抗大，易产生失真，适用于对波形要求不高的场合。

2. 电容反馈式振荡电路

电容反馈式振荡电路如图 4-5(a)所示，C_1，C_2 和 L 组成并联谐振回路，作为放大器的交流负载，R_{B1}，R_{B2}，R_C 和 R_E 为放大器分压式直流偏置电阻，C_E 是射极旁路电容，C_B 是耦合电容，用于防止电源 U_{cc} 经电感与基极接通。从图 4-5(b)交流通路可知，反馈电压取自电容 C_2 上的电压，交流时并联谐振回路的三个端点相当于分别与三极管的三个电极相连，因此又称为电容三点式 LC 振荡电路。

电容反馈式振荡电路振荡频率高，可超过 100 MHz，输出波形中高次谐波较少，波形较好；缺点是振荡频率容易受三极管极间电容的影响，稳定性较差。可通过在电

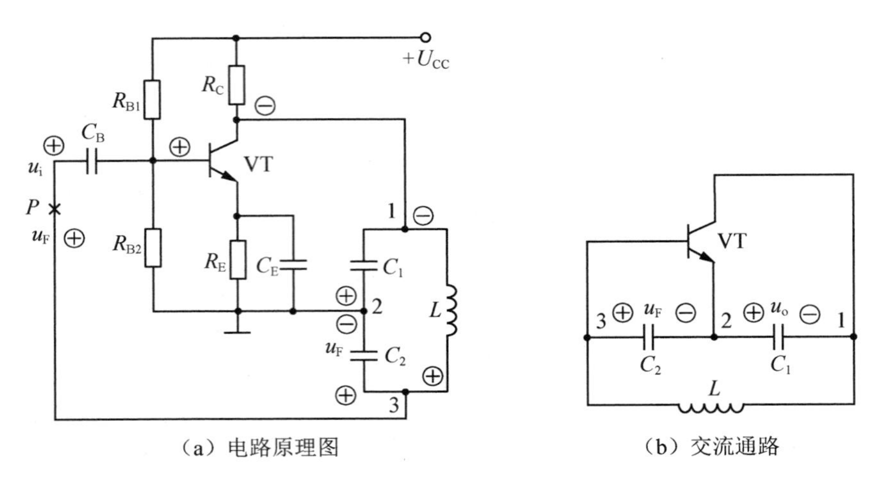

（a）电路原理图

（b）交流通路

图 4-5　电容反馈式振荡电路

感支路中串联电容，以削弱三极管极间电容对振荡频率的影响，其改进电路如图 4-6 所示。改进后的电路具有振荡波形好、频率稳定的特点，调节 C_3 时，输出信号的幅度会随频率的增大而降低。

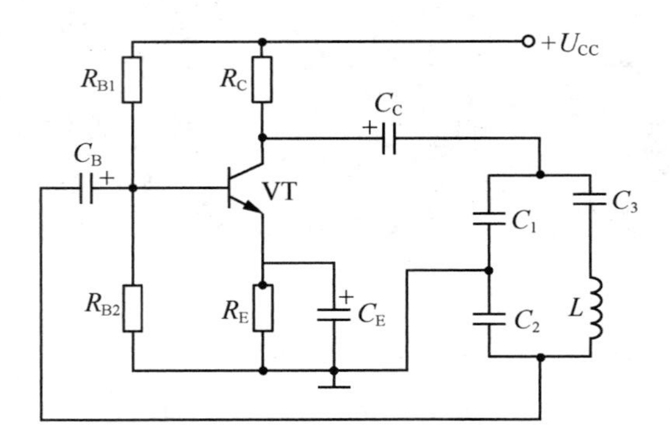

图 4-6　改进电容反馈式振荡电路

3. 变压器反馈式振荡电路

变压器反馈式振荡电路，是利用变压器耦合获得适量的正反馈来实现自激振荡的，电路如图 4-7 所示。L_2 感应到 L 的电压信号，并将其反馈至输入端，使净输入信号增强，得到一个正反馈信号，为实现振荡提供了基础条件，在满足幅值和相位条件的时候，就可以实现振荡了。

变压器反馈式振荡电路容易起振，输出功率大，便于调节；但在高频段工作时，由于分布电容的影响，输出波形含有杂波，频率的稳定性差。

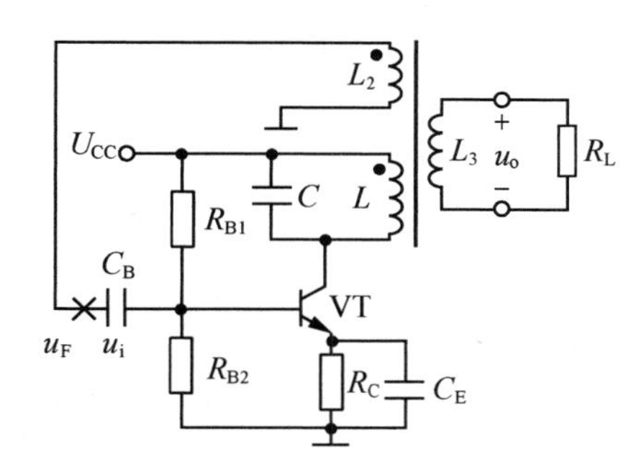

图 4-7　变压器反馈式 *LC* 振荡电路

4.3　*RC* 振荡电路

4.3.1　*RC* 网络的选频特性

将电阻 R_1 与电容 C_1 串联、电阻 R_2 与电容 C_2 并联所组成的网络称为 *RC* 串并联选频网络，如图 4-8 所示。通常选取 $R_1=R_2=R$，$C_1=C_2=C$。

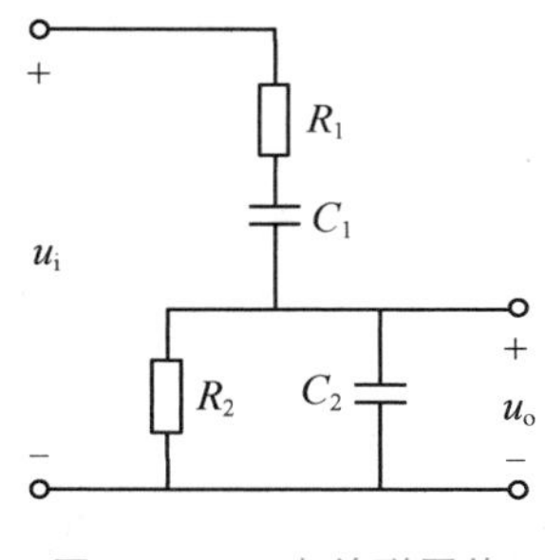

图 4-8　*RC* 串并联网络

①谐振频率 f_0 取决于选频网络 *R*、*C* 元件的数值，计算公式为

$$f_0=\frac{1}{2\pi RC} \tag{4-4}$$

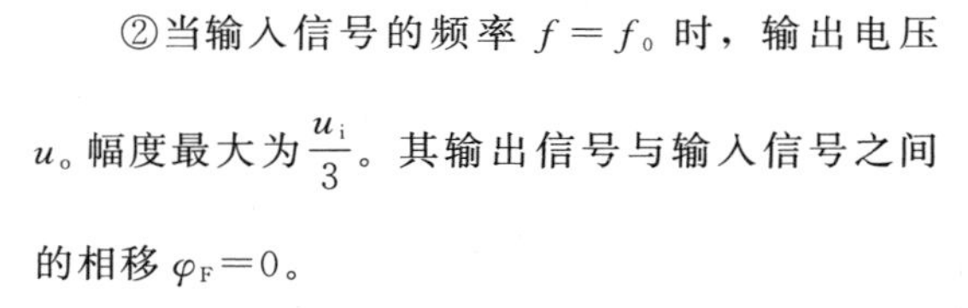

②当输入信号的频率 $f=f_0$ 时，输出电压 u_o 幅度最大为 $\frac{u_i}{3}$。其输出信号与输入信号之间的相移 $\varphi_F=0$。

③在 $f\neq f_0$ 时，输出电压幅度很快衰减，其存在一定的相移。所以 *RC* 串并联网络具有选频特性，如图 4-9 所示。

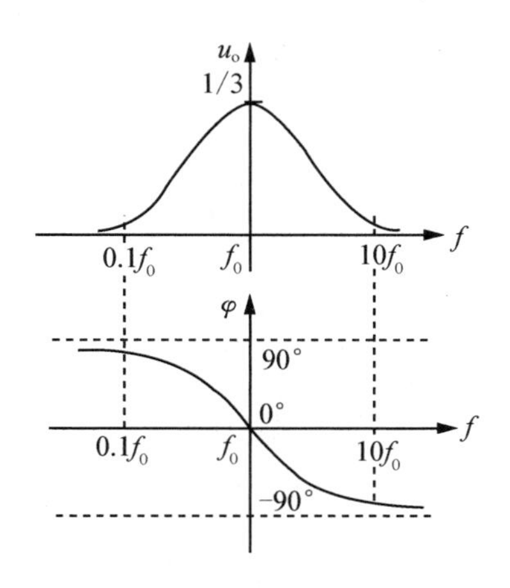

图 4-9　幅频特性和相频特性

4.3.2　*RC* 桥式正弦波振荡电路

1. 电路组成

RC 桥式正弦波振荡电路，如图 4-10 所示，由 *RC* 选频网络和同相放大器组成，其中 R_1，C_1 和 R_2，C_2 构成选频网络，作为正反馈支路，将信号反馈至输入端，与

同相放大器构成正反馈电路。

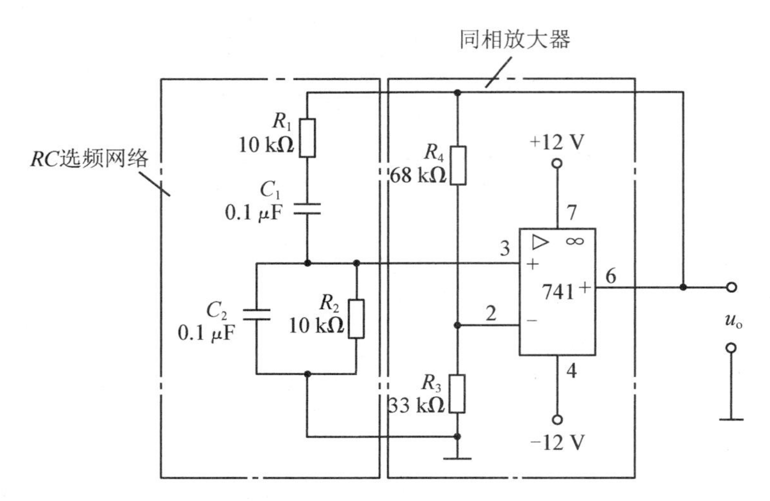

图 4-10 *RC* 桥式正弦波振荡电路

2. 振荡原理

①相位条件：同相放大器的输入与输出信号相位差为 0°，*RC* 串并联选频网络的移相也为 0°，满足正弦波振荡的相位平衡条件。

②幅度条件：当 $f=f_0$ 时，*RC* 选频网络反馈系数 $F=1/3$。同相放大器的放大倍数 $A=1+\frac{R_4}{R_3}$，只要 R_3 和 R_4 的取值满足 $R_4\geqslant 2R_3$，即 $A\geqslant 3$ 时，振荡电路就满足振荡的幅度平衡条件 $AF\geqslant 1$。

3. 振荡频率

通常情况下选取 $R_1=R_2=R$，$C_1=C_2=C$，则振荡频率为：$f_0=\frac{1}{2\pi RC}$。

4.3.3 *RC* 振荡电路的稳幅

RC 振荡电路的稳幅，是利用二极管的非线性特性自动完成的，如图 4-11 所示。

当振荡电路输出幅值增大时，流过二极管的电流增大使二极管的动态电阻减小、同相放大器的负反馈得到加强，放大器的增益下降，从而使输出电压稳定。

电阻 R_4 选用负温度系数热敏电阻，当输出电压升高时，通过负反馈电阻 R_4 的电流增大，即温度升高，R_4 阻值减小，负反馈增强，输出幅度下降，从而实现稳幅。

电阻 R_3 选用正温度系数的热敏电阻，同样可以实现稳幅。

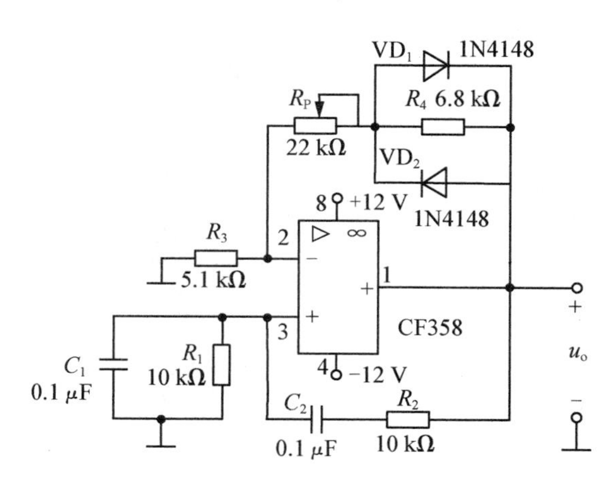

图 4-11 *RC* 振荡稳幅电路

4.4 石英晶体振荡电路

石英晶体振荡电路是将天然的石英晶体(二氧化硅)按照一定的方位角切成薄片，在晶片(薄片)两个相对的表面喷涂金属作为极板，焊上引线作为电极，再用金属、玻璃或塑胶封装起来而成的，其实物与图形符号如图 4-12 所示。

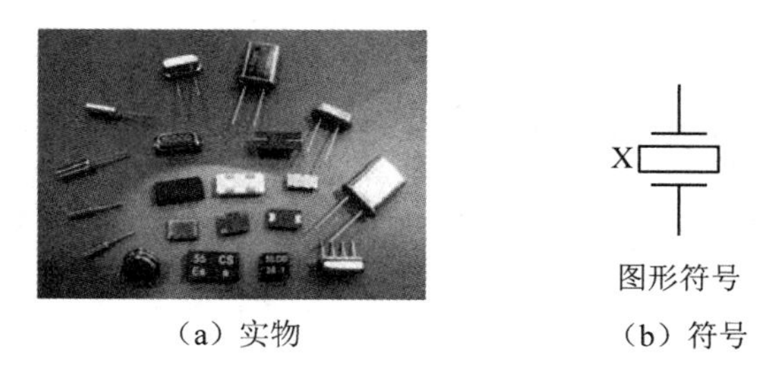

(a) 实物　　(b) 符号

图 4-12 石英晶体振荡电路实物与图形符号

4.4.1 石英晶体的特性及等效电路

若在石英晶体两电极间加上电压，晶片将产生机械形变；反之，若在晶片上施加机械压力使其发生形变，则将在相应方向上产生电压，这种物理现象称为压电效应。因此在石英晶片两个极板间加一个交变电压(电场)，晶片就会产生与该交变电压频率相似的机械振动，当外加交变电压的频率与晶体固有振动的频率相等时，通过晶体的电流达到最大，这就是晶体的压电谐振，产生谐振的频率称为石英晶体的谐振频率。

石英晶体的压电谐振等效电路如图 4-13(a)所示。图 4-13(b)是其电抗-频率特性曲线。

图中 f_s 为晶体串联谐振频率，f_p 为晶体并联谐振频率。

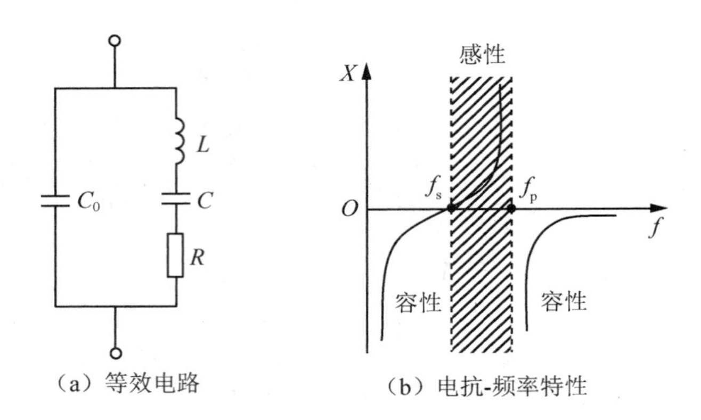

图 4-13 石英晶体振荡电路等效电路与频率特性

对等效电路中的“等效元件”做如下说明：

①C_o：晶体不振动时，相当于一只由两极板和晶体介质组成的静态电容。C_o 的值与晶片的几何尺寸和电极的面积有关。

②L：晶体振动时的振动惯性，用电感 L 等效。

③C：相当于晶片的弹性，用电容等效。L 和 C 的值与晶体的切割方式、晶片和电极的尺寸等有关。

④R：晶片振动时因摩擦而造成的损耗。它的阻值约为 100 Ω。

从石英晶体谐振器的等效电路可以看出，它可以产生两个谐振频率。

一是当 R，L，C 支路发生串联谐振时，等效于纯电阻 R，阻抗最小，其串联谐振频率为

$$f_s=\frac{1}{2\pi\sqrt{LC}} \tag{4-5}$$

二是当外加信号频率高于 f_s 时，X_L 增大，X_C 减小，R，L，C 支路呈感性，可与 C_o 所在支路发生并联谐振，其并联谐振频率为

$$f_0=f_s\sqrt{1+\frac{C}{C_0}} \tag{4-6}$$

4.4.2 并联型石英晶体振荡电路

并联型石英晶体振荡电路，如图 4-14 所示，可把石英晶体看成一个等效电感。振荡频率取决于石英晶体与 C_1，C_2 所构成的并联谐振频率，由于石英晶体只有在 f_s

与 f_p 之间呈感性，电路才能形成电容三点式振荡，f_s 与 f_p 基本相等，故该电路的振荡频率基本取决于石英晶体的固有频率 f_s，即 $f_s \approx f_p$，所以振荡频率也很稳定。

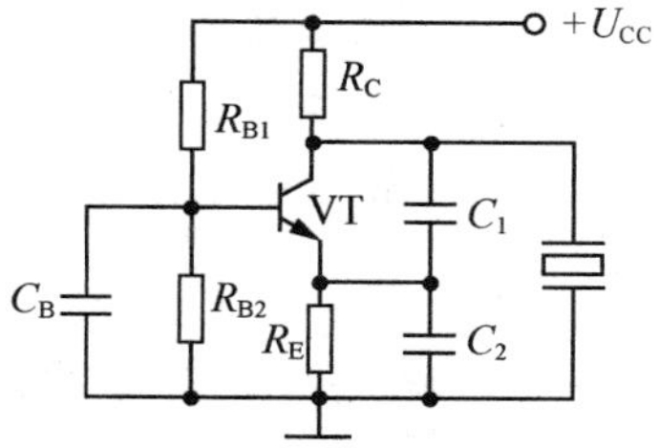

图 4-14　并联型石英晶体振荡电路

4.4.3　串联型石英晶体振荡电路

串联型石英晶体振荡电路，如图 4-15 所示，为直接耦合两级放大电路。石英晶体和可变电阻 R 构成正反馈电路。当电路中的频率为 f_s 时，石英晶体产生串联谐振，反馈支路呈纯阻性。因为阻抗最小时，正反馈信号最大，因此能满足幅值平衡条件。同时反馈支路的相移为零，因此整个电路也满足相位平衡条件。故该电路能形成稳定的振荡，还可以通过调节可变电阻 R 来改变反馈信号的强弱，有效防止电路停振或失真。

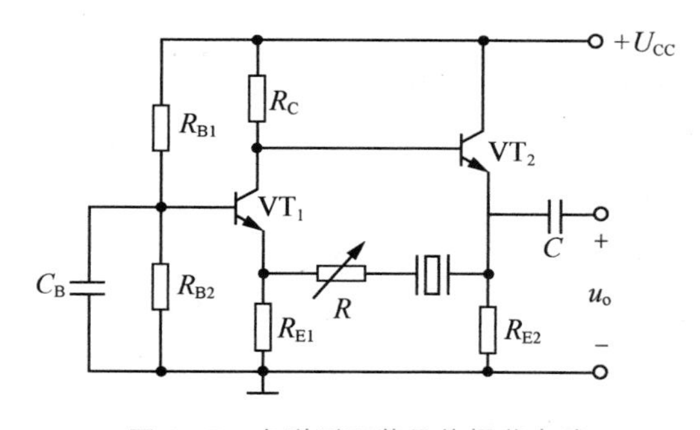

图 4-15　串联型石英晶体振荡电路

串联型石英晶体振荡电路结构简单、调试方便，其振荡频率为石英晶体的固有频率 f_s，稳定度非常高，应用非常广泛。

要点总结

1. 振荡电路就是利用正反馈实现能量转换的电路，是无须外加信号，就能自动地把直流电转化为具有一定频率和一定幅度的交流信号的电路。

2. 正弦波振荡电路主要由放大电路、选频电路、反馈网络三部分组成。

3. 振荡电路要产生自激振荡必须满足以下两个条件：

相位平衡条件：

$$\varphi = 2n\pi (n=0, 1, 2, \cdots)$$

振幅平衡条件:

$$A_V F=1$$

4. LC 振荡电路主要有电感反馈式振荡电路、电容反馈式振荡电路和变压器反馈式振荡电路三种。

5. 电感反馈式振荡电路容易起振，调节频率方便，工作频率可达几十兆赫兹，但电感线圈对高次谐波的阻抗大，易产生失真，适用于对波形要求不高的场合。电容反馈式振荡电路振荡频率高，输出波形中高次谐波较少，波形较好，但其振荡频率容易受三极管极间电容的影响，稳定性较差。变压器反馈式振荡电路容易起振，输出功率大，便于调节，但在高频段工作时，由于分布电容的影响，输出波形含有杂波，频率的稳定性差。

6. LC 正弦波振荡电路的振荡频率为

$$f_0=\frac{1}{2\pi\sqrt{LC}}$$

RC 正弦波振荡电路的振荡频率为

$$f_0=\frac{1}{2\pi RC}$$

7. 石英晶体有压电特性，在石英晶片两个极板间加一个交变电压(电场)，晶片就会产生与该交变电压频率相似的机械振动，当外加交变电压的频率与晶体固有振动的频率相等时，通过晶体的电流达到最大，这就是晶体的压电谐振，产生谐振的频率称为石英晶体的谐振频率。

8. 石英晶体振荡电路有串联型和并联型两种。

巩固练习

一、填空题

1. 振荡器的振幅平衡条件是________，相位平衡条件是________。

2. 石英晶体振荡器频率稳定度很高，通常可分为________和________两种。

3. LC 振荡电路主要有________振荡电路、________振荡电路和变压器反馈式振荡电路三种。

4. 要产生较高频率信号应采用________振荡器，要产生较低频率信号应采用________振荡器，要产生频率稳定度高的信号应采用________振荡器。

5. 振荡器是根据________反馈原理来实现的，________反馈振荡电路的波形相对较好。

二、简答题

如图 4-16 所示石英晶体振荡器，指出它们属于哪种类型的晶体振荡器，并说明石英晶体在电路中的作用。

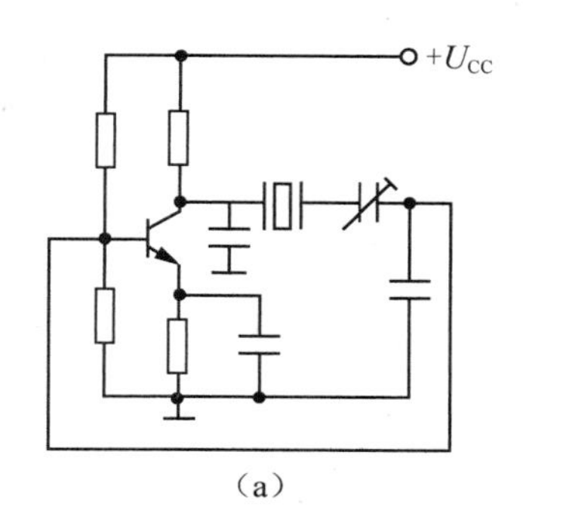

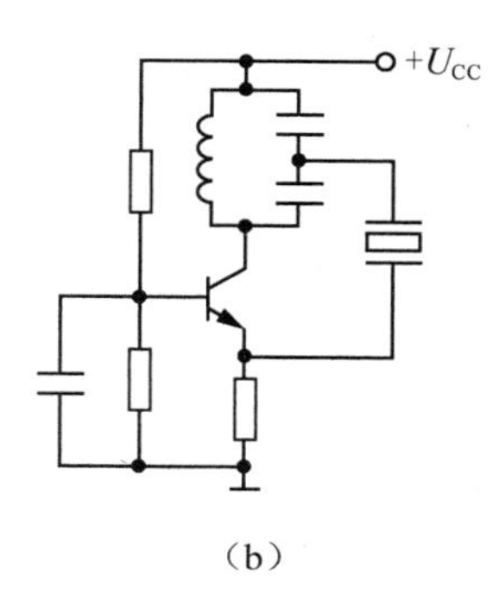

图 4-16 简答题图

单元 5

直流稳压电源

知识目标

1. 了解稳压二极管在稳压电路中的作用。

2. 掌握稳压二极管稳压电路的工作原理。

3. 了解串联型晶体管稳压电路的组成及稳压原理。

4. 掌握典型集成稳压电源电路的组成、工作原理及其主要技术指标。

能力目标

1. 学会区分稳压二极管，并能够在电路中正确连接。

2. 能够指出串联型晶体管稳压电路各元件的作用，说明稳压过程。

3. 能够排除串联型稳压管稳压电路出现的故障。

4. 能够根据型号判断集成稳压器的引脚及相关参数，并能够在电路中正确使用。

5. 学会正确用集成稳压器搭建稳压电路。

课程思政：榜样人物 洪家光

5.1 直流稳压电源

5.1.1 直流稳压电源的组成

交流电在电能的产生、输送和分配等方面有很多优点。因发电厂生产的是交流电，而在某些场合必须使用直流电，如蓄电池充电、直流电动机运行等都需要直流电源

按输出电压类型分：固定式、可调式。

按输出电压极性分：正电压输出、负电压输出。

5.3.1　三端集成稳压器

1. 三端固定集成稳压器

(1)分类

三端固定集成稳压器分 CW7800 系列(正电源)和 CW7900 系列(负电源)，外形如图 5-8 所示。

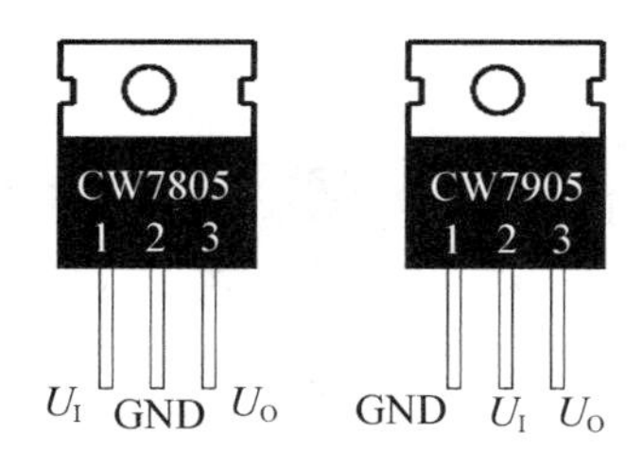

图 5-8　三端固定集成稳压器的外形

按输出电压分：5 V，6 V，9 V，12 V，15 V，18 V，24 V 等。

按输出电流大小分：78L ××/79L ××输出电流 100 mA、78M××/79M××输出电流 500 mA、78××/79 ××输出电流 1.5 A 等。

例如：CW7805 输出 5 V，最大电流 1.5 A；CW78M05 输出 5 V，最大电流 0.5 A；CW78L05 输出 5 V，最大电流 0.1 A。

(2)内部结构

三端固定集成稳压器内部结构如图 5-9 所示。

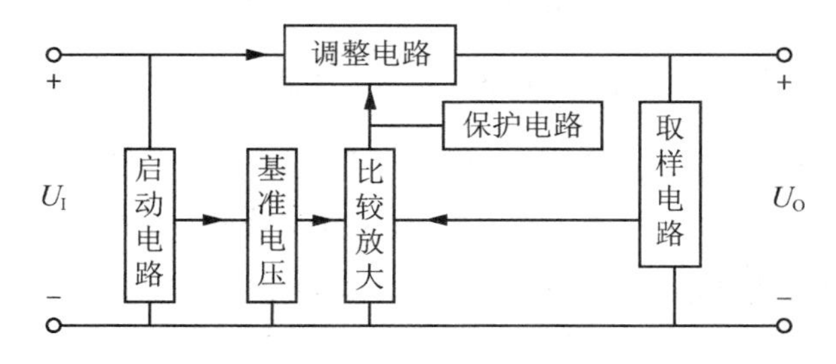

图 5-9　三端固定集成稳压器的内部结构图

CW7800 系列稳压器规格见表 5-1。CW7900 系列稳压器规格见表 5-2。

表 5-1 CW7800 系列稳压器规格

型号	输出电流/A	输出电压/V
78L00	0.1	5, 6, 9, 12, 15, 18, 24
78M00	0.5	5, 6, 9, 12, 15, 18, 24
7800	1.5	5, 6, 9, 12, 15, 18, 24
78T00	3	5, 12, 18, 24
78H00	5	5, 12
78P00	10	5

表 5-2 CW7900 系列稳压器规格

型号	输出电流/A	输出电压/V
79L00	0.1	−5, −6, −9, −12, −15, −18, −24
79M00	0.5	−5, −6, −9, −12, −15, −18, −24
7900	1.5	−5, −6, −9, −12, −15, −18, −24

2. 三端可调集成稳压器

典型产品型号命名：

CW117/CW217/CW317 系列(正电源)；

CW137/CW237/CW337 系列(负电源)。

CW137/CW137M/CW137L——1.5 A；

CW237/CW237M/CW237L——0.5 A；

CW337/CW337M/CW337L——0.1 A。

3. 使用三端集成稳压器时应注意的事项

三端集成稳压器虽然应用电路简单，外围元件很少，但若使用不当，同样会出现稳压器被击穿或稳压效果不良的现象，所以在使用中必须注意以下几个问题。

①要防止产生自激振荡。三端集成稳压器内部电路放大级数多，开环增益高，工作于闭环深度负反馈状态，若不采取适当补偿移相措施，则在分布电容、电感的作用下，电路可能产生高频寄生振荡，从而影响稳压器的正常工作。

②要防止稳压器损坏。虽然三端集成稳压器内部电路有过流、过热及调整管安全工作区等保护功能，但在使用中应注意以下几个问题以防稳压器损坏。防止输入端对

地短路；防止输入端和输出端接反；防止输入端滤波电路断路；防止输出端与其他高电压电路连接；稳压器接地端不得开路。

③当三端集成稳压器输出端加装防自激电容时，若输入端发生短路，该电容的放电电流将使稳压器内的调整管损坏。为防止这种现象发生，可在输出、输入端之间接一大电流二极管。

④在使用三端可调集成稳压器时，为减小输出电压纹波，应在稳压器调整端与地之间接入一个 10 μF 电容器。

⑤为了提高稳压性能，应注意电路的连接布局。一般稳压电路不要离滤波电路太远，另外，输入线、输出线和地线应分开布设，采用较粗的导线且要焊牢。

⑥三端集成稳压器是一个功率器件，它的最大功耗取决于内部调整管的最大结温。因此，要保证三端集成稳压器能够在额定输出电流下正常工作，就必须为三端集成稳压器采取适当的散热措施。稳压器的散热能力越强，它所承受的功率也就越大。

⑦选用三端集成稳压器时，首先要考虑的是输出电压是否要求可以调整。若不需调整输出电压，则可选用输出固定电压的稳压器；若要调整输出电压，则应选用可调式稳压器。稳压器的类型选定后，就要进行参数的选择，其中最重要的参数就是需要输出的最大电流值，这样大致便可确定出集成电路的型号。然后再审查一下所选稳压器的其他参数能否满足使用的要求。

5.3.2　典型集成稳压电源电路及其主要技术指标

1. 三端集成稳压器应用电路

(1)输出固定电压的电路

图 5-10 为固定式集成稳压电路 CW78××和 CW79××的基本应用电路，其中 C_1 一般小于 1 μF，用于减小输入电压的脉动和防止过电压，防止电路产生自激振荡，C_2 一般取 0.1 μF，用于消除高频噪声。

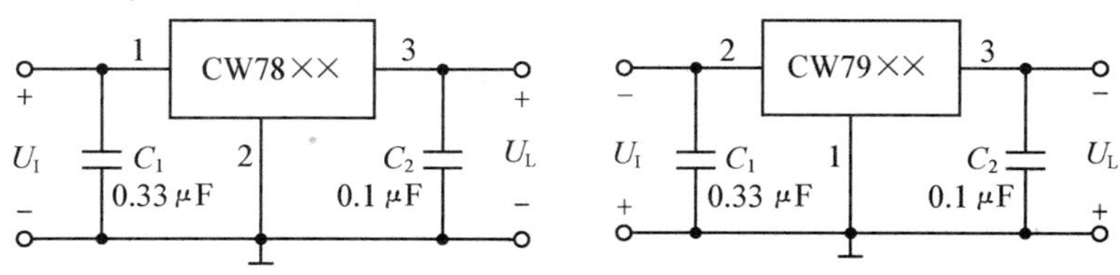

图 5-10　三端固定集成稳压器的基本应用电路

(2)提高输出电压的电路

当实际需要的直流电压超过集成稳压器规定值时，可外接一些元件来适当提高输出电压。图5-11为可提高输出电压的稳压电路，图中 R_1，R_2 为外接电阻，输出电压为

$$U_O=\left(1+\frac{R_2}{R_1}\right)U_{\times\times} \quad (5\text{-}1)$$

式中，$U_{\times\times}$ 为集成稳压器的额定电压。

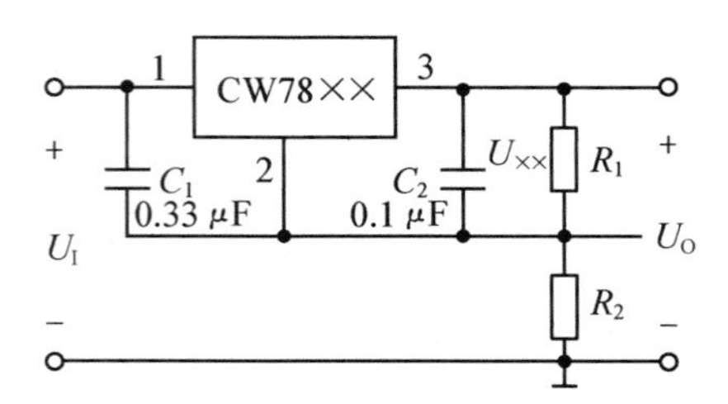

图 5-11　提高输出电压的电路

(3)扩大输出电流的稳压电路

CW78××系列三端集成稳压器输出电流最大只有1.5 A，当某些场合需要更大电流时，可采用图5-12所示电路来扩大输出电流，电路输出电流为

$$I_L=I_O+I_C \quad (5\text{-}2)$$

式中，I_O 为CW78××的输出电流，I_C 为外接大功率管的集电极电流。

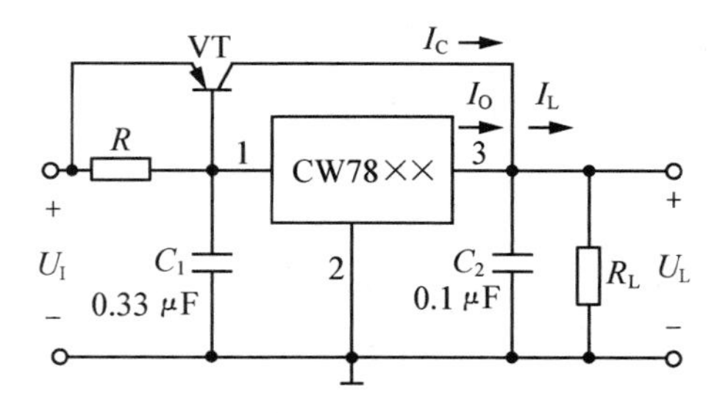

图 5-12　提高输出电流的电路

(4)同时输出正、负电压的稳压电路

在电子电路中，常常需要同时输出正、负电压的双向直流电源，由集成稳压器组成的这种电源形式较多，图5-13就是其中一种。该电路具有共同的公共端，可以同时输出正、负两种电源。

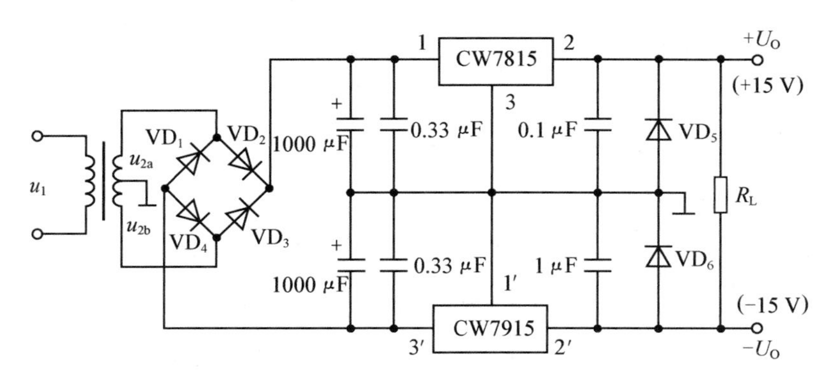

图 5-13　同时输出正、负电压的稳压电路

2. 三端可调式集成稳压电路

(1)基本应用电路

图 5-14 为三端可调式集成稳压器的基本应用电路。电路中，电容 C_1 用于减小输入电压的脉动和防止过电压，C_2 用于削弱电路的高频干扰，并具有消振作用。输出电压为

$$U_L = 1.25\left(1+\frac{R_2}{R_1}\right) \tag{5-3}$$

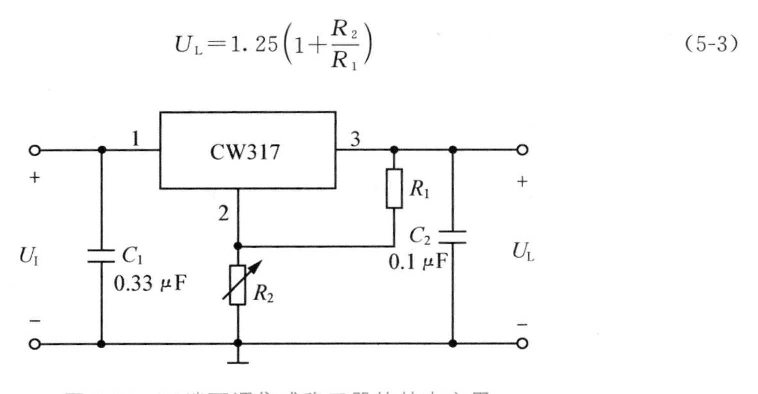

图 5-14　三端可调集成稳压器的基本应用

使用中，R_1 要紧靠在稳压器输出端和调整端接线，以免当输出电流大时，附加压降影响输出精度；R_2 的接地点应与负载电流返回接地点相同，且 R_1 和 R_2 应选择同种材料制作的电阻，精度尽量高一些。

(2)提高输出电压的应用电路

图 5-15 是应用三端集成稳压器 CW317 构成的提高输出电压的稳压电路，调整 R_P 可改变取样电压值，从而控制输出电压。

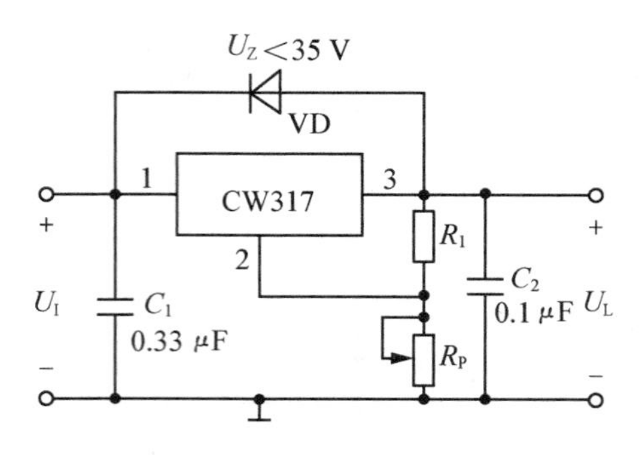

图 5-15 提高输出电压的稳压

课程思政：安全教育 用电安全

实训 8 串联型直流稳压电源的安装与调试

【实训目标】

1. 掌握稳压电路工作原理。
2. 明确复合管、稳压管的特性。
3. 学会电路所使用元件的检测方法。
4. 能结合故障现象进行故障原因的分析与排除。

【实训内容】

根据图 5-16 串联型直流稳压电源电路原理图，按照工艺要求进行电路板的安装，并进行通电检测，针对故障现象进行故障原因的分析与排除。

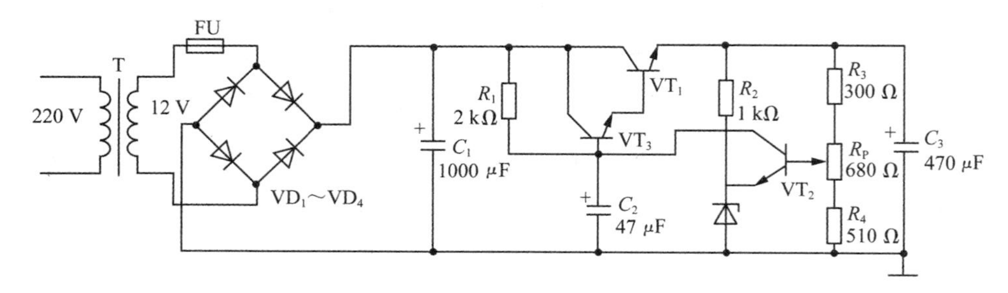

图 5-16 串联型直流稳压电源电路原理图

【实训准备】

电烙铁、烙铁架、助焊剂、镊子、小刀、斜口钳、万用表、示波器等。

【实训步骤】

1. 核对并检测元件

按照元件清单核对元件数量、规格、型号，见表 5-3。

表 5-3　元件清单及安装要求

<table>
<tr><th>序号</th><th>符号</th><th>元件名称规格</th><th>数量/个</th><th>安装要求</th><th>备注</th></tr>
<tr><td>1</td><td>$VD_1 \sim VD_4$</td><td>1N4001(整流桥)</td><td>4</td><td>水平安装，紧贴电路板，剪脚留头 1 mm</td><td></td></tr>
<tr><td>2</td><td>R_1</td><td>2 kΩ</td><td>1</td><td rowspan="4">①水平安装；
②电阻体贴近电路板；
③剪脚留头 1 mm</td><td rowspan="4"></td></tr>
<tr><td>3</td><td>R_2</td><td>1 kΩ</td><td>1</td></tr>
<tr><td>4</td><td>R_3</td><td>300 Ω</td><td>1</td></tr>
<tr><td>5</td><td>R_4</td><td>510 Ω</td><td>1</td></tr>
<tr><td>6</td><td>C_1</td><td>1000 μF 电解电容</td><td>1</td><td rowspan="3">①立式安装；
②电容器底部尽量贴近电路板；
③剪脚留头 1 mm</td><td rowspan="3"></td></tr>
<tr><td>7</td><td>C_2</td><td>47 μF 电解电容</td><td>1</td></tr>
<tr><td>8</td><td>C_3</td><td>470 μF 电解电容</td><td>1</td></tr>
<tr><td>9</td><td>VT_1</td><td>9013(NPN 型三极管)</td><td>1</td><td rowspan="3">立式安装</td><td rowspan="3"></td></tr>
<tr><td>10</td><td>VT_2</td><td>9011(NPN 型三极管)</td><td>1</td></tr>
<tr><td>11</td><td>VT_3</td><td>9013(NPN 型三极管)</td><td>1</td></tr>
<tr><td>12</td><td>R_P</td><td>680 Ω 微调电位器</td><td>1</td><td>立式安装，电位器底部离电路板 3 mm±1 mm</td><td></td></tr>
</table>

2. 布局

按照原理图对元件进行合理布局。

3. 安装电路

按照表 5-3 中的安装要求，安装焊接电路。

安装时，应注意以下几点：

①有极性的元件，在安装时注意极性，切勿安错。

②元器件距离电路板的高度。没有具体说明的元器件要尽量贴近电路板。

③色环朝向要一致，即水平安装的第一道色环在左边，竖直安装的第一道色环在下面。

④无极电容器的朝向要一致。在元件面看，水平安装的标志朝上面，竖直安装的标志朝左面。

⑤安装完毕，将 R_P 置中间位置。

4. 连接

将各个元件用导线连接起来，组成完整的电路。

5. 调试和测试

(1)通电前检查

①检查电解电容的极性、二极管的极性、稳压器的安装方向、电源变压器的初次级线圈引线使用是否正确。

②断开电源变压器次级线圈与整流电路交流输入端的连接，用万用表电阻挡测量整流电路交流输入端电阻，检测是否存在短路。

(2)通电测试

①将万用表调至合适的电压挡接入电源输出端，调节电阻器 R_P，观察输出电压的变化，确定 R_P 电阻大小对输出电压的影响。

②分别断开 C_1，C_2，C_3，用示波器观察输出电压波形，用万用表测量输出电压，记录输出电压的变化，说明各个电容对输出电压的影响。

③断开整流电路中某一个二极管，再次测试输出电压和输出波形。

【实训小结】

电源变压器 T 次级的低压交流电，经过整流二极管 VD_1～VD_4 整流，电容器 C_1 滤波，获得直流电，输送到稳压部分。稳压部分由复合调整管(VT_1，VT_2)，比较放大管 VT_3，起稳压作用的硅二极管(VD_5，VD_6)和取样微调电位器 R_P 等组成。三极管集电极发射极之间的电压降简称管压降。复合调整管上的管压降是可变的，当输出电压有减小的趋势，管压降会自动地变小，维持输出电压不变；当输出电压有增大的趋势，管压降又会自动地变大，维持输出电压不变。

6.1.1　单向晶闸管

1. 晶闸管的基本结构

晶闸管由 P 型和 N 型半导体交替叠加合成 P-N-P-N 四层结构，中间形成三个 PN 结 J1，J2，J3，如图 6-2(a)所示。从 P1 层引出电极，称为阳极 A；从 N2 层引出电极，称为阴极 K；从 P2 层引出电极，称为控制极 G。图 6-2(b)是晶闸管的电路符号。

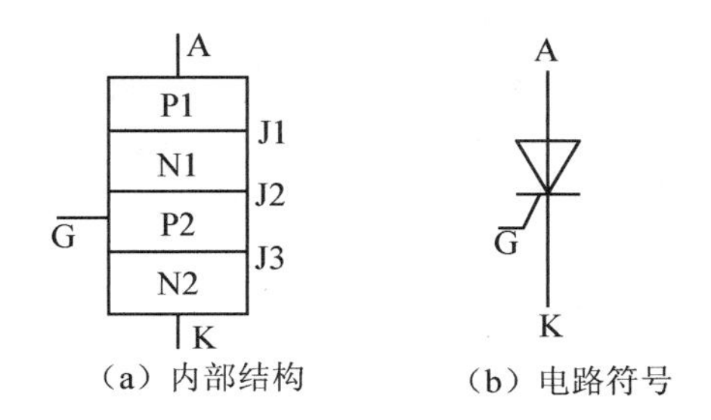

图 6-2　晶闸管内部结构图和电路符号

2. 晶闸管的工作特性

为了说明晶闸管的工作特性，按图 6-3 所示的电路做一个简单的实验。

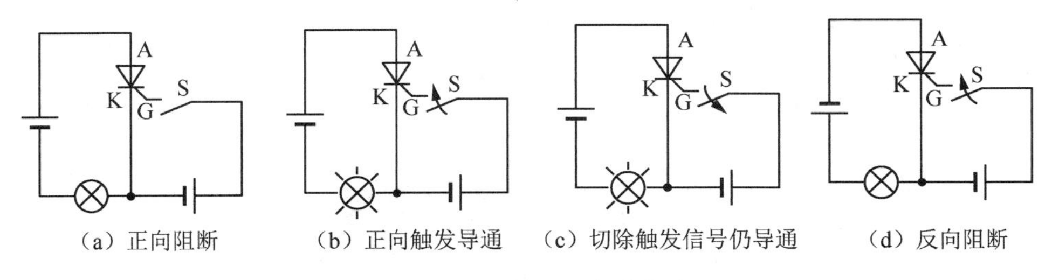

图 6-3　晶闸管导通实验电路

①晶闸管阳极 A 接直流电源的正极，阴极 K 经灯泡接直流电源的负极，此时晶闸管承受正向电压。控制极 G 不加电压(电路中开关 S 断开)，如图 6-3(a)所示，这时灯不亮，说明晶闸管不导通。

②在晶闸管加正向偏置电压的基础上，给控制极 G 加一个幅度和宽度都足够大的正向电压，如图 6-3(b)所示，这时灯亮，说明晶闸管导通。

③晶闸管导通后，如果只去掉控制极 G 上的电压，即将开关 S 断开，如图 6-3(c)所示，灯仍然亮，这表明晶闸管仍导通，说明晶闸管一旦导通后，控制极 G 就失去了控制作用。

④晶闸管阳极 A 接直流电源的负极，阴极 K 经灯泡接直流电源的正极，此时晶闸管承受反向电压，如图 6-3(d)所示。此时，无论控制极 G 是否加上电压，灯都不亮，说明晶闸管不导通。

结论：

①晶闸管阳极和阴极之间的电压大于导通电压且控制极 G 加正向触发电压，此时晶闸管导通，这种状态称为正向导通状态。

②当晶闸管承受正向电压时，控制极 G 加上反向电压或者不加电压，晶闸管不导通，这种状态称为正向阻断状态。这是二极管所不具备的。

③当晶闸管承受反向电压时，无论门极是否有正向触发电压或者承受反向电压，晶闸管不导通，只有很小的反向漏电流流过管子，这种状态称为反向阻断状态。这说明晶闸管具有单向导电性。

④晶闸管导通后维持阳极电压不变，将触发电压撤除，晶闸管依然处于导通状态。只有在晶闸管阳极和阴极间加反向电压时才能关断晶闸管。

6.1.2 双向晶闸管

双向晶闸管电路符号、内部结构及实物图如图 6-4 所示，是由 N-P-N-P-N 五层半导体材料制成的，对外引出三个电极，分别是第一阳极 A1，第二阳极 A2、控制极 G。

图 6-4 双向晶闸管电路符号、内部结构及实物图

双向晶闸管的最大优点是在同一个控制级的触发下，可以实现双向导通。双向晶闸管正向导通的条件是在其第二阳极 A2 和第一阳极 A1 之间，加正向电压的同时，必须在控制极 G 上加一定大小的正向触发电压，此时电流由 A2 流向 A1；双向晶闸管反向导通的条件是，在其第二阳极 A2 和第一阳极 A1 之间加反向电压的同时，必须在控制极 G 上加一定大小的反向触发电压，此时电流由 A1 流向 A2。和单向晶闸

管一样，双向晶闸管一旦导通，控制极G就失去控制作用，即使撤销触发信号，仍然可以保持导通状态，直到阳极电流小于维持电流时，双向晶闸管才会由导通变为阻断。双向晶闸管一旦处于阻断状态，必须重新触发才能再次导通。

在交流电路中，采用双向晶闸管可简化线路，减小装置的体积，节省成本。双向晶闸管广泛应用于工业、交通、家电产品等领域，可实现交流调压、交流调速、交流开关等多种功能。

6.1.3 晶闸管的主要参数

晶闸管的主要参数有以下几项。

1. 反向峰值电压 U_{RRM}

指晶闸管在控制极开路时，允许加在阳极和阴极之间的最大反向峰值电压。

2. 额定正向平均电流 I_F

指晶闸管在规定的环境温度、标准散热和全导通的条件下，阳极和阴极间允许通过的工频正弦半波电流的平均值。I_F 的选择应留有一定的裕量，一般取要求值的1.5～2倍。

3. 正向平均管压降 U_F

指晶闸管正向导通状态下阳极和阴极两端的平均电压降，一般为0.4～1.2 V。U_F 越小，晶闸管的耗散功率也越小。

4. 维持电流 I_H

在控制极开路时，能维持晶闸管导通状态所需的最小阳极电流，约为几十毫安。

5. 最小触发电压 U_C

指晶闸管在正向偏置情况下，为使其导通而要求控制极所加的最小触发电压，一般为1～5 V。

6.1.4 晶闸管的主要型号

我国目前生产的晶闸管其型号有两种表示方法，即3CT系列和KP系列。它们表示参数的方式有一些差别，如下所示。

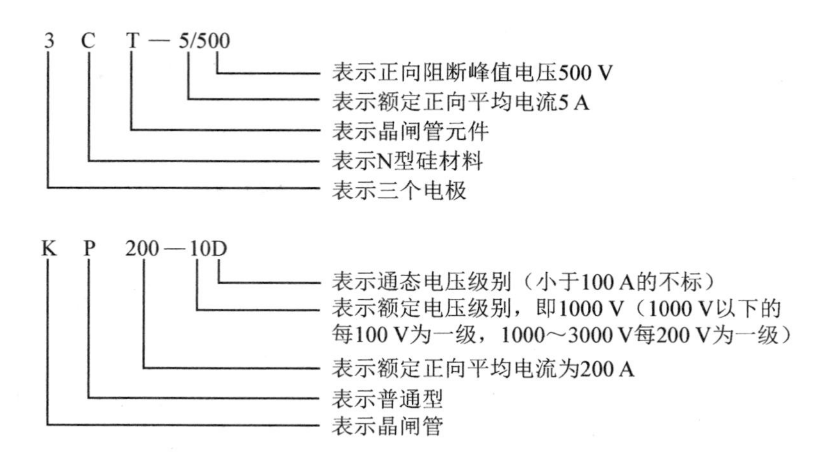

6.2 晶闸管应用电路

晶闸管的应用主要体现在可控整流、交流调压、无触点开关等几个方面。

6.2.1 单相半波可控整流电路

1. 电路组成工作原理

单相半波可控整流电路如图 6-5 所示，由变压器、单向晶闸管、负载组成。

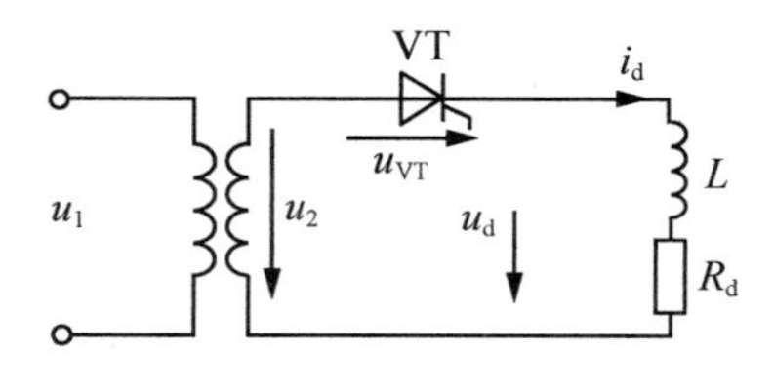

图 6-5 单相半波可控整流电路

工作原理如下：

假设变压器二次侧的输出电压为

$$u_2=\sqrt{2}U_2\sin\omega t \tag{6-1}$$

①在 u_2 正半周($0\leqslant\omega t\leqslant\pi$)，当 $0<\omega t<\alpha$ 时，如图 6-6 所示，晶闸管虽承受正向阳极电压，因无触发信号，晶闸管不能导通，输出电压为零。

②在 u_2 正半周的 $\omega t=\alpha$ 时，晶闸管满足触发导通的条件，晶闸管 VT 导通，电源电压全部加在负载 R_d 上(忽略管压降)。在 $\omega t=\pi$ 时，电压 $u_2=0$，负载电流 $i_d=0$，晶闸管因电流小于它的维持电流而自动关断。

③在 u_2 负半周($\pi\leqslant\omega t\leqslant 2\pi$)，晶闸管承受反向电压，不能触发导通，一直处于反向阻断状态，输出电压为零。

到 u_2 下一个周期，电路工作情况重复上述过程，如此循环下去，可得各电量波形，如图 6-6 所示。

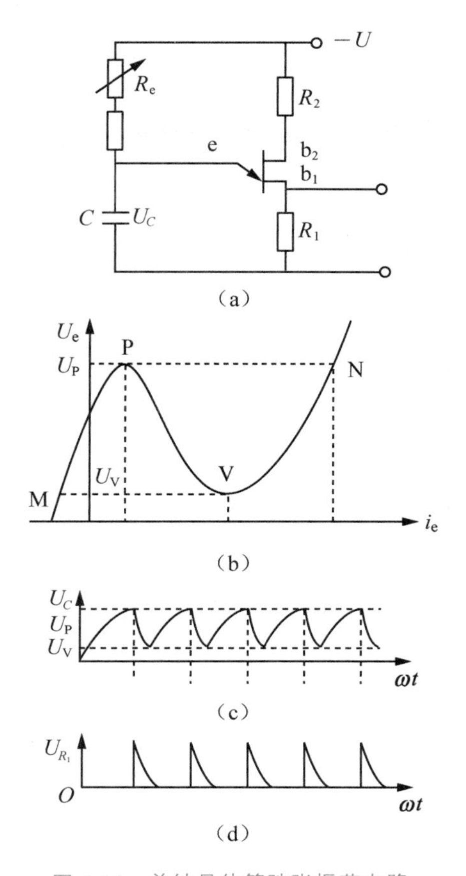

图 6-11　单结晶体管弛张振荡电路

3. 单结晶体管的同步振荡电路

在晶闸管可控整流电路中，晶闸管不能直接采用上面的振荡电路触发，因为晶闸管只在承受交流电源电压的正半周时才能导通，并且每次正向电压的半周内晶闸管得到第一个触发脉冲的时刻都应相同(第一个脉冲使晶闸管导通后，后面的脉冲都不起作用)，否则输出电压就会不稳定。所以必须要解决触发电路和主电路的同步问题，最常用的同步方式是采用梯形波做同步信号，如图 6-11 所示。变压器原边接主电路电源，副边电压经整流桥整流和稳压管的削波，得到梯形波，作为触发电路电源，也作为同步信号。当主电路电压过零时，触发电路的电压也过零，因此梯形波电压与电源电压同步。当梯形波电压过零时，单结晶体管的 U_{bb} 也为零，电容 C 通过单结晶体管的 e，b_1 很快放电完毕，在下一个半波又从零开始充电从而达到同步的作用。由图 6-12 的波形图还可以看出，电容 C 充电速度越快，脉冲波越密，第一个脉冲发出的时间就越提前，控制角 α 就越小。改变电阻 R_e 大小，可以改变电容的充电速度，从而达到控制触发脉冲移相的目的。

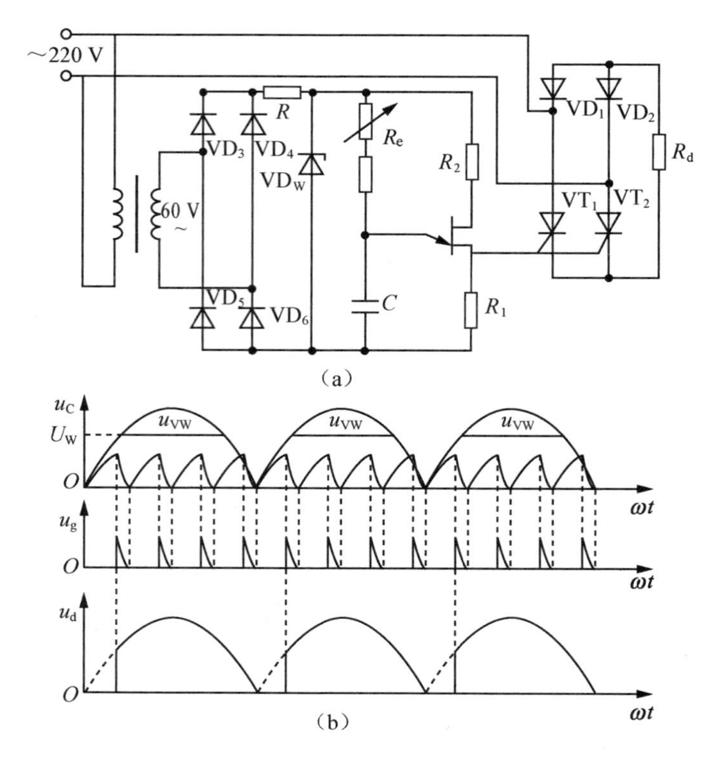

图 6-12 单结晶体管的同步振荡电路及波形

单结晶体管触发电路比较简单，易于调试，其缺点是脉冲宽度窄，输出功率较小，控制的线性度差，移相范围一般小于150°，常用于小功率的单相晶闸管电路中。

实训 9 晶闸管的检测

【实训目标】

1. 学会识读晶闸管极性。
2. 学会用万用表判断晶闸管的好坏。
3. 学会用万用表判别晶闸管的各电极。
4. 学会判别晶闸管的触发能力。

【实训内容】

根据晶闸管的外形判断其极性，用模拟万用表检测晶闸管，用数字万用表检测晶闸管。

【实训准备】

模拟万用表、数字万用表、晶闸管。

【实训步骤】

1. 判别各电极

根据普通晶闸管的结构可知，其门极 G 与阴极 K 之间为一个 PN 结，具有单向导电特性，而阳极 A 与门极之间有两个反极性串联的 PN 结。因此，通过用万用表 $R\times100\ \Omega$ 或 $R\times1\ \mathrm{k}\Omega$ 挡测量普通晶闸管各引脚之间的电阻值，即能确定三个电极。

具体方法：将万用表黑表笔任接晶闸管某一极，红表笔依次去触碰另外两个电极。若测量结果有一次阻值为几千欧姆，而另一次阻值为几百欧姆，则可判定黑表笔接的是门极 G。在阻值为几百欧姆的测量中，红表笔接的是阴极 K，而在阻值为几千欧姆的那次测量中，红表笔接的是阳极 A。若两次测出的阻值均很大，则说明黑表笔接的不是门极 G，应用同样方法改测其他电极，直到找出三个电极为止，如图 6-13 所示。也可以测任何两脚之间的正、反向电阻，若正、反向电阻均接近无穷大，则两极即为阳极 A 和阴极 K，而另一脚即为门极 G。

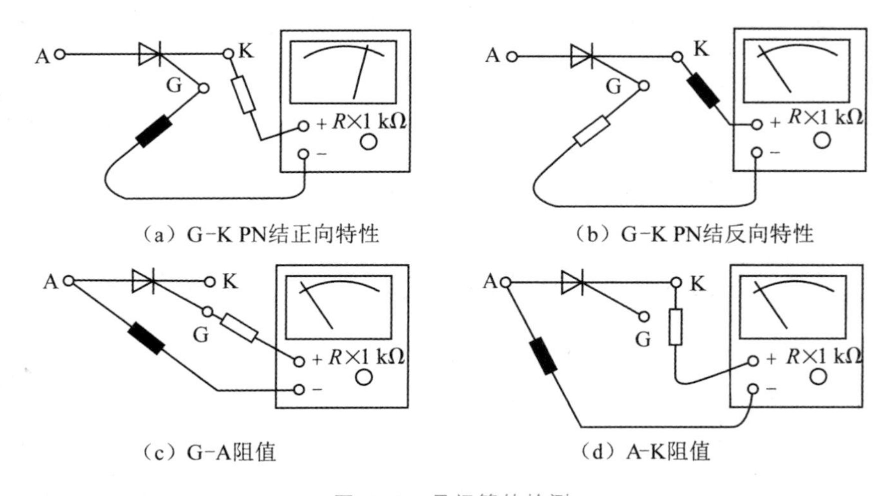

图 6-13　晶闸管的检测

普通晶闸管也可以根据其封装形式来判断出各电极。例如，螺栓形普通晶闸管的螺栓一端为阳极 A，较细的引线端为门极 G，较粗的引线端为阴极 K；平板形普通晶闸管的引出线端为门极 G，平面端为阳极 A，另一端为阴极 K；金属壳封装(TO-3)

的普通晶闸管，其外壳为阳极A；塑封(TO-220)的普通晶闸管的中间引脚为阳极A，且多与自带散热片相连，如图6-14所示。

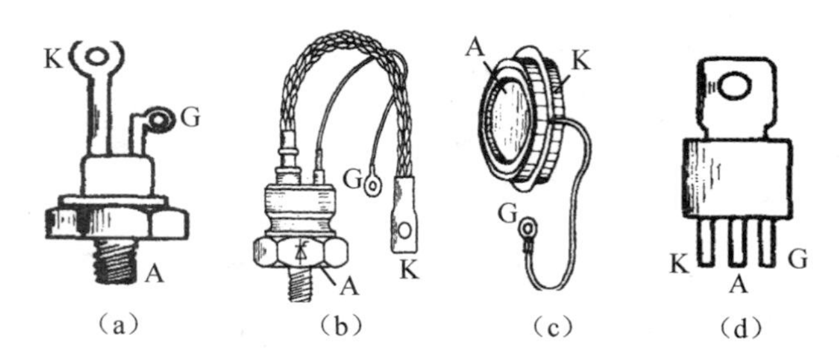

图6-14 晶闸管的外形及符号

2. 判断其好坏

用万用表$R\times1$ kΩ挡测量普通晶闸管阳极A与阴极K之间的正、反向电阻，正常时均应为无穷大(∞)。若测得A，K之间的正、反向电阻值为零或阻值较小，则说明晶闸管内部击穿短路或漏电。测量门极G与阴极K之间的正、反向电阻值，正常时应有类似晶闸管的正、反向电阻值(实际测量结果较普通晶闸管的正、反向电阻值小一些)，即正向电阻值较小(小于2 kΩ)，反向电阻值较大(大于80 kΩ)。若两次测量的电阻值均很大或均很小，则说明该晶闸管G，K极之间开路或短路。若正、反电阻值均相等或接近，则说明该晶闸管已失效，其G，K极间PN结已失去单向导电作用。测量阳极A与门极G之间的正、反向电阻，正常时两个阻值均应为几百千欧姆或无穷大。若出现正、反向电阻值不一样(有类似晶闸管的单向导电)，则是G，A极之间反向串联的两个PN结中的一个已击穿短路。

3. 触发能力检测

对于小功率(工作电流为5 A以下)的普通晶闸管，可用万用表$R\times1$ Ω挡测量。测量时黑表笔接阳极A，红表笔接阴极K，此时表针不动，显示阻值为无穷大(∞)。用镊子或导线将晶闸管的阳极A与门极短路，相当于给G极加上正向触发电压，此时若电阻值为几欧姆至几十欧姆(具体阻值根据晶闸管的型号不同会有所差异)，则表明晶闸管因正向触发而导通。再断开A极与G极的连接(A，K极上的表笔不动，只将G极的触发电压断掉)，若表针位置不动，则说明此晶闸管的触发性能良好。

【实训小结】

对于晶闸管来说，我们要能检测出各个引脚，能够检测出它的性能情况，同时还需要对触发能力是否良好做出筛选，这是晶闸管正确应用的前提条件。

根据晶闸管的原理，可用万用表的电阻挡判别各个引脚的极性、触发能力及好坏。

【实训评价】

<table>
<tr><td>班级</td><td></td><td>姓名</td><td></td><td>成绩</td><td></td></tr>
<tr><td>任务</td><td>考核内容</td><td colspan="2">考核要求</td><td>学生自评</td><td>教师评分</td></tr>
<tr><td rowspan="4">晶闸管识别与检测</td><td>识读晶闸管
(10分)</td><td colspan="2">能够根据外形和标注正确选择出晶闸管</td><td></td><td></td></tr>
<tr><td rowspan="2">引脚判别
(20分)</td><td colspan="2">能够使用模拟万用表判断区分晶闸管的A，G，K极</td><td></td><td></td></tr>
<tr><td colspan="2">能够使用数字万用表判断区分晶闸管的A，G，K极</td><td></td><td></td></tr>
<tr><td>故障检测
(20分)</td><td colspan="2">会判别晶闸管的好坏</td><td></td><td></td></tr>
<tr><td rowspan="2">晶闸管
特性测试</td><td rowspan="2">晶闸管触发能力检测
(20分)</td><td colspan="2">能够使用模拟万用表判断晶闸管触发情况是否良好</td><td rowspan="2"></td><td rowspan="2"></td></tr>
<tr><td colspan="2">能够使用数字万用表判断晶闸管触发情况是否良好</td></tr>
<tr><td rowspan="2">安全规范</td><td>规范
(10分)</td><td colspan="2">工具摆放规范</td><td></td><td></td></tr>
<tr><td>整洁
(10分)</td><td colspan="2">台面整洁，安全</td><td></td><td></td></tr>
<tr><td>职业态度</td><td>考勤纪律
(10分)</td><td colspan="2">按时上课，不迟到早退；
按照教师的要求动手操作；
实训完毕后，关闭电源，整理工具和仪器仪表</td><td></td><td></td></tr>
<tr><td>小组评价</td><td colspan="5"></td></tr>
<tr><td>教师总评</td><td colspan="5">签名：　　　　日期：</td></tr>
</table>

要点总结

1. 晶闸管是一种大功率半导体器件，由 P-N-P-N 四层半导体构成。晶闸管是比较理想的单向无触点功率开关，采用很小的门极电流就能触发晶闸管导通得到较大的阳极电流，或者说晶闸管具有单向可控特性。

2. 触发电路是晶闸管装置中的控制环节，是装置能否正常工作的关键。对触发电路的要求是：与主电路同步，能平稳移相且有足够的移相范围，脉冲前沿陡且有足够的幅值与脉宽，稳定性与抗干扰性能好等。

3. 单结晶体管是一种特殊的半导体器件，单结晶体管同步触发电路利用单结晶体管的负阻特性与 RC 电路的充放电特性进行工作，能够产生频率可调整的同步脉冲信号。

巩固练习

一、填空题

1. 晶闸管俗称可控硅，其管芯由________层半导体材料组成，有________个 PN 结。

2. 晶闸管可以等效成一个________型晶体管和一个________型晶体管的复合电路。

3. 晶闸管一旦导通，控制极就失去________。

4. 要使晶闸管关断，必须使其阳极电流减小到低于________。

5. 可控整流电路是输出________可以调节的电路。

6. 单相桥式可控整流电路的最大控制角 α 为________，最大导通角为________，最大移相范围为________。

7. 可控整流电路的控制角 α 越________，导通角越________，整流输出直流电压越低。

8. 在单相半控桥式整流电路中，已知变压器二次电压有效值为 U_2，则晶闸管承受的反向电压最大值为________。

9. 在单相桥式可控整流电路中，控制角 $\alpha=$________时，导通角 $\theta=$________，晶闸管相当于________状态，输出电压 $U_o=0.9U_2$。

二、计算题

1. 某电阻性用电器，需要可调的直流电压 0～60 V。若采用单相半控桥式整流电路，问：

(1)变压器二次电压应是多少？

(2)整流元件如何选择？

2. 有一电阻性负载，要求直流电压为 75 V，直流电流 7.5 A。采用单相半波可控整流电路，且直接由 220 V 交流电网供电，求晶闸管的导通角 θ。

单元 7

数字电路基础

在电子技术领域中，常利用强有力的数字逻辑工具，分析和设计复杂的数字电路或数字系统，为信号的存储、分析和传输创造硬件环境。

数字逻辑应用于大部分电子设备或电子系统中，如计算机、计算器、电视机、光碟机、音响系统、长途通信设备等。

本单元首先介绍模拟信号与数字信号、数字逻辑的基本概念、数字电路的特点、数字电路的分析方法及测试技术，然后讨论数制与码制和数字逻辑的基本运算。

知识目标

1. 了解数字电路与模拟电路的区别。

2. 掌握与门、或门、非门基本逻辑门的逻辑功能和电路符号。

3. 了解与非门、或非门、与或非门等复合逻辑门的逻辑功能，会画电路符号，会使用真值表。

4. 了解 TTL、CMOS 门电路的型号、引脚功能等使用常识，并会测试其逻辑功能。

5. 了解集成门电路的外形与封装。

能力目标

1. 学会进行十进制、二进制、八进制和十六进制数之间的转换。

2. 学会测试 TTL 集成逻辑门电路功能。

3. 能够根据要求，合理选用集成门电路。

4. 学会根据手册查阅相关型号集成门电路的逻辑功能及引脚功能。

7.1 数字信号基础

7.1.1 数字电路的定义

电子线路中的电信号有两大类：模拟信号和数字信号。根据传递和处理信号的不同，电路可以分为模拟电路和数字电路两类。

1. 模拟信号

在时间和数值上连续变化的信号称为模拟信号，如温度、压力、速度等，其波形如图 7-1(a)所示。传输和处理模拟信号的电路称为模拟电路。

2. 数字信号

在时间和数值上离散的信号称为数字信号，如生产线上的计数信号等，其波形如图 7-1(b)所示。传输和处理数字信号的电路称为数字电路。

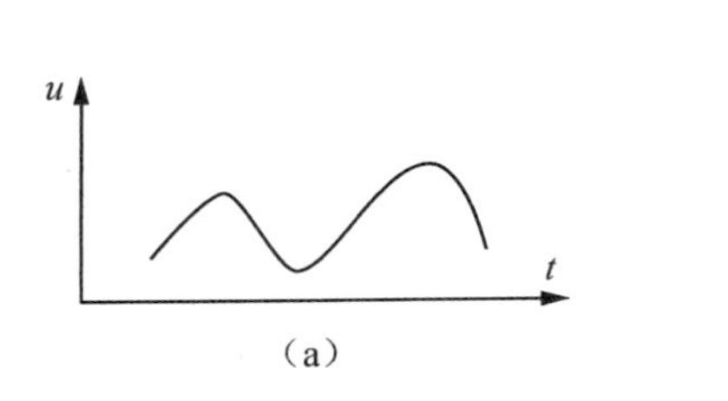

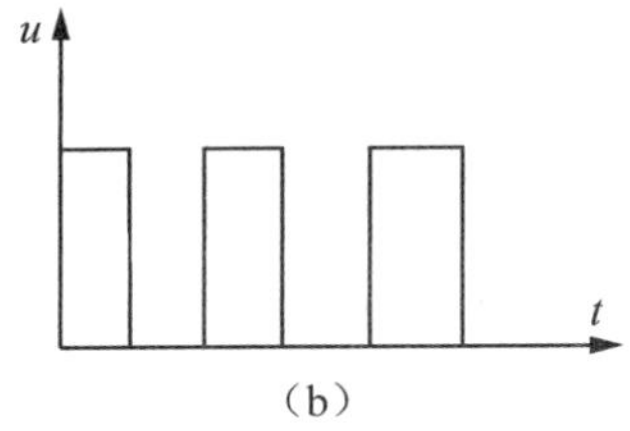

图 7-1　模拟信号和数字信号波形

想一想：日常生产生活中遇到的信号哪些属于数字信号？哪些属于模拟信号？

练一练：根据定义判断图 7-2 中哪些信号属于模拟信号？哪些属于数字信号？

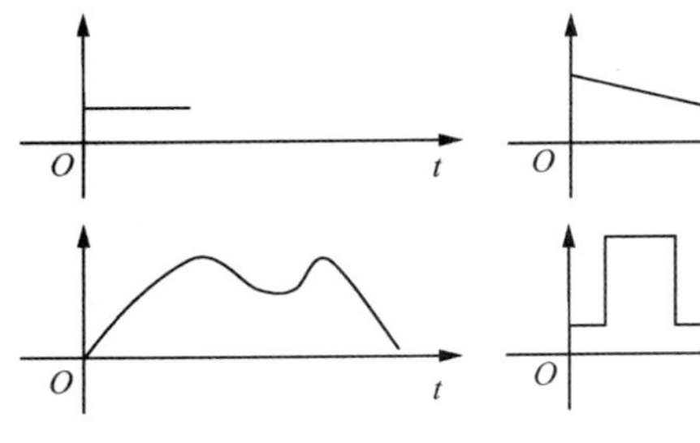

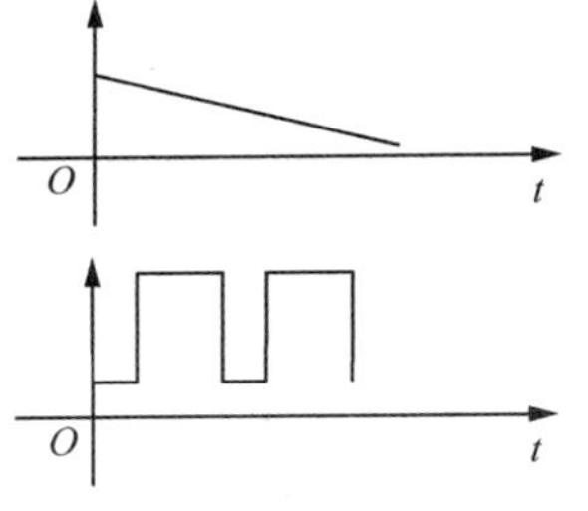

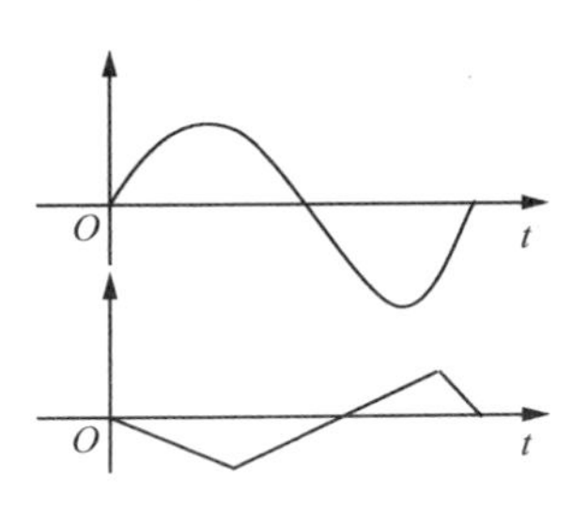

图 7-2　模拟信号和数字信号

7.1.2 数字电路的特点

数字电路主要研究的是信号的状态，如开关的接通或断开、电压的有无、灯的亮或灭，而不具体研究信号的强弱、数值的大小等。

数字信号有很多优点：

①具有数据压缩功能。

②具有纠正错误的功能。

③抗干扰能力强，不易失真。

④传输容量大，便于多媒体集成。

⑤便于存储、处理和交换。

由于数字信号的明显优点，所以现代的通信、广播、电视、计算机数据传输等已基本实现数字化。

7.1.3 数字电路的分类及应用

按集成度分类，数字电路可分为小规模(SSI，每片数十器件)、中规模(MSI，每片数百器件)、大规模(LSI，每片数千器件)和超大规模(VLSI，每片器件数目大于 1 万)数字集成电路；集成电路从应用的角度又可分为通用型和专用型两大类型；按所用器件制作工艺的不同，数字电路可分为双极型(TTL 型)和单极型(MOS 型)两类；按照电路的结构和工作原理的不同，数字电路可分为组合逻辑电路和时序逻辑电路两类。组合逻辑电路没有记忆功能，其输出信号只与当时的输入信号有关，与电路以前的状态无关。时序逻辑电路具有记忆功能，其输出信号不仅和当时的输入信号有关，而且与电路以前的状态有关。

7.1.4 脉冲信号及其参数

1. 脉冲信号的定义

数字信号的实质是一种脉冲信号。脉冲信号是指在短暂时间内出现的电压或电流信号。它是一种跃变信号，其持续时间短暂，可以只有几微秒甚至几纳秒，常见的脉冲信号波形如图 7-3 所示。

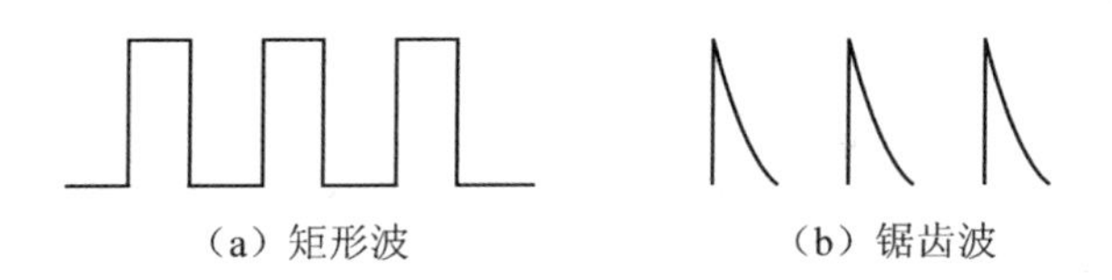

图 7-3 常见的脉冲信号波形

2. 脉冲信号的主要参数

脉冲波形是各式各样的，因此，用以描述各种不同脉冲波形特征的参数也不一样。下面以矩形脉冲(图 7-4)为例，介绍脉冲波形的主要参数。

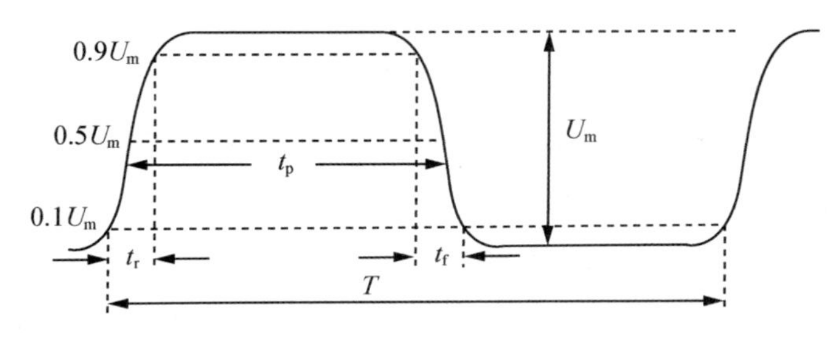

图 7-4 实际的矩形脉冲波形

①脉冲幅度：脉冲电压从最小值到最大值的变化幅度称为脉冲幅度，用 U_m 表示。

②脉冲上升时间：脉冲电压从 $0.1U_m$ 上升到 $0.9U_m$ 所需的时间称为脉冲上升时间，用 t_r 表示。该时间越短，脉冲前沿就越陡。

③脉冲下降时间：脉冲电压从 $0.9U_m$ 下降到 $0.1U_m$ 所需的时间称为脉冲下降时间，用 t_f 表示。该时间越短，脉冲后沿就越陡。

④脉冲宽度：同一脉冲内到达 $0.5U_m$ 的时间间隔称为脉冲宽度，用 t_p 表示。

⑤脉冲周期：相邻两个脉冲波形的相位相同点之间的时间间隔称为脉冲周期，用 T 表示。

⑥脉冲频率：每秒脉冲出现的次数称为脉冲频率，用 f 表示。

⑦占空比：脉冲宽度与脉冲周期的比值称为占空比，即 $D=t_p/T$，它说明脉冲疏密的程度，占空比越大，脉冲越密。

7.2 常用数制与编码

7.2.1 数制

1. 数制相关概念

进位制：在表示数时，仅用一位数码往往不够用，必须用进位计数的方法组成多位数码。多位数码每一位的构成以及从低位到高位的进位规则称为进位计数制，简称进位制，也叫数制。

基数：就是指在该进位制中可能用到的数码个数。十进制数中有0～9十个数字表示不同大小的数，因而基数是10。

位权(位的权数)：位权是一个以基数为底的指数。即K_i，K代表基数，i是数位的序号。一般规定序号的整数部分(从右向左)第一位为0，第二位为1，……，依次增1；小数部分(从左向右)的第一位为−1，第二位为−2，……，依次减1。

2. 常见的几种数制

在日常生活中，习惯用十进制数，而在数字系统中多采用二进制数、八进制数、十六进制数等。

(1)十进制

十进制是日常生活中最常用的计数进制。在十进制数中有0～9十个数码，任何一个十进制数均可以用这十个数码来表示。它按照“逢十进一”的计数规律进行计算。按位权展开的形式是

$$(N)_{10}=K_{n-1}\times 10^{n-1}+K_{n-2}\times 10^{n-2}+\cdots+K_1\times 10^1+K_0\times 10^0=\sum_{i=0}^{n-1}K_i\times 10^i$$

式中的下角标10表示该数是十进制数，也可以用字母D来表示，没有下标时一般默认为十进制数。

例如：

$23.14=2\times 10^1+3\times 10^0+1\times 10^{-1}+4\times 10^{-2}$

$(168)_{10}=(168)_D=1\times 10^2+6\times 10^1+8\times 10^0=168$

(2)二进制

数字电路和计算机中经常采用二进制。二进制只有两个数码0和1。计数规律是“逢二进一”，即1+1=10(读作“壹零”)。二进制整数各位权见表7-1。按位权展开的

形式是

$$(N)_2 = K_{n-1}\times 2^{n-1} + K_{n-2}\times 2^{n-2} + \cdots + K_1\times 2^1 + K_0\times 2^0 = \sum_{i=0}^{n-1} K_i \times 2^i$$

式中的下角标2表示该数是二进制数，也可以用字母B来表示。

例如：

$(101.01)_2 = 1\times 2^2 + 0\times 2^1 + 1\times 2^0 + 0\times 2^{-1} + 1\times 2^{-2} = (5.25)_{10}$

$(1011.01)_2 = (1011.01)_B = 1\times 2^3 + 0\times 2^2 + 1\times 2^1 + 1\times 2^0 + 0\times 2^{-1} + 1\times 2^{-2}$

$= (11.25)_{10}$

表7-1　二进制整数各位权

位	9	8	7	6	5	4	3	2	1
2的幂	2^8	2^7	2^6	2^5	2^4	2^3	2^2	2^1	2^0
位权	256	128	64	32	16	8	4	2	1

(3)八进制

八进制有0～7八个数码。八进制的计数规律是“逢八进一”，即7+1=10。八进制整数各位权见表7-2。按位权展开的形式是

$$(N)_8 = K_{n-1}\times 8^{n-1} + K_{n-2}\times 8^{n-2} + \cdots + K_1\times 8^1 + K_0\times 8^0 = \sum_{i=0}^{n-1} K_i \times 8^i$$

式中的下角标8表示该数是八进制数，也可以用字母O来表示。

例如：

$(27.6)_8 = 2\times 8^1 + 7\times 8^0 + 6\times 8^{-1} = (23.75)_{10}$

$(235.6)_8 = (235.6)_O = 2\times 8^2 + 3\times 8^1 + 5\times 8^0 + 6\times 8^{-1} = (157.75)_{10}$

表7-2　八进制整数各位权

位	4	3	2	1
8的幂	8^3	8^2	8^1	8^0
位权	512	64	8	1

(4)十六进制

十六进制有0，1，2，3，4，5，6，7，8，9，A，B，C，D，E，F十六个数码。十六进制的计数规律是“逢十六进一”，即F+1=10。十六进制整数各位权见表7-3。按位权展开的形式是

$$(N)_{16}=K_{n-1}\times 16^{n-1}+K_{n-2}\times 16^{n-2}+\cdots+K_1\times 16^1+K_0\times 16^0=\sum_{i=0}^{n-1}K_i\times 16^i$$

式中的下角标 16 表示该数是十六进制数，也可以用字母 H 来表示。

例如：

$(D8.A)_{16}=13\times 16^1+8\times 16^0+10\times 16^{-1}=(216.625)_{10}$

$(1FB.6)_{16}=(1FB.6)_H=1\times 16^2+F\times 16^1+B\times 16^0+6\times 16^{-1}=(507.375)_{10}$

表 7-3　十六进制整数各位权

位	4	3	2	1
16 的幂	16^3	16^2	16^1	16^0
位权	4096	256	16	1

常用进制之间的对应关系见表 7-4。

表 7-4　常用进制之间的对应关系

十进制(D)	二进制(B)	八进制(O)	十六进制(H)	十进制(D)	二进制(B)	八进制(O)	十六进制(H)
0	0000	0	0	8	1000	10	8
1	0001	1	1	9	1001	11	9
2	0010	2	2	10	1010	12	A
3	0011	3	3	11	1011	13	B
4	0100	4	4	12	1100	14	C
5	0101	5	5	13	1101	15	D
6	0110	6	6	14	1110	16	E
7	0111	7	7	15	1111	17	F

7.2.2　数制之间的转换

数制之间的转换

将数从一种数制转换到另一种数制的过程称为数制之间的转换。

1. 十进制转换成二进制

人们习惯使用十进制，而数字电路通常采用二进制(或者十六进制)，这就要求十进制与二进制(或者十六进制)之间要进行转换。

转换方法：基数连除、连乘法。将整数部分和小数部分分别进行转换。整数部分采用基数连除法，小数部分采用基数连乘法。转换后再合并。整数部分采用基数连除法，先得到的余数为低位，后得到的余数为高位。小数部分采用基数连乘法，先得到的整数为高位，后得到的整数为低位。

【例 7-1】将十进制数 44.375 转换成二进制数。

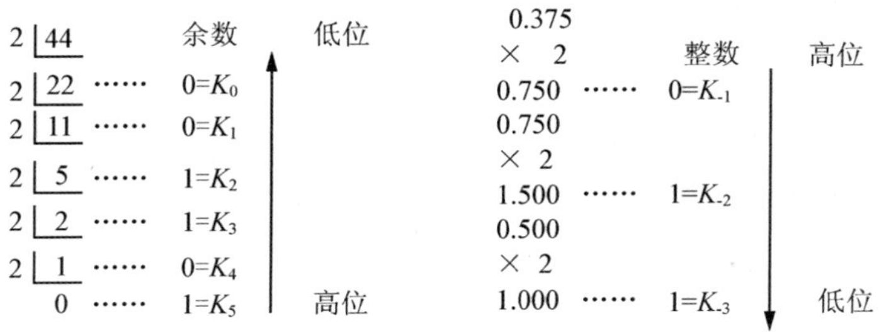

	余数	低位
2 | 44		↑
2 | 22 ……	$0=K_0$	
2 | 11 ……	$0=K_1$	
2 | 5 ……	$1=K_2$	
2 | 2 ……	$1=K_3$	
2 | 1 ……	$0=K_4$	
0 ……	$1=K_5$	高位

	整数	高位
0.375 × 2		↓
0.750 ……	$0=K_{-1}$	
0.750 × 2		
1.500 ……	$1=K_{-2}$	
0.500 × 2		
1.000 ……	$1=K_{-3}$	低位

所以

$(44.375)_{10}=(101100.011)_2$

小技巧：为了加快转换速度，整数部分可采用直接分解的方法。先确定最高位，再逐步由高位向低位分解，需要该位时为 1，不需要该位时为 0，见表 7-5。

表 7-5　十进制数 44 转换为二进制

二进制位权	256	128	64	32	16	8	4	2	1
二进制数	0	0	0	1	0	1	1	0	0

小结：十进制转换成二进制，采用“除 2 取余，逆序排列”的方法。

采用基数连除、连乘法，可将十进制数转换为任意的 N 进制数，即采用除以该进制的基数取余，逆序排列的方法。

2. 二进制转换成十进制

转换方法：写出二进制的权展开式，然后将各数值按十进制相加，即可得到等值的十进制数，即“乘权相加法”。

【例 7-2】将二进制数$(1011.1)_2$转换为十进制数。

$(1011.1)_2=1\times2^3+0\times2^2+1\times2^1+1\times2^0+1\times2^{-1}=8+2+1+0.5=(11.5)_{10}$

3. 十进制转换成八进制

转换方法：和二进制相同，采用“除 8 取余，逆序排列”的方法。

【例 7-3】将十进制数 125 转换成八进制。

```
8 | 125        余数        低位
  8 | 15    …… 5          ↑
    8 | 1   …… 7          |
        0   …… 1         高位
```

所以

$(125)_{10}=(175)_8$

小技巧：由于十进制转化成八进制时，商和余数比较大，不容易直接得出，也可采用先将十进制转化成二进制，再转化成八进制的方法。

4. 二进制转换成八进制

转换方法：整数部分转换时将二进制数从低位开始(从右到左)，每3位为一组，最后不足3位时，在左边用零补齐，再将每一组的二进制数所对应的八进制数写出来即可；小数部分转换时将二进制数从高位开始(从左到右)，每3位为一组，最后不足3位时，在右边用零补齐，再将每一组的二进制数所对应的八进制数写出来即可。

【例7-4】将二进制数10110111.01转换成八进制。

$(10110111.01)_2=(\underline{010}\ \underline{110}\ \underline{111}.\underline{010})_2=(\underline{2}\ \underline{6}\ \underline{7}.\underline{2})_8$

5. 八进制转换成二进制

转换方法：整数部分转换时将八进制数从低位开始(从右到左)，将每位八进制数对应的3位二进制数写出来即可；小数部分转换时将八进制数从高位开始(从左到右)，将每位八进制数对应的3位二进制数写出来即可。

【例7-5】将八进制数$(712.5)_8$转换成二进制数。

$(712.5)_8=(\underline{111}\ \underline{001}\ \underline{010}.\underline{101})_2=(111001010.101)_2$

6. 十进制转换成十六进制

转换方法：和二进制相同，采用“除16取余，逆序排列”的方法。

【例7-6】将十进制数173转换成十六进制。

```
16 | 173        余数          低位
  16 | 10    …… 13 (D)        ↑
        0    ……10 (A)        高位
```

所以

$(173)_{10}=(AD)_{16}$

注意：十进制转化成十六进制时，当余数大于9时，应采用十六进制中的字母来表示。

小技巧：由于十进制转化成十六进制时，商和余数比较大，不容易直接得出，也可采用先将十进制转化成二进制，再转化成十六进制的方法。

$$(173)_{10}=(\underline{1010}\ \ \underline{1101})_2=(AD)_{16}$$

7. 二进制转换成十六进制

转换方法：整数部分转换时将二进制数从低位开始(从右到左)，每4位为一组，最后不足4位时，在左边用零补齐，再将每一组的二进制数所对应的十六进制数写出来即可；小数部分转换时将二进制数从高位开始(从左到右)，每4位为一组，最后不足4位时，在右边用零补齐，再将每一组的二进制数所对应的十六进制数写出来即可。

【例7-7】将二进制数100010111010.0101转换成十六进制。

$(100010111010.0101)_2=(\underline{1000}\ \ \underline{1011}\ \ \underline{1010}.\underline{0101})_2=(8BA.5)_{16}$

8. 十六进制转换成二进制

转换方法：整数部分转换时将十六进制数从低位开始(从右到左)，将每位十六进制数对应的4位二进制数写出来即可；小数部分转换时将十六进制数从高位开始(从左到右)，将每位十六进制数对应的4位二进制数写出来即可。

【例7-8】将十六进制数C59.AB转换成二进制数。

$(C59.AB)_{16}=(\underline{1100}\ \ \underline{0101}\ \ \underline{1001}.\underline{1010}\ \ \underline{1011})_2=(110001011001.10101011)_2$

练一练：

①将下列二进制转换成十进制。

$(101101110)_2$　$(110010)_2$　$(11110100)_2$

②将下列十进制数分别转换成二进制和十六进制。

$(120)_{10}$　$(136)_{10}$　$(77)_{10}$　$(64)_{10}$　$(38)_{10}$

③将下列二进制数分别转换成八进制和十六进制。

$(10101.11)_2$ $(11110001)_2$ $(1100101.101)_2$

7.2.3 编码

1. 编码的定义

用二进制数按照一定的规律编制在一起，用以表示各种信息的过程叫作编码。用以表示各种数字、字母、符号等信息的二进制数称为代码。数字电路中常见的代码有 BCD 码和字符代码。此处只介绍常用的 BCD 码。

2. BCD 码

BCD 码是最常见的代码之一，它用 4 位二进制数来表示 1 位十进制数中的 0～9 这 10 个数码，简称 BCD 码，即 BCD 代码。

BCD 码常用的是 8421 码，就是将十进制的数以 8421 的形式展开成二进制，大家知道十进制是由 0～9 十个数组成，这十个数每个数都有自己的 8421 码，见表 7-6。

表 7-6 8421BCD 码

十进制数	0	1	2	3	4	5	6	7	8	9
BCD 码	0000	0001	0010	0011	0100	0101	0110	0111	1000	1001

【例 7-9】将十进制数 $(358)_{10}$ 转换成 BCD 码。

将各位分开排列，转换成对应的 BCD 码。

$$\begin{array}{ccc} 3 & 5 & 8 \\ \downarrow & \downarrow & \downarrow \\ 0011 & 0101 & 1000 \end{array}$$

因此，$(358)_{10}=(\underline{0011}\ \underline{0101}\ \underline{1000})_{8421BCD}=(001101011000)_{8421BCD}$。

注意：要注意区分十进制转换成 BCD 码和转换成二进制的方法和结果不同。

【例 7-10】

$$(358)_{10}=(101100110)_2=(001101011000)_{8421BCD}$$

练一练：将下列的十进制数转换为相应的二进制数、八进制、十六进制数，并采用 BCD 码表示。

$(34)_{10}$ $(76)_{10}$ $(98)_{10}$ $(125)_{10}$ $(83)_{10}$

资料拓展

至迟在商代时，中国已采用了十进位值制。从现已发现的商代陶文和甲骨文中，可以看到当时已能够用一、二、三、四、五、六、七、八、九、十、百、千、万等十三个数字，记十万以内的任何自然数。十进制是中国人民的一项杰出创造，在世界数学史上有重要意义。著名的英国科学史学家李约瑟教授曾对中国商代记数法予以很高的评价，“如果没有这种十进制，就几乎不可能出现我们现在这个统一化的世界了”，李约瑟说“总的说来，商代的数字系统比同一时代的古巴比伦和古埃及更为先进更为科学。”

据《孙子算经》记载：“凡算之法，先识其位，一纵十横，百立千僵，千十相望，万百相当。”

据有关资料记载，十六进制出自秦相李斯之手。传说李斯制定度量衡之前请示过秦始皇。秦始皇给了他制定度量衡的原则——天下公平。李斯根据这四个字的笔画数（十六画）就定为十六进一。过去的秤杆上镶有秤星，满十六个秤星就进位为一市斤，半斤也就是八两，这就是成语“半斤八两”的来源。

另外，我国古代历法中还常采用十二进制，例如十二生肖，十二地支，十二时辰等。

7.3 基本逻辑门电路

基本逻辑门电路

在集成技术迅速发展的今天，分立元件门电路已经很少用了，但不管功能多么强，结构多么复杂的集成门电路，都是以分立元件门电路为基础，经过改造演变过来的，了解分立元件电路的工作原理，有助于学习和掌握集成门电路。分立元件门电路包括二极管门电路和晶体管门电路。

课程思政：我国的超导材料产业化之路

数字电路的基本部分是各种开关电路。这些电路像门一样在一定的条件下“开”或“关”，所以又称为门电路。一般，门电路有一个输出端，但可以有多个输入端。输出端的状态是由输入端的状态决定的，如果把门电路的输入状态称为“因”，输出端的状态称为“果”，则输出端的状态与输入端的状态之间有一定的逻辑关系。通常用“逻辑”这个词表示因果的规律性。

本节将介绍各种基本逻辑门电路的基础知识。

7.3.1 关于逻辑电路的几个规定

1. 逻辑状态表示方法的规定

自然界中存在着大量相互对立的逻辑状态，如电位的“高”与“低”，脉冲的“有”与

"无",开关的"合"与"断",事物的"真"与"假"等。举例见表 7-7。

表 7-7 常见的对立逻辑状态示例

一种状态	高电位	有脉冲	闭合	真	上	是	…	1
另一种状态	低电位	无脉冲	断开	假	下	非	…	0

这些对立逻辑状态,可用我们熟知的数字符号 0 和 1 来表示。但这里 0 和 1 的概念,并不是通常在数学中表示数量的大小,而只是作为一种表示符号,称为逻辑 0 和逻辑 1,以区别于数字符号 0 和 1。选用具有两种状态的元件,如开关、二极管和三极管、继电器等可组成实现逻辑功能的电路。

2. 有关高、低电平的规定

在逻辑电路中,电位的高低常用高电平、低电平来描述,单位用"V"表示。

由于温度变化、电源电压波动、干扰及元件特性变化等原因的影响,实际的高电平和低电平都不是一个固定数值,因此,通常规定一个电平变化范围,如果在此范围内,就判断为 1(或 0)状态。如高电平通常为 3～5 V,低电平通常为 0～0.4 V。有关产品手册中常用"H"代表"1"、"L"代表"0"。

在实际使用中,对于各种集成逻辑门电路,规定了一个高电平的下限值和低电平的上限值,称为标准高电平 V_{SH} 和标准低电平 V_{SL}。产品不同,其规定值也不同。高电平过低或低电平过高都会破坏电路的逻辑功能。因此,在实际应用中,应保证实际的高电平大于或等于标准高电平,而实际的低电平应小于或等于标准低电平。

3. 正逻辑和负逻辑的规定

逻辑电路中有两种逻辑体制。一种是用 1 表示高电平,用 0 表示低电平,这是正逻辑体制,图 7-5 是表示正逻辑的一个例子。另一种是用 1 表示低电平,用 0 表示高电平,这是负逻辑体制。

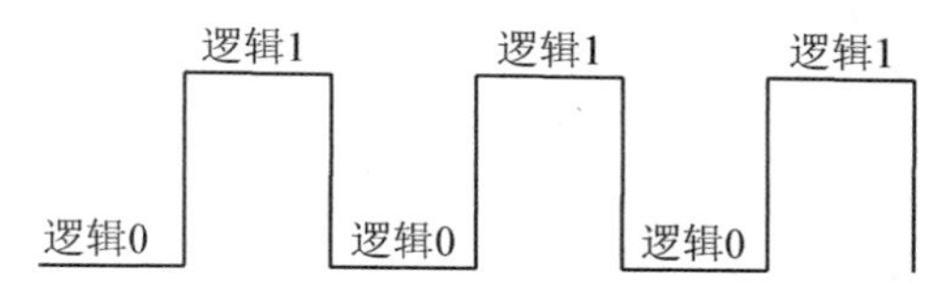

图 7-5 正逻辑的数字逻辑信号

对于同一电路,可以采用正逻辑,也可以采用负逻辑。正逻辑和负逻辑两种体制不牵涉到逻辑电路本身好坏的问题,但根据所选正负逻辑的不同,表达同一电路的功能是有不同的。本书如无特殊说明,一律采用正逻辑,即规定高电平为逻辑 1,低电平为逻辑 0。

7.3.2　基本逻辑门电路

1. 与门电路

(1)与逻辑关系

做一做：搭建如图 7-6(a)所示的电路(b)，分析灯 L 在什么情况下才会亮。

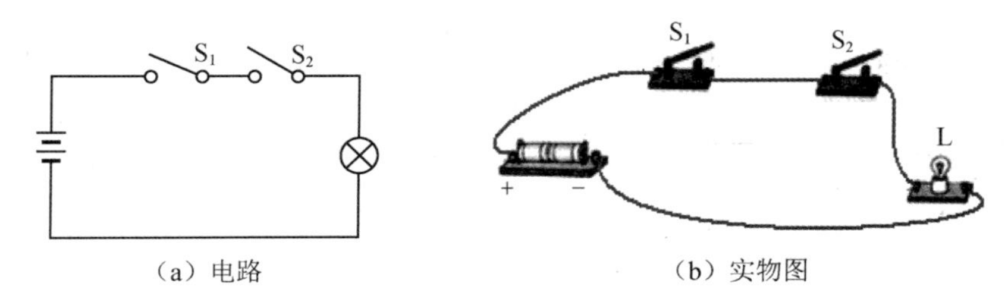

（a）电路　　（b）实物图

图 7-6　与逻辑电路

实验结果见表 7-8。

表 7-8　电路功能表

S_1	S_2	L
断开	断开	不亮
断开	闭合	不亮
闭合	断开	不亮
闭合	闭合	亮

通过图 7-6 实验结果可知，灯泡要亮必须满足两个条件，即两个开关 S_1 和 S_2 都闭合，否则，灯亮的事件就不会发生。因此可以总结出这样一个规律：当决定一件事情的各个条件全部具备时，这件事情才会发生，这样的因果关系称为与逻辑。

想一想：生活中存在哪些与逻辑关系？

(2)与门电路

能够实现与逻辑关系的电路称为与逻辑门电路，简称与门电路。图 7-7(a)为二极管组成的与门电路，图 7-7(b)为与门电路的逻辑符号。电路有两个输入端，一个输出端，分析时可把二极管看成理想二极管，即正向导通压降为 0 V。表 7-9 列出了与门电路输入输出的关系。

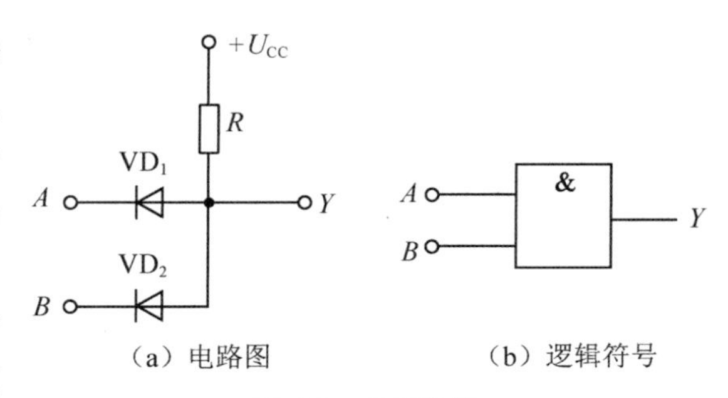

（a）电路图　　（b）逻辑符号

图 7-7　与门电路

表 7-9 与门电路输入输出的关系

V_A	V_B	VD_1	VD_2	Y
0 V	0 V	导通	导通	0 V
0 V	3 V	优先导通	截止	0 V
3 V	0 V	截止	优先导通	0 V
3 V	3 V	截止	截止	3 V

由表 7-9 可知，只有当两个输入端都是高电位(也称高电平)时，输出才是高电位，只要有一个输入端为低电位(也称低电平)，输出就是低电位。

若将高电位记作 1，低电位记作 0，可以做出表 7-10 来描述与逻辑关系。这种表示输入输出关系的表格称为真值表。

表 7-10 与门电路真值表

A	B	Y
0	0	0
0	1	0
1	0	0
1	1	1

由真值表可以分析出，与门的逻辑表达式为

$$Y=A\cdot B \text{ 或 } Y=AB$$

读作 Y 等于 A 与 B 或者 Y 等于 A 乘 B，其逻辑功能可概括为“有 0 出 0，全 1 出 1”。

还可以用波形图来表示与门逻辑，如图 7-8 所示，从图中发现：当 $A=0$ 时，$Y=0$；当 $A=1$ 时，$Y=B$(波形相同)。如果把 A 当作控制端，则 $A=1$，门打开(开门)，能够让 B 信号通过与门；$A=0$，门封锁(关门)，B 信号不能通过与门。只有 A、B 均为高电平时，Y 才输出高电平。

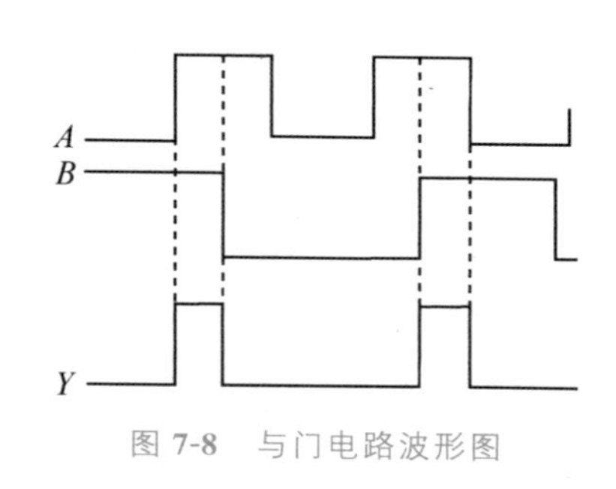

图 7-8 与门电路波形图

与逻辑关系通常也称为逻辑乘，其运算规则为

$0\cdot 0=0 \quad 0\cdot 1=0 \quad 1\cdot 0=0 \quad 1\cdot 1=1$

$0\cdot A=0 \quad 1\cdot A=A \quad A\cdot A=A$

练一练：由对应的与门电路 $Y=AB$ 输入波形(图 7-9)，画出输出波形。

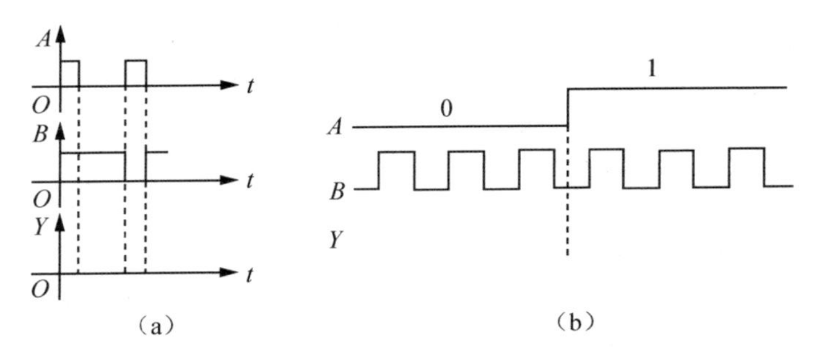

图 7-9 $Y=AB$ 输出波形

2. 或门电路

(1)或逻辑关系

做一做：搭建如图 7-10(a)所示的电路(b)，分析灯 L 在什么情况下才会亮。

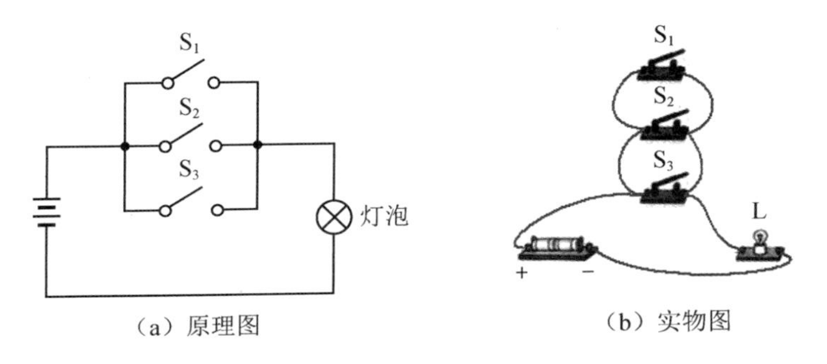

图 7-10 或逻辑电路

实验结果见表 7-11。

表 7-11 电路功能表

S_1	S_2	S_3	L
断开	断开	断开	不亮
断开	断开	闭合	亮
断开	闭合	断开	亮
断开	闭合	闭合	亮
闭合	断开	断开	亮
闭合	断开	闭合	亮
闭合	闭合	断开	亮
闭合	闭合	闭合	亮

通过图 7-10 实验结果可知，只要电路中有一个或一个以上的开关闭合，灯泡就

会发亮。因此可以总结出另一种逻辑关系:“在决定一件事情的诸条件中,只要具备一个或一个以上的条件,这件事就会发生”这种逻辑关系称为或逻辑。

想一想:生活中存在哪些或逻辑关系?

(2)或门电路

能够实现或逻辑关系的电路称为或逻辑门电路,简称或门电路。图 7-11(a)为二极管组成的或门电路,图 7-11(b)为或门电路的逻辑符号。电路有两个输入端,一个输出端,分析时可把二极管看成理想的二极管。表 7-12 列出了或门电路输入输出的关系。

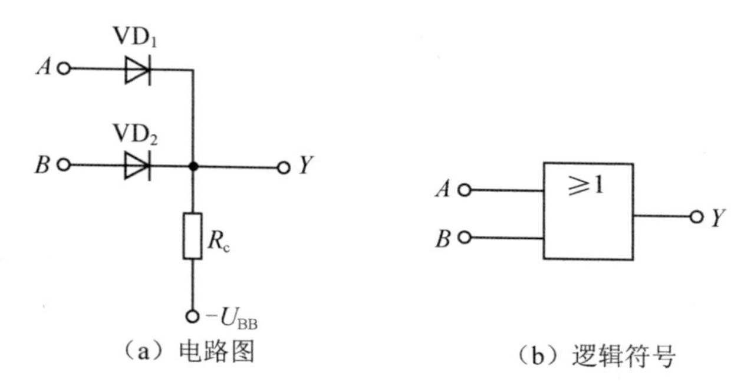

图 7-11 或门电路

表 7-12 或门电路输入输出的关系

V_A	V_B	VD_1	VD_2	Y
0 V	0 V	导通	导通	0 V
0 V	3 V	截止	优先导通	3 V
3 V	0 V	优先导通	截止	3 V
3 V	3 V	导通	导通	3 V

由表 7-12 可知,只要有一个输入端为高电平,就可以输出高电平。或门电路的真值表见表 7-13。

表 7-13 或门电路真值表

A	B	Y
0	0	0
0	1	1
1	0	1
1	1	1

由真值表可以分析出，或门的逻辑表达式为

$$Y=A+B$$

读作 Y 等于 A 或 B，或者 Y 等于 A 加 B，其逻辑功能可概括为“有 1 出 1，全 0 出 0”，波形图如图 7-12 所示。

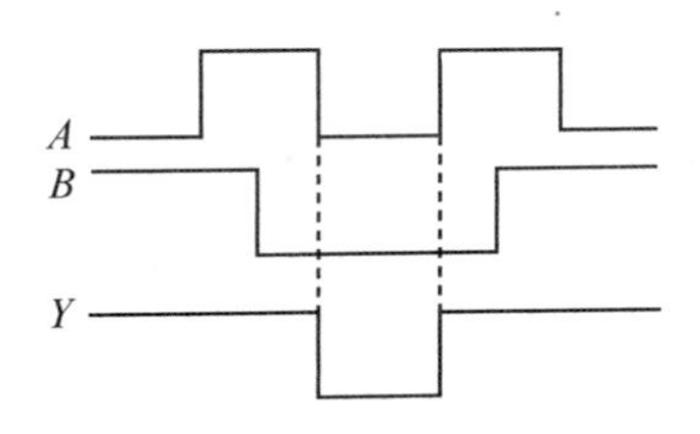

图 7-12　或门电路波形图

或逻辑关系通常也称为逻辑加，其运算规则为

$$0+0=0 \quad 0+1=1 \quad 1+0=1 \quad 1+1=1$$

$$0+A=A \qquad 1+A=1 \qquad A+A=A$$

练一练：由对应的或门电路 $Y=A+B$ 输入波形(图 7-13)，画出输出波形。

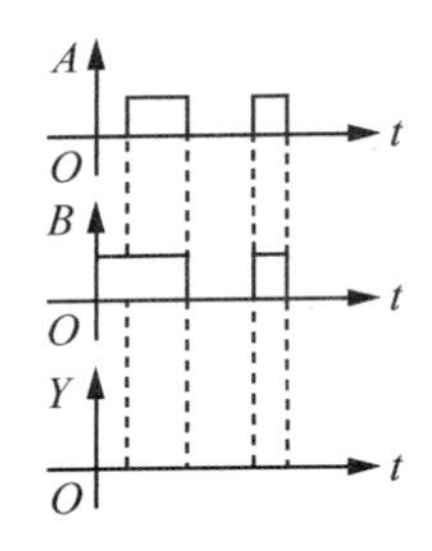

图 7-13　$Y=A+B$ 输入波形

3. 非门电路

(1)非逻辑关系

做一做：搭建如图 7-14(a)所示的电路(b)，分析灯 L 在什么情况下才会亮。

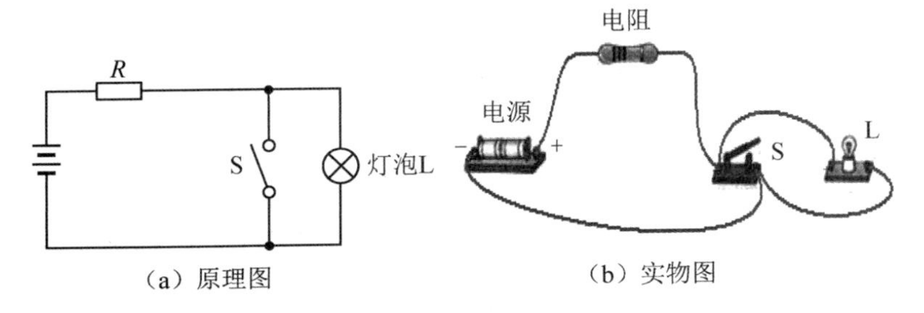

(a) 原理图　(b) 实物图

图 7-14　非逻辑电路

实验结果见表7-14。

表7-14 电路功能表

S	L
断开	亮
闭合	不亮

通过图7-14实验结果可知，断开开关S灯亮，闭合开关S灯不亮，结果与条件处于相反的状态，这种输出的状态与输入的状态相反的逻辑关系称为非逻辑关系，也叫逻辑反。

想一想：生活中存在哪些非逻辑关系？

(2)非门电路

能够实现非逻辑关系的电路称为非逻辑门电路，简称非门电路。图7-15(a)为三极管组成的非门电路，图7-15(b)为非门电路的逻辑符号。非门电路输入输出的关系见表7-15。

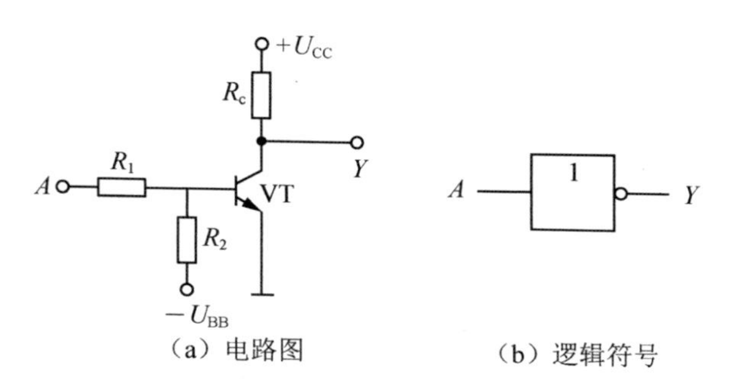

(a) 电路图 (b) 逻辑符号

图7-15 非门电路

表7-15 非门电路输入输出的关系

V_A	VT	Y
低电平	截止	高电平
高电平	饱和导通	低电平

由表7-15可知，输入高电平时，输出低电平，而输入低电平时，输出高电平。非门电路的真值表见表7-16。

表 7-16　非门电路真值表

A	Y
0	1
1	0

由真值表可以分析出，非门的逻辑表达式为

$$Y=\overline{A}$$

读作 Y 等于 A 非，其逻辑功能概括为“入 0 出 1，入 1 出 0”，其波形图如图 7-16 所示。

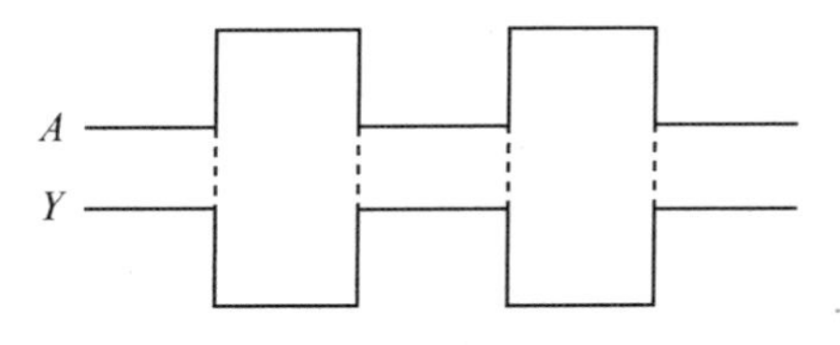

图 7-16　非门电路波形图

非逻辑关系通常也称为逻辑反，其运算规则为

$$\overline{0}=1,\ \overline{1}=0$$

练一练：由对应的非门 $Y=\overline{A}$ 电路输入波形(图 7-17)，画出输出波形。

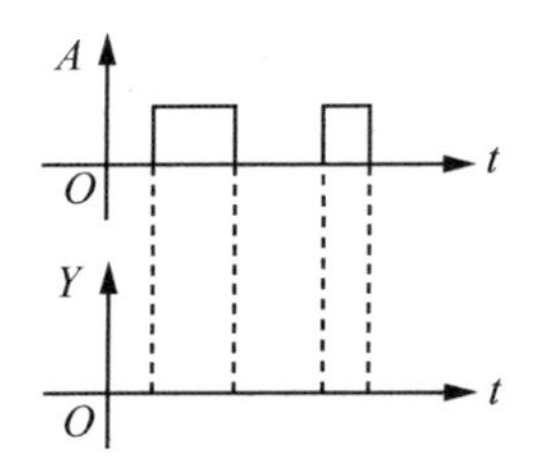

图 7-17　$Y=\overline{A}$ 输入波形

现将基本逻辑门总结一下，见表 7-17。

表 7-17　基本逻辑门

类别	逻辑符号	逻辑函数	逻辑功能	二变量运算结果
与门	A、B —[&]— Y	$Y=AB$	有 0 出 0， 全 1 出 1	$0\cdot 0=0$，$0\cdot 1=0$， $1\cdot 0=0$，$1\cdot 1=1$
或门	A、B —[≥1]— Y	$Y=A+B$	有 1 出 1， 全 0 出 0	$0+0=0$，$0+1=1$， $1+0=1$，$1+1=1$

续表

类别	逻辑符号	逻辑函数	逻辑功能	二变量运算结果
非门	A —[1]o— Y	$Y=\overline{A}$	入 0 出 1, 入 1 出 0	A=0,Y=1; A=1,Y=0

7.3.3 复合逻辑门电路

除了与门、或门、非门三种基本电路外,还可以把它们组合起来,实现功能更为复杂的逻辑门,常见的有与非门、或非门、与或门、与或非门、异或门、同或门等,这些门电路又称复合门电路,它们完成的运算称为复合逻辑运算。

1. 与非门电路

将一个与门电路的输出端和一个非门电路的输入端连接起来,便组成一个与非门电路,其逻辑结构如图 7-18 所示,其逻辑符号如图 7-19。

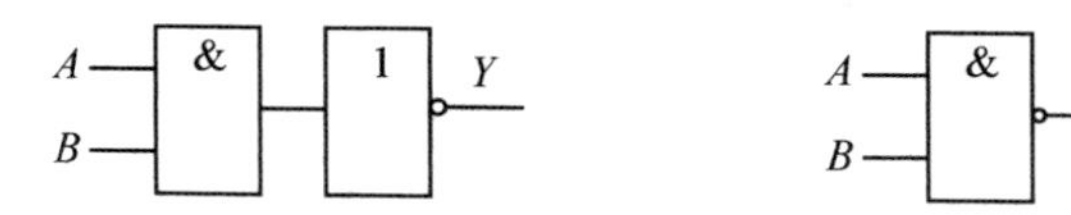

图 7-18 与非门的逻辑结构图　　图 7-19 与非门的逻辑符号

与非门的逻辑表达式为

$$Y=\overline{A \cdot B}$$

根据逻辑表达式列出与非门的真值表,见表 7-18。

表 7-18 与非门的真值表

A	B	Y
0	0	1
0	1	1
1	0	1
1	1	0

小结:与非门电路的逻辑功能为“全 1 出 0,有 0 出 1”。

2. 或非门电路

将一个或门电路的输出端和一个非门电路的输入端连接起来,便组成一个或非门电路,其逻辑结构如图 7-20 所示,其逻辑符号如图 7-21 所示。

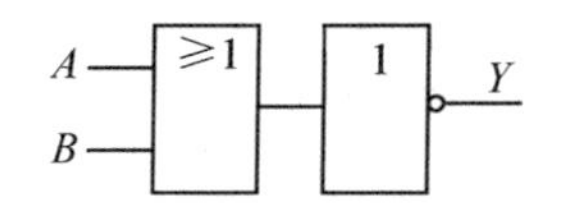

图 7-20 或非门的逻辑结构

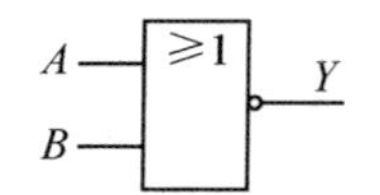

图 7-21 或非门的逻辑符号

或非门的逻辑表达式为

$$Y=\overline{A+B}$$

根据逻辑表达式列出或非门的真值表见表 7-19。

表 7-19 或非门的真值表

A	B	$A+B$	Y
0	0	0	1
0	1	1	0
1	0	1	0
1	1	1	0

小结：或非门电路的逻辑功能为“全 0 出 1，有 1 出 0”。

3. 与或非门电路

把两个(或两个以上)与门的输出端接到一个或非门的各个输入端，就构成了与或非门。与或非门的电路如图 7-22 所示，其逻辑符号如图 7-23。

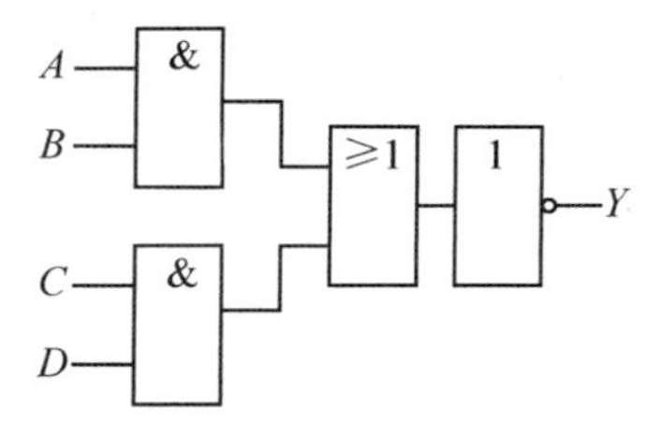

图 7-22 与或非门的逻辑结构

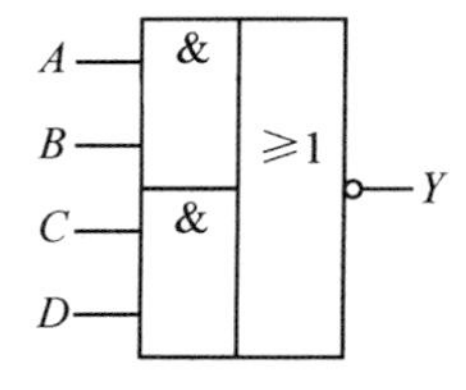

图 7-23 与或非门的逻辑符号

与或非门的逻辑表达式为

$$Y=\overline{AB+CD}$$

根据逻辑表达式列出与或非门的真值表见表 7-20。

表 7-20 与或非门的真值表

A	B	C	D	Y
0	0	0	0	1
0	0	0	1	1
0	0	1	0	1
0	0	1	1	0
0	1	0	0	1
0	1	0	1	1
0	1	1	0	1
0	1	1	1	0
1	0	0	0	1
1	0	0	1	1
1	0	1	0	1
1	0	1	1	0
1	1	0	0	0
1	1	0	1	0
1	1	1	0	0
1	1	1	1	0

小结：与或非门的逻辑功能为：当输入端中任何一组全为 1 时，输出即为 0；只有各组输入都至少有一个为 0 时，输出才为 1。一组全 1 出 0，各组有 0 出 1。

4. 异或门电路

将两个非门、两个与门及一个或门按照图 7-24 所示结构图连接起来，便组成一个异或门电路，其逻辑符号如图 7-25 所示。

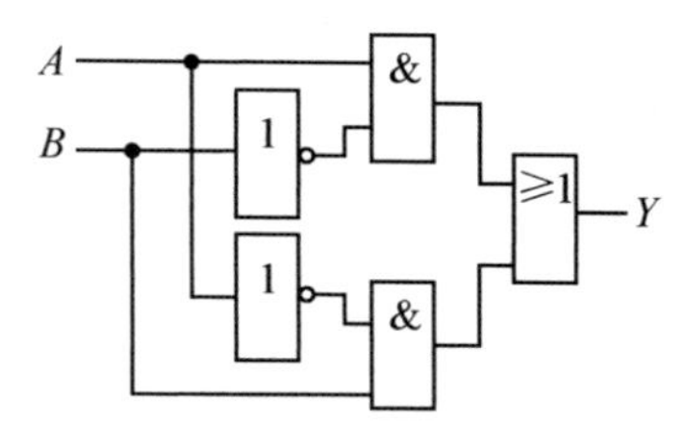

图 7-24 异或门的逻辑结构

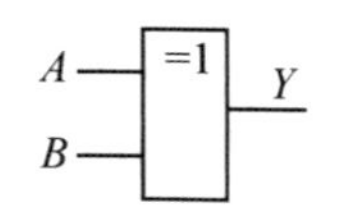

图 7-25 异或门连接符号

异或门的逻辑表达式为

$$Y=\overline{A}B+A\overline{B} \text{ 或 } Y=A\oplus B$$

根据逻辑表达式列出异或门的真值表，见表 7-21。

表 7-21 异或门的真值表

A	B	Y
0	0	0
0	1	1
1	0	1
1	1	0

小结：异或门可以判断两个信号是否相同，异或门电路的逻辑功能为“相异出 1，相同出 0”。

5. 同或门电路

在异或门的基础上，最后加上一个非门构成异或非门，如图 7-26 所示，又称同或门，其逻辑符号如图 7-27 所示。

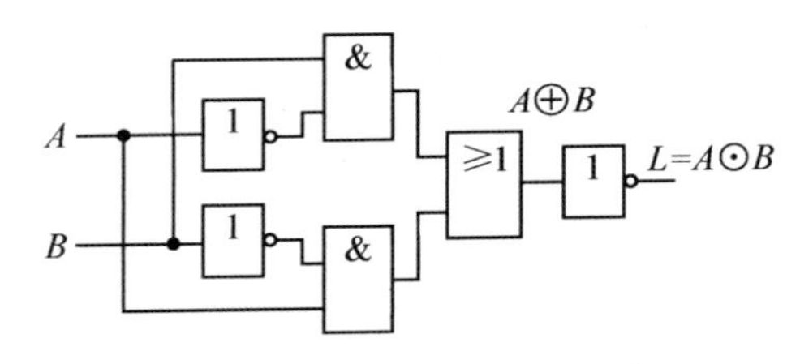

图 7-26 同或门逻辑结构图

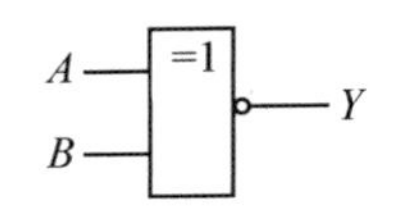

图 7-27 同或门逻辑符号

由图 7-27 可得，同或门的逻辑表达式为

$$Y=AB+\overline{A}\overline{B} \text{ 或 } Y=A\odot B$$

根据逻辑表达式列出同或门的真值表，见表 7-22。

表 7-22 同或门的真值表

A	B	Y
0	0	1
0	1	0
1	0	0
1	1	1

小结：同或门可以判断两个信号是否相同，同或门电路的逻辑功能为“相同出 1，相异出 0”。

现将复合逻辑门总结一下，见表 7-23。

表 7-23 复合逻辑门

类别	逻辑符号	逻辑函数	逻辑功能	备注
与非门		$Y=\overline{AB}$	有0出1，全1出0	读作：Y 等于 A 与 B 的非(先“与”后“非”)
或非门		$Y=\overline{A+B}$	有1出0，全0出1	读作：Y 等于 A 或 B 的非(先“或”后“非”)
与或非门		$Y=\overline{AB+CD}$	一组全1出0，各组有0出1	读作：Y 等于 A 与 B，或 C 与 D 的非(先“与”，再“或”，最后“非”)
异或门		$Y=A\oplus B$(或 $Y=A\bar{B}+\bar{A}B$)	入同出0，入异出1	读作：Y 等于 A 异或 B
同或门		$Y=A\odot B$(或 $Y=AB+\bar{A}\bar{B}$)	入同出1，入异出0	读作：Y 等于 A 同或 B

7.3.4 集成逻辑门电路

采用一定工艺将逻辑门电路集成在一个面积很小的硅片上，即成为集成逻辑门电路。常用的集成逻辑门有晶体管-晶体管逻辑门(TTL)、射极耦合逻辑门(ECL)、互补金属氧化物半导体逻辑门(CMOS)。

1. 集成逻辑门结构

图 7-28(a)为一个四2输入的与非门 74LS00 的内部结构，它由四个相互独立的“2输入与非门”组成。把标志(凹口)置于左方，从左下角逆时针读取引脚，依次是1，2，3，…，14，其中左上角14引脚为直流电源，右下角7引脚为接地端。

数字集成电路有双列直插式封装和贴片封装。图 7-28(b)为双列直插式封装。图 7-28(c)为贴片封装。

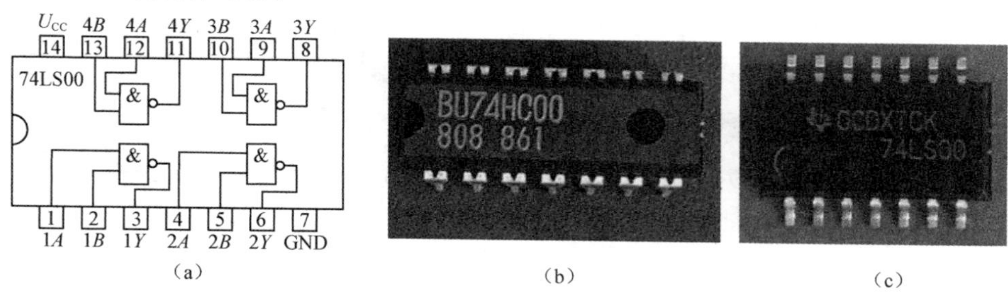

(a) (b) (c)

图 7-28 74LS00 的内部结构以及数字集成电路的封装形式

2. 集成逻辑门电路的使用注意事项

(1)根据电路要求，选择合适参数的集成门电路

根据电路的工作电压、工作频率及芯片的驱动能力、功耗、抗干扰能力选择合适的型号。LS 是低功耗肖特基，HC 是高速 COMS，LS 的速度比 HC 略快。LS 输入开路为高电平，HC 输入不允许开路，HC 一般都要求有上下拉电阻来确定输入端无效时的电平。LS 是 TTL 电平，其低电平和高电平分别为 0.8 V 和 2.4 V，而 CMOS 在工作电压为 5 V 时分别为 0.3 V 和 3.6 V，所以 CMOS 可以驱动 TTL，但反过来是不行的。LS 一般高电平的驱动能力为 5 mA，低电平为 20 mA；CMOS 的高低电平均为 5 mA；CMOS 器件抗静电能力差，输入脚不能直接接电源。

(2)闲置引脚的处理

①与门和与非门。

与门和与非门电路，多余输入端接正电源或与有用输入端并接(CMOS 电路多余输入端与有用输入端的并接仅适用于工作频率很低的场合)，如图 7-29 所示。

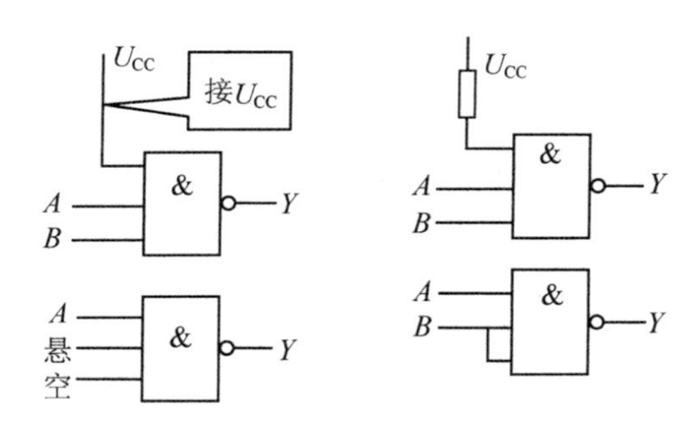

图 7-29　常用的与非门闲置引脚的处理方法

②或门和或非门。

或门和或非门的多余输入端接逻辑 0，或者与有用输入端并接。或非门电路多余输入端接地或与有用输入端并接，如图 7-30 所示。

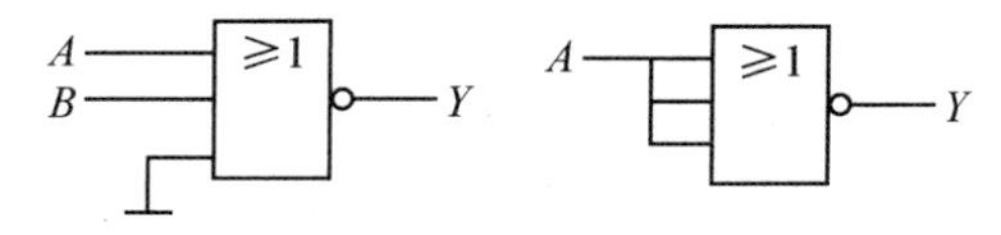

图 7-30　常用的或非门闲置引脚的处理方法

实训 10 TTL 集成逻辑门电路功能测试及应用

【实训目标】

1. 认识集成逻辑门电路。

2. 掌握 TTL 与非门逻辑功能的测试方法。

3. 掌握 TTL 与非门控制信号输出的方法。

4. 学会查阅集成电路手册，能根据相关资料确认每个引脚功能及集成电路逻辑功能。

【实训内容】

搭建集成与非门的逻辑功能测试电路，并对其逻辑功能进行测试。

【实训准备】

数字电路实训箱(1 台)、万用表(2 块)、74LS20(1 块)、74LS00(1 块)。

【实训步骤】

1. 识读集成逻辑门电路

确定集成与非门 74LS20 芯片的引脚排列顺序，并将引脚编号依次填入图 7-31 对应的方框中。

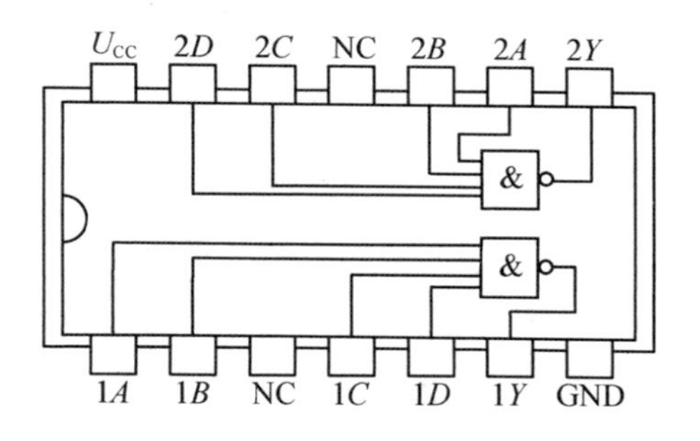

图 7-31 识读集成逻辑门电路

根据图 7-31，确定各引脚功能，并填写在表 7-24 中。

表 7-24 引脚功能

引脚	功能	引脚	功能
1		8	

续表

引脚	功能	引脚	功能
2		9	
3		10	
4		11	
5		12	
6		13	
7		14	

2. 逻辑功能测试

(1)搭建电路

搭建图 7-32 所示电路，将 14 引脚接电源、7 引脚接地，观察 LED 发光二极管的亮灭情况，用万用表测量输出电压，并将实验结果填入表 7-25 中。

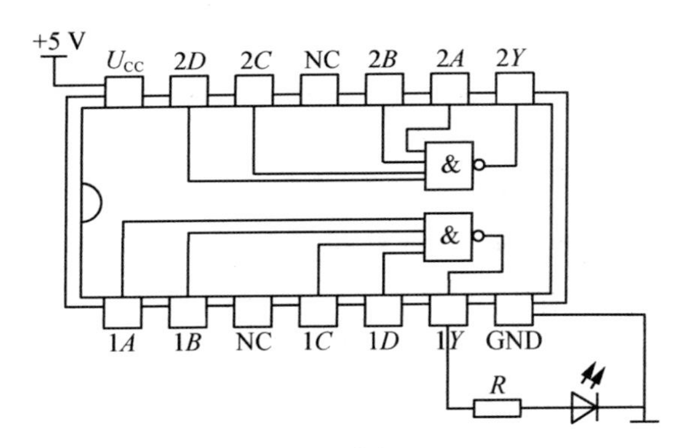

图 7-32　集成逻辑门电路功能测试

表 7-25　与非门测试结果

输入端	输出端 Y		
A B C D	电压/V	LED 灯状态	逻辑状态
0 0 0 0			
0 0 1 0			
0 0 1 1			
0 1 0 0			
0 1 0 1			
1 0 0 1			

续表

输入端	输出端 Y		
1 1 1 0			
1 1 1 1			

(2)分析实验结果

分析表7-25中的实验结果，确定输出与输入之间的关系为 $Y=$ ________。

(3)常见故障分析

若电路没有输出，LED发光二极管不亮，则检查以下内容。

①检查输出电路。

直接给指示电路输入高电平，观察二极管是否发光，发光则表示正常。若不发光，检测指示电路中有无断点，检测二极管、电阻是否开路。

②检查输入电路。

用万用表检测输入电路有无断点，根据表7-25要求输入信号。

③检查集成芯片。

将 A，B，C，D 分别接74LS20的9，10，12，13引脚，输出接8引脚。若替换后正常，则说明与非门1损坏。若指示电路依然不亮，则说明74LS20损坏，需要更换芯片。

3. 集成逻辑门电路应用

①用74LS00芯片搭建图7-33所示电路，A 端输入1 Hz的脉冲信号，B 端接开关，输出端 Y 接LED发光二极管指示电路。

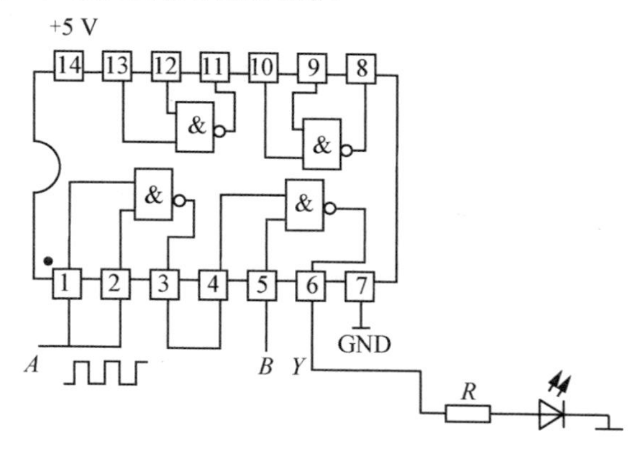

图7-33 集成逻辑门应用电路

②观察 B 端输入低电平(逻辑 0 状态)时，发光二极管的亮灭，用万用表测量输出 Y 的电压，填写进表 7-26 中。

③观察 B 端输入高电平时，发光二极管的亮灭，用万用表测量输出 Y 的电压，填写进表 7-26 中。

④分析输出 Y 的逻辑状态，填写进表 7-26 中。

表 7-26　输出状态表

输入		输出 Y		
A	B	电压/V	LED 灯状态	逻辑状态
0	0			
1	0			
0	1			
1	1			

⑤A，B 端输入如图 7-34 所示，用示波器观察 Y 端的输出波形，并绘制。

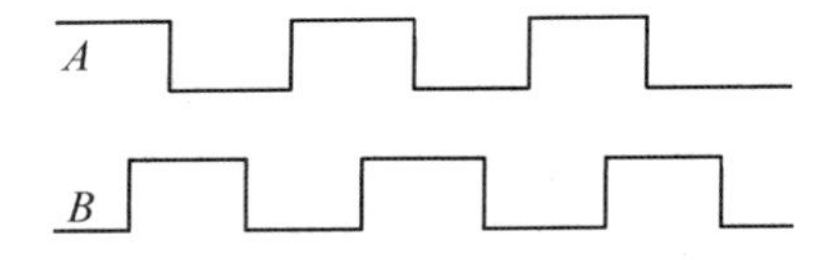

图 7-34　波形

想一想：

①当与非门接入端接脉冲源时，那么其他的输入端在什么状态下允许脉冲通过？什么状态下禁止脉冲通过？

②观察输出信号与输入信号的波形，如果要求波形同向，那么用什么门电路？

实训注意事项：

①在器件插入插座之前或在器件从插座取出之前均应关掉电源，要测试时才能打开电源。

②电源正和接地端不能接错。

③在器件插入插座或在器件从插座取出时应水平插入或取出，绝不能单边撬出，可用专用工具取出器件，或用镊子插入器件底面缓慢抬起器件取出，以免引脚断裂损

坏器件。

思考与练习:

①讨论TTL与非门多余输入端的处理各有什么优缺点?

②接通电源线与地线,输入端与输出端都悬空,分别测量输出电压与输入电压。输出电压与输入电压各应为多少?如果不对,试找出原因。

【实训评价】

<table>
<tr><td>班级</td><td></td><td>姓名</td><td></td><td>成绩</td><td></td></tr>
<tr><td>任务</td><td>考核内容</td><td colspan="2">考核要求</td><td>学生自评</td><td>教师评分</td></tr>
<tr><td rowspan="3">搭建电路</td><td>识读集成
逻辑门电路
(10分)</td><td colspan="2">根据元器件的清单,识别元器件;
通过检测,判断元器件的质量,坏的元器件需要及时更换</td><td></td><td></td></tr>
<tr><td>电路搭建
(10分)</td><td colspan="2">能按照实训电路图正确搭建电路</td><td></td><td></td></tr>
<tr><td>布局
(10分)</td><td colspan="2">元器件布局合理</td><td></td><td></td></tr>
<tr><td rowspan="2">通电测试</td><td>逻辑功能测试
(20分)</td><td colspan="2">能正确使用万用表测量输出电压,会分析逻辑状态</td><td></td><td></td></tr>
<tr><td>故障检测
(20分)</td><td colspan="2">能检测并排除常见故障</td><td></td><td></td></tr>
<tr><td rowspan="2">安全规范</td><td>规范
(10分)</td><td colspan="2">工具摆放规范</td><td></td><td></td></tr>
<tr><td>整洁
(10分)</td><td colspan="2">台面整洁,安全</td><td></td><td></td></tr>
<tr><td>职业态度</td><td>考勤纪律
(10分)</td><td colspan="2">按时上课,不迟到早退;
按照教师的要求动手操作;
实训完毕后,关闭电源,整理工具和仪器仪表</td><td></td><td></td></tr>
<tr><td>小组评价</td><td colspan="5"></td></tr>
<tr><td>教师总评</td><td colspan="5">签名:　　　　日期:</td></tr>
</table>

要点总结

1. 在时间和数值上连续变化的信号称为模拟信号，在时间和数值上离散的信号称为数字信号。数字信号的实质是一种脉冲信号。脉冲信号是指在短暂时间内出现的电压或电流信号。

2. 数字电路经常遇到计数问题，在日常生活中，习惯用十进制数，而在数字系统中多采用二进制、八进制、十六进制等。它们之间可以转换。

3. 基本逻辑门电路包括与门、或门、非门电路。基本门电路可组成复合逻辑门电路，如与非门、或非门、与或非门、同或门、异或门等。

4. 最简单的数字集成电路是集成逻辑门电路。集成逻辑门电路具有体积小、质量轻、功耗低、负载能力强等优点。

5. 对于各种集成电路，使用时一定要在推荐的工作条件范围内，否则将导致性能下降或损坏器件。

数字集成电路中多余的输入端在不改变逻辑关系的前提下可以并联起来使用，也可根据逻辑关系的要求接地或接高电平。TTL 电路多余的输入端悬空表示输入为高电平；但 CMOS 电路，多余的输入端不允许悬空，否则电路将不能正常工作。

TTL 电路和 CMOS 电路之间一般不能直接连接，需利用接口电路进行电平转换或电流变换才可进行连接，使前级器件的输出电平及电流满足后级器件对输入电平及电流的要求。

6. 在数字电路中，运用逻辑代数的基本公式和运算法则，可以将一个复杂的逻辑函数化简，从而设计出最简单的逻辑电路。

巩固练习

一、填空题

1. 在正逻辑的约定下，“1”表示________电平，“0”表示________电平。

2. 用来表示各种计数制数码个数的数称为________，同一数码在不同数位所代表的________不同。十进制计数各位的________是 10，________是 10 的幂。

3. 十进制数转换为八进制和十六进制时，应先转换成________制，然后再根据转换的________数，按照________一组转换成八进制，按________一组转换成十六进制。

4. 将下列各式写成按权展开式。

$(352.6)_{10}=$____________________；$(101.101)_2=$____________________；

$(54.6)_8=$____________________；$(13A.4F)_{16}=$____________________。

5. 将下列各数转换成十进制数。

$(1111101000)_2=$________；$(1750)_8=$________；$(3E8)_{16}=$________。

6. 将下列各数转换为二进制数。

$(210)_8=$________；$(136)_{10}=$________；$(88)_{16}=$________。

7. 将下列各数转换成八进制数。

$(111111)_2=$________；$(63)_{10}=$________；$(3F)_{16}=$________。

8. 将下列各数转换成十六进制数。

$(11111111)_2=$________；$(377)_8=$________；$(255)_{10}=$________。

9. 用8421BCD码表示下列各数。

$(123)_{10}=$____________________________；

$(1011.01)_2=$____________________________。

10. 试用8421BCD码完成下列十进制数的运算。

$5+8=$____；

$9+8=$____；

$58+27=$____。

二、综合题

1. 逻辑代数与普通代数有何异同？

2. 完成下列数制之间的转换。

(1) $(365)_{10}=(\qquad\qquad)_2=(\qquad\qquad)_8=(\qquad\qquad)_{16}$。

(2) $(11101.1)_2=(\qquad\qquad)_{10}=(\qquad\qquad)_8=(\qquad\qquad)_{16}$。

(3) $(57.625)_{10}=(\qquad\qquad)_8=(\qquad\qquad)_{16}$。

3. 完成下列数制与码制之间的转换。

(1) $(47)_{10}=(\qquad\qquad)_{8421BCD}$。

(2) $(25.25)_{10}=(\qquad\qquad)_{8421BCD}=(\qquad\qquad)_8$。

4. 数字电路中，正逻辑和负逻辑是如何规定的？

5. 你能说出常用复合门电路的种类吗？它们的功能如何？

单元 8

组合逻辑电路

知识目标

1. 掌握逻辑代数的基本概念、基本定律，学会逻辑函数的表示方法和逻辑函数的公式化简法。

2. 掌握组合逻辑电路的分析方法。

3. 掌握编码器、译码器的基本概念与常用电路类型。

4. 了解编码器、译码器常用集成电路的逻辑功能和典型应用。

能力目标

1. 学会分析组合逻辑电路。

2. 能够结合编码器、译码器的基本知识搭建应用电路。

8.1 逻辑代数

8.1.1 逻辑代数概述

逻辑代数又称布尔代数，它是描述客观事物逻辑关系的数学方法，是分析和设计逻辑电路的数学工具。在逻辑代数中，只有 0 和 1 两种逻辑值，有与、或、非三种基本逻辑运算。

课程思政：大国工匠人物 李鸿

1. 基本逻辑运算

在逻辑代数中，有与、或、非三种基本逻辑运算，由这三种基本逻辑运算又可以构成一些常用的组合运算，如与非、或非、与或非、异或、同或等。这些逻辑运算关系，在上一单元已经介绍过了，现在对这些内容做如下总结，见表 8-1。

表 8-1　基本逻辑运算关系

逻辑运算	逻辑符号	逻辑表达式	逻辑关系
与	A、B — & — Y	$Y=A\cdot B$ $=AB$	全 1 出 1 有 0 出 0
或	A、B — ≥1 — Y	$Y=A+B$	有 1 出 1 全 0 出 0
非	A — 1 —o Y	$Y=\overline{A}$	入 1 出 0 入 0 出 1
与非	A、B — & —o Y	$Y=\overline{AB}$	全 1 出 0 有 0 出 1
或非	A、B — ≥1 —o Y	$Y=\overline{A+B}$	有 1 出 0 全 0 出 1
异或	A、B — =1 — Y	$Y=A\oplus B$	不同出 1 相同出 0
同或	A、B — =1 —o Y	$Y=A\odot B$	相同出 1 不同出 0
与或非	A、B、C、D — & ≥1 —o Y	$Y=\overline{AB+CD}$	AB，CD 有 1，$Y=0$ AB，CD 全 0，$Y=1$

顺便指出，二变量异或和同或互反，它们有以下关系：

$$\overline{A \oplus B}=A \odot B$$

$$\overline{A \odot B}=A \oplus B$$

$$A \oplus B+A \odot B=1$$

$$(A \oplus B)(A \odot B)=0$$

2. 逻辑函数的表示方法

(1)逻辑函数

在实现各种逻辑关系的数字电路中，如果作为条件的输入变量的取值确定了，那么作为运算结果的输出变量的取值也就随之而定，因此输出与输入之间是一种函数关系，称为逻辑函数。输出(结果)Y 是输入(条件)A，B，C，…的逻辑函数，记作 $Y=F(A，B，C，\cdots)$。

任何一个具体事物的因果关系都可以用一个逻辑函数来描述。

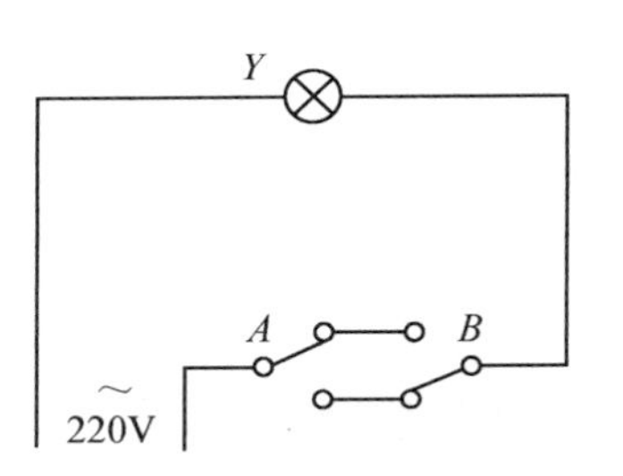

图 8-1 楼梯照明灯的控制电路

例如，图 8-1 所示楼梯照明灯的控制电路。单刀双掷开关 A 在楼下，B 在楼上，共同控制照明灯 Y。这样在楼下开灯后，可到楼上关灯；反之，在楼上开灯后，可到楼下关灯。因为只有当两个开关都向上扳或向下扳时，灯才亮，而一个向上扳、一个向下扳时，灯就不亮。

该电路的逻辑关系可以用逻辑函数来描述：若以 1 表示开关向上扳，0 表示开关向下扳；以 1 表示灯亮，0 表示灯不亮，则灯 Y 是开关 A、B 的二值逻辑函数(因为变量的取值只有 0 和 1 两种状态，所以称为二值逻辑函数)，即

$$Y=F(A，B)$$

(2)逻辑函数的表示方法

逻辑函数的表示方法有逻辑真值表、逻辑函数表达式、逻辑图和波形图等。下面结合上一实例，介绍这四种表示方法。

①逻辑真值表。

将输入变量所有取值组合对应的输出变量取值找出来，列成表格，称为逻辑真值表，简称真值表。上述电路的真值表见表 8-2。

表 8-2 楼梯照明灯控制电路的真值表

输入		输出
A	B	Y
0	0	1
0	1	0
1	0	0
1	1	1

②逻辑函数表达式。

把输出与输入之间的逻辑关系写成与、或、非等运算组合起来的表达式，称为逻辑函数表达式。

对于上述电路，由真值表可知，A，B 状态的四种组合中，当 $A=B=0$ 使 $\overline{A}\overline{B}=1$，或 $A=B=1$ 使 $AB=1$ 时，灯亮($Y=1$)，因此灯亮的逻辑函数为

$$Y=\overline{A}\overline{B}+AB$$

它描述了只有开关 A，B 都扳上或扳下时灯才亮这一逻辑关系。

③逻辑图。

用逻辑符号表示逻辑函数表达式中各变量间的与、或、非等运算关系，并根据运算优先顺序把这些图形符号连接起来，就可得到函数的逻辑图。

如上述表达式 $Y=\overline{A}\overline{B}+AB$ 的逻辑关系，可用图 8-2 所示的逻辑电路图来表示。

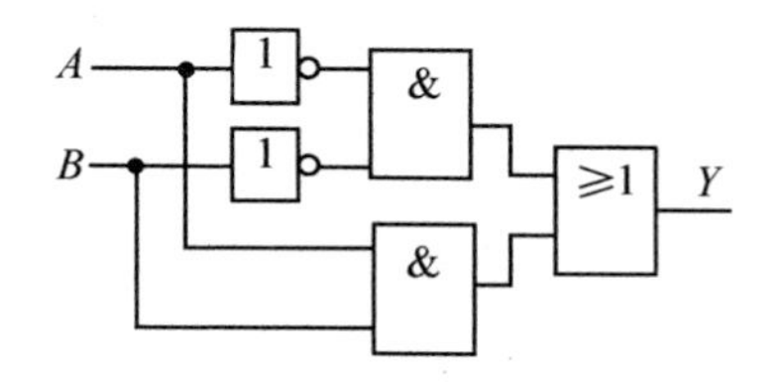

图 8-2 楼梯照明灯控制电路的逻辑图

④波形图。

表示逻辑电路输出变量波形随输入变量波形按时间顺序变化的图形，称为波形图，也称为时序图。

例如，函数 $Y=\overline{A}\overline{B}+AB$，若给定输入变量 A，B 的波形，则可以根据逻辑函数画出函数 Y 的波形，如图 8-3 所示。

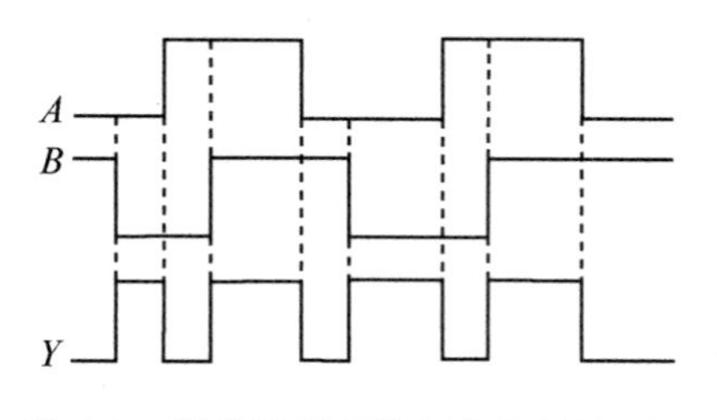

图 8-3 楼梯照明灯控制电路的波形图

逻辑电路研究的是输出信号和输入信号间的逻辑关系，就好比人生的逻辑，输出由输入决定，所以想要成功，就需要先努力付出，想要实现中华民族的伟大复兴，就需要我们自信自强，守正创新，踔厉奋发，勇毅前行。

8.1.2 逻辑代数的基本定律

逻辑代数的基本定律是逻辑运算的基本规律，是化简逻辑函数、分析和设计逻辑电路的基础。表8-3给出了逻辑代数的基本定律和常用公式。

表8-3 逻辑代数基本定律

定律名称	公式	
0、1律	$A+1=1$ $A+0=A$	$A\cdot 0=0$ $A\cdot 1=A$
重叠律	$A+A=A$	$AA=A$
互补律	$A+\overline{A}=1$	$A\overline{A}=0$
还原律	$\overline{\overline{A}}=A$	
交换律	$A+B=B+A$	$AB=BA$
结合律	$(A+B)+C=A+(B+C)$	$(AB)C=A(BC)$
分配律	$A(B+C)=AB+AC$	$A+BC=(A+B)(A+C)$
摩根定律	$\overline{A+B}=\overline{A}\cdot\overline{B}$	$\overline{AB}=\overline{A}+\overline{B}$ $\overline{A}+\overline{B}=\overline{AB}$
吸收律	$A+\overline{A}B=A+B$ $\overline{A}+AB=\overline{A}+B$	$A(\overline{A}+B)=AB$ $\overline{A}(A+B)=\overline{A}B$
	$AB+\overline{A}C+BC=AB+\overline{A}C$ $AB+\overline{A}C+BCD=AB+\overline{A}C$	

8.1.3 逻辑函数的化简

逻辑代数的化简

1. 逻辑函数化简的基本原则

①与项(即乘积项)个数最少。

②每个与项中变量的个数最少。

2. 逻辑函数的化简方法

本节所讲的化简，一般是指要求化为最简与-或式。化简方法常用的有代数法和卡诺图法，本书只介绍代数法。代数法是运用逻辑代数的基本定律和公式进行化简，也叫公式法。代数法没有固定的步骤。下面主要介绍几种常用方法。

(1)并项法

利用 $A+\overline{A}=1$，将两项合并作一项，并消去一个变量。

例如：

$Y=AB\overline{C}+ABC$

$=AB(\overline{C}+C)$

$=AB$

(2)吸收法(消项法)

利用 $A+AB=A$，$AB+\overline{A}C+BC=AB+A\overline{C}$，消去多余与项。

例如：

$Y=AB+ABC$

$=AB$

$L=A\overline{B}+A\overline{B}(C+DE)=A\overline{B}$

(3)消因子法

利用 $A+\overline{A}B=A+B$ 消去多余的因子。

例如：

$Y=AB+\overline{A}C+\overline{B}C$

$=AB+(\overline{A}+\overline{B})C$

$=AB+\overline{AB}C$

$=AB+C$

(4)配项法

利用 $A=A(B+\overline{B})$，将某一与项乘$(B+\overline{B})$，打开后与其他项合并化简。

例如：

证明：$AB+\overline{A}C+BC=AB+\overline{A}C$

左边$=AB+\overline{A}C+(A+\overline{A})BC$

$=AB+\overline{A}C+ABC+\overline{A}BC$

$=(AB+ABC)+(\overline{A}C+\overline{A}BC)$

$=AB+\overline{A}C$

=右边

逻辑化简的目的是为了用更少的门电路实现同样的逻辑功能，对比化简前后逻辑函数的繁简程度，所用的逻辑门数量越少越好，不仅可以提高电路可靠性，又可以节约成本。同学们平时做事情也要考虑经济成本、时间成本。当今我们共同的家园"地球"资源正逐渐枯竭、环境正逐渐恶化，我们要坚持节约优先、保护优先，像保护眼睛一样保护自然和生态环境，坚定不移走生产发展、生活富裕、生态良好的文明发展道路，实现中华民族永续发展。

8.2 组合逻辑电路基础知识

课程思政：大国脊梁 刘永坦

8.2.1 数字逻辑电路概述

数字逻辑电路是由具有多个输入端和输出端的基本逻辑门组合而成的，它们之间的逻辑关系往往需要借助逻辑代数来进行分析。

数字逻辑电路根据输入与输出之间关系的不同(即输出是否反馈到输入端)，可分为无记忆功能的组合逻辑电路和有记忆功能的时序逻辑电路。

1. 组合逻辑电路

在逻辑电路中，任意时刻的输出状态只取决于该时刻的输入状态，而与输入信号作用之前电路的状态无关，这种电路称为组合逻辑电路。

组合逻辑电路的特点是：数字逻辑电路中输出信号没有反馈到输入端，因此任意时刻的输出信号状态只与当前的输入信号状态有关，而与电路原来的输出状态无关，如图8-4所示。因此，这种电路没有记忆功能，分析起来也较为简单。

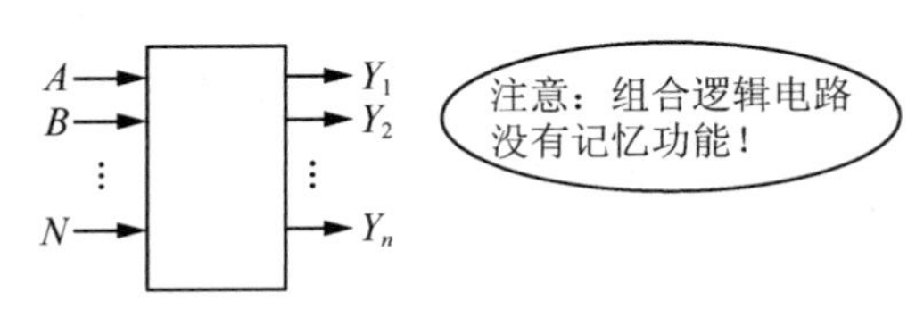

图8-4 组合逻辑电路组成框图

为了便于使用，常把某些具有特定功能的组合逻辑电路设计成标准化电路，并制造成中小规模集成电路产品，常见的有编码器、译码器、数据选择器、数据分配器等。

2. 时序逻辑电路

在逻辑电路中，任意时刻的输出状态不仅取决于该时刻的输入状态，而且与输入信号作用之前电路的状态有关，这种电路称为时序逻辑电路。

时序逻辑电路的特点是：数字逻辑电路中输出信号部分反馈到输入端，输出信号的状态不但与当前的输入信号状态有关，而且与电路原来的输出状态有关，如图 8-5 所示。因此，这种电路有记忆功能，分析起来较为复杂。

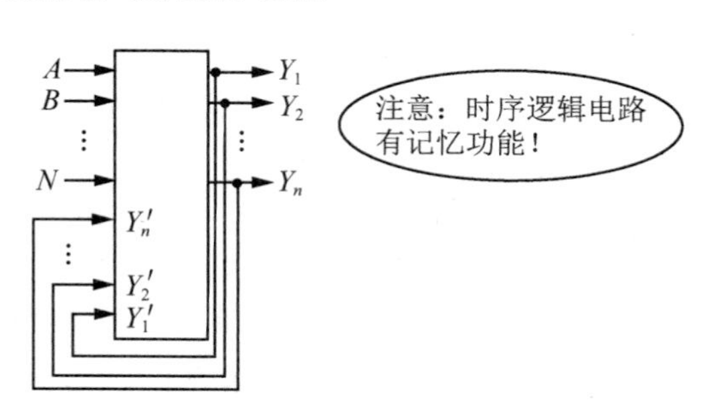

图 8-5　时序逻辑电路组成框图

8.2.2　组合逻辑电路的分析

在组合逻辑电路的应用中，已知某个组合逻辑电路，需要分析出它的功能，称为组合逻辑电路的分析。

分析的过程一般按以下步骤进行：

①根据逻辑图写出逻辑函数表达式，可以从输入级到输出级或者从输出级到输入级逐级地推导，初步写出的表达式一般比较复杂。

②使用逻辑代数工具对初步得出的逻辑表达式进行化简。化简的具体方法不同，可能得到不同的结果。

③根据化简后的表达式，列出真值表。

④分析真值表和逻辑函数表达式，总结该逻辑电路的逻辑功能，并用文字进行描述。

【例 8-1】试分析图 8-6 所示组合逻辑电路的逻辑功能。

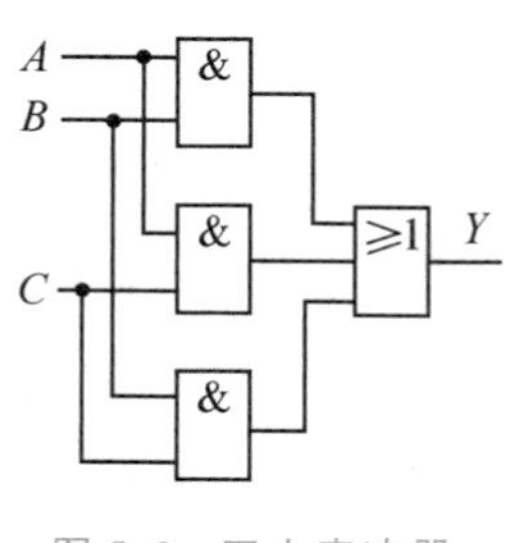

图 8-6　三人表决器

解：①写出逻辑表达式。

由逻辑图可写出逻辑表达式：$Y=AB+AC+BC$。

②化简。

上式已是最简式。

③真值表。

将逻辑表达式转换成真值表，见表 8-4。

④描述电路的逻辑功能。

分析真值表，输入 A，B，C 中至少有两个为 1 时，输出为 1，其余输出为 0，所以该电路为三人表决器。

表 8-4　三输入多数表决器真值表

输入			输出
A	B	C	Y
0	0	0	0
0	0	1	0
0	1	0	0
0	1	1	1
1	0	0	0
1	0	1	1
1	1	0	1
1	1	1	1

8.2.3　组合逻辑电路的设计

组合逻辑电路的设计是组合逻辑电路的分析逆过程，设计步骤如下。

①分析逻辑关系，确定哪些是输入变量，哪些是输出函数。通常总是把引起事件的原因定为输入变量，把事件的结果作为输出函数。确定好输入输出变量，并用逻辑变量字母表示。

②根据逻辑功能，对输入变量和输出函数进行赋值，即确定在什么情况下为逻辑1，什么情况下为逻辑0，然后列出真值表。

③由真值表写出逻辑表达式，并化简，或是根据要求进行化简和变换。

④画出逻辑图，并标明使用的集成电路。

⑤根据逻辑图制作并调试，实现逻辑功能要求。

组合逻辑电路的设计，通常以电路简单，所用器件最少为目标。在前面所介绍的用代数法(或者卡诺图法)来化简逻辑函数，就是为了获得最简的形式，以便能用最少的门电路来组成逻辑电路。但是，由于在组合逻辑电路的设计中普遍采用中、小规模集成电路(一片包括数个门至数十个门)产品，因此应根据具体情况，尽可能减少所用的器件数目和种类，这样可以使组装好的电路结构紧凑，达到工作可靠而且经济的目的。

根据一定的逻辑功能设计出的逻辑电路，并不是唯一的，有简有繁，应利用逻辑代数的基本定律加以简化，以得到简单合理的电路。

集成电路芯片将催生新技术、新产品、新产业、新业态、新模式，芯片核心竞争力是衡量当代一国信息科技发展水平核心指标。芯片产业链包括设计、制造、封装、测试、销售，其中芯片设计占据重中之重的地位，学会电路设计，增强科技能力，实现科技报国。

【例 8-2】设计一个半加器，即两个相同位的二进制数相加的运算电路。

解：①分析逻辑关系。被加数和加数是输入，分别用字母 A 和 B 表示；和与进位数是输出，分别用字母 S 与 C 表示。

②对输入变量和输出函数进行赋值。设有输入、输出的情况下为逻辑 1，无输入、输出的情况下为逻辑 0，然后列出真值表，见表 8-5。

表 8-5　半加器真值表

输入		输出	
被加数 A	加数 B	和数 S	进位数 C
0	0	0	0
0	1	1	0
1	0	1	0
1	1	0	1

③写出逻辑表达式，并化简。

$$S=\overline{A}B+A\overline{B}=A\oplus B$$

$$C=AB$$

④画出逻辑图，并标明使用的集成电路，如图 8-7 所示。

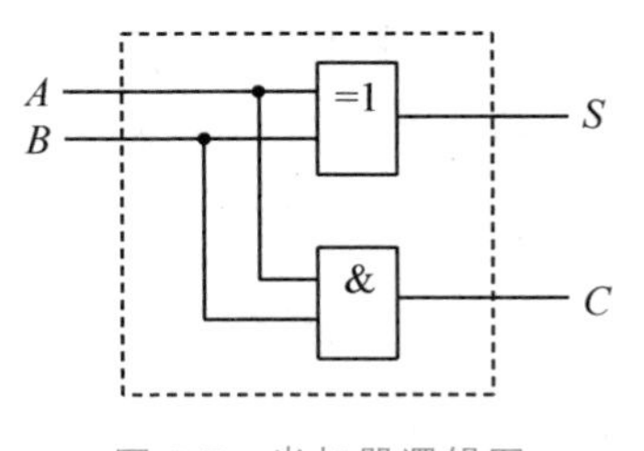

图 8-7　半加器逻辑图

⑤根据逻辑图制作并调试，实现逻辑功能要求。

【例 8-3】设计一个一位数值比较器。

解：①分析逻辑关系。输入信号如果用 A，B 表示两个要比较的一位二进制数，输出信号分别用 $Y_1(A>B)$，$Y_2(A=B)$，$Y_3(A<B)$表示比较结果。

②对输入变量和输出函数进行赋值。设有输入、输出情况下为逻辑 1，无输入、输出的情况下为逻辑 0，然后列出真值表，见表 8-6。

表 8-6　一位数值比较器真值表

A	B	$Y_1(A>B)$	$Y_2(A=B)$	$Y_3(A<B)$
0	0	0	1	0
0	1	0	0	1
1	0	1	0	0
1	1	0	1	0

③写出逻辑表达式，并化简。

$$Y_1=A\overline{B}$$

$$Y_2=A\overline{B}+\overline{A}B=A\oplus B$$

$$Y_3=\overline{A}B$$

④画出逻辑图，并标明使用的集成电路，如图 8-8 所示。

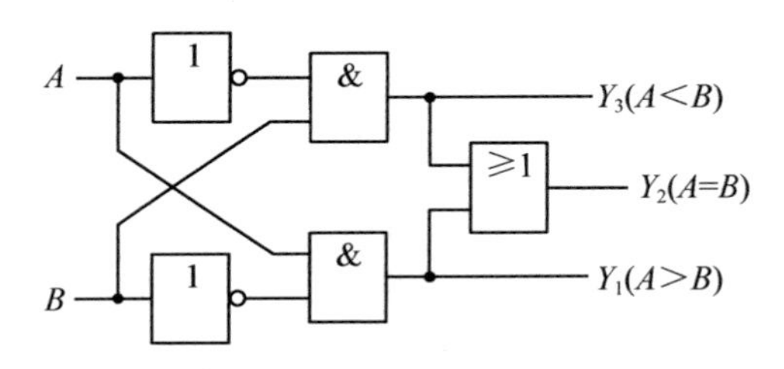

图 8-8　一位数值比较器逻辑图

⑤根据逻辑图制作并调试，实现逻辑功能要求。

【例 8-4】用与非门设计一个举重裁判表决电路。设举重比赛有 3 个裁判，一个主裁判和两个副裁判。杠铃完全举上的裁决由每一个裁判按一下自己面前的按钮来确定。只有当两个或两个以上裁判判明成功，并且其中有一个为主裁判时，表明成功的灯才亮。

解：①分析逻辑关系。设主裁判为变量 A，副裁判分别为 B 和 C；表示成功与否的灯为 Y。

②对输入变量和输出函数进行赋值。设有输入、输出情况下为逻辑 1，无输入、输出的情况下为逻辑 0，然后列出真值表，见表 8-7。

表 8-7 举重裁判表决电路真值表

A	B	C	Y	A	B	C	Y
0	0	0	0	1	0	0	0
0	0	1	0	1	0	1	1
0	1	0	0	1	1	0	1
0	1	1	0	1	1	1	1

③写出逻辑表达式，根据要求进行化简和变换。

$$Y=A\bar{B}C+AB\bar{C}+ABC$$

$$\begin{aligned}Y&=A\bar{B}C+AB\bar{C}+ABC\\&=ABC+AB\bar{C}+ABC+A\bar{B}C\\&=AB(C+\bar{C})+AC(B+\bar{B})\\&=AB+AC\end{aligned}$$

转换为与非逻辑为

$$Y=\overline{\overline{AB}\cdot\overline{AC}}$$

④画出逻辑图，并标明使用的集成电路，如图 8-9 所示。

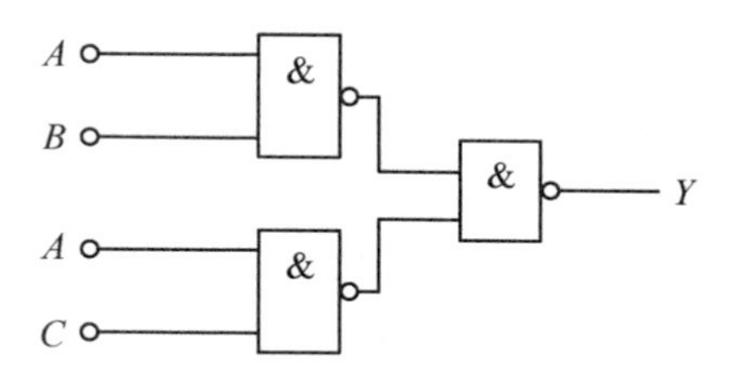

图 8-9 举重裁判表决电路逻辑图

⑤根据集成与非门电路制作并调试，实现逻辑功能要求。

逻辑函数可以有多种不同的表达形式，它们有：与-或表达式、或-与表达式、与非-与非表达式、或非-或非表达式、与-或-非表达式等。可运用逻辑函数的基本定律进行恒等变换使之具有不同的表达形式。

$Y=(A+\bar{C})(C+D)$ 或-与表达式

$=AC+\bar{C}D$ 与-或表达式

$=\overline{\overline{AC}\cdot\overline{\bar{C}D}}$ 与非-与非表达式

$=\overline{\overline{(A+\bar{C})}+\overline{(C+D)}}$ 或非-或非表达式

$=\overline{\overline{\overline{A}C}+\overline{\overline{C}}\,\overline{D}}$　　　　与-或-非表达式

上列各式中与-或表达式是比较常见的一种，它也比较容易与其他形式的表达式互换，另外，由于与非门集成电路的大量使用，与非-与非表达式实用价值较大。

8.3 编码器

8.3.1 编码的概念

编码就是把输入的各种信号(如十进制数、文字、符号等)转换成若干位二进制码的过程，能够完成编码功能的组合逻辑电路称为编码器。

编码器

如常用的 ASCII 码就是一种字符编码，它是用二进制码对 128 个字符(包括字母、数字、标点符号、控制字符及其他符号)进行编码，在打字敲击键盘时，通过键盘向计算机主机输入的其实就是 ASCII 码，如图 8-10 所示。

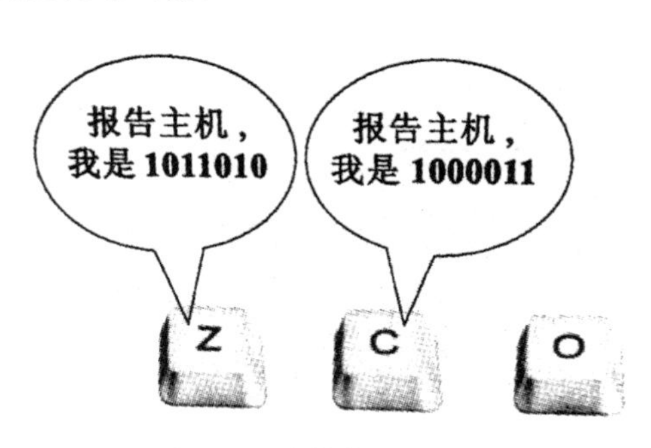

图 8-10　字符的 ASCII 码

编码器按编码形式可分为二进制编码器、二-十进制编码器和优先编码器。按编码器编码输出二进制码的位数可分为 4 线-2 线编码器、8 线-3 线编码器和 16 线-4 线编码器等。

课程思政：东江——深圳供水工程

8.3.2 二进制编码器

1 位的二进制数只有 0，1 两个状态，它可以表示两种不同的特定含义。如果需要表示 3 种或 3 种以上不同的特定含义，显然只用 1 位的二进制数码就无法解决了。此时，可以用更多位的二进制数来进行编码，当采用 2 位二进制数码进行编码时，就能表示 4 种不同的特定含义，即 1 个两位的二进制数共有 00，01，10，11，4 个不同的状态，可表示 4 种特定含义。但如果要表示 5 种不同的特定含义，显然 2 位二进制数码也不够用了。二进制数码的位数与它所能表达不同的特定含义数量之间的关系，可以用一个公式来表示，即

$$N \leqslant 2^n$$

式中，n 代表二进制数码的位数(如 $n=4$ 时，就是用4位二进制数码来进行编码，$n=8$ 时，就是用8位二进制数码来进行编码)；N 代表在 n 确定后所能表达的不同特定含义的数量(如当 $n=4$ 时，$N=16$，这说明当采用4位二进制数码进行编码时，能够表达 $2^4=16$ 种不同的特定含义)。

【例 8-5】 设计二进制编码器电路，要把 I_0，I_1，I_2，I_3，I_4，I_5，I_6，I_7 8个输入信号编成对应的二进制代码输出。

解： ①确定二进制代码的位数。

因为输入有8个信号，所以输出的是3位($2^n=8$，$n=3$)二进制代码，这种编码器通常称为8线-3线编码器，如图8-11所示。

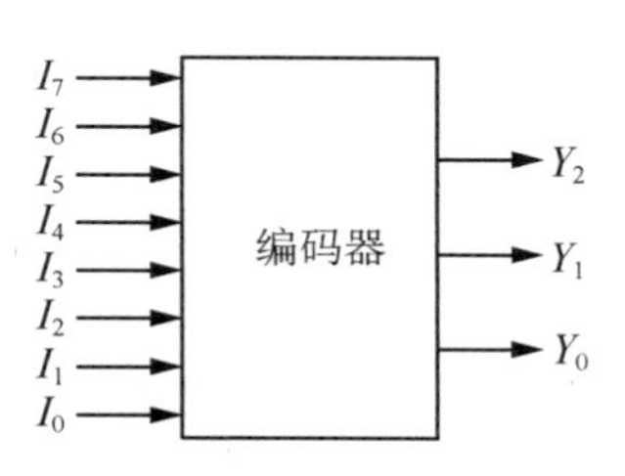

图 8-11　3位二进制编码示意图

②列编码表。

编码表是把待编码的8个信号和对应的二进制代码列成的表格。这种对应关系是人为的。用3位二进制代码表示8个信号的方案很多，表8-8所列的是其中一种。每种方案都有一定的规律性，便于记忆。

表 8-8　3位二进制编码器的编码表

输入	输出		
	Y_2	Y_1	Y_0
I_0	0	0	0
I_1	0	0	1
I_2	0	1	0
I_3	0	1	1
I_4	1	0	0
I_5	1	0	1
I_6	1	1	0
I_7	1	1	1

③由编码表写出逻辑式。

$$Y_2=I_4+I_5+I_6+I_7=\overline{\overline{I_4+I_5+I_6+I_7}}=\overline{\overline{I_4}\cdot\overline{I_5}\cdot\overline{I_6}\cdot\overline{I_7}}$$

$$Y_1=I_2+I_3+I_6+I_7=\overline{\overline{I_2+I_3+I_6+I_7}}=\overline{\overline{I_2}\cdot\overline{I_3}\cdot\overline{I_6}\cdot\overline{I_7}}$$

$$Y_0=I_1+I_3+I_5+I_7=\overline{\overline{I_1+I_3+I_5+I_7}}=\overline{\overline{I_1}\cdot\overline{I_3}\cdot\overline{I_5}\cdot\overline{I_7}}$$

④由逻辑式画出逻辑图。

逻辑图如图 8-12 所示。输入信号一般不允许出现两个或两个以上同时输入。例如，当 $I_1=1$，其余为 0 时，则输出为 001；当 $I_6=1$，其余为 0 时，则输出为 110。二进制代码 001 和 110 分别表示输入信号 I_1 和 I_6。当 $I_1 \sim I_7$ 均为 0 时，输出为 000，即表示 I_0。

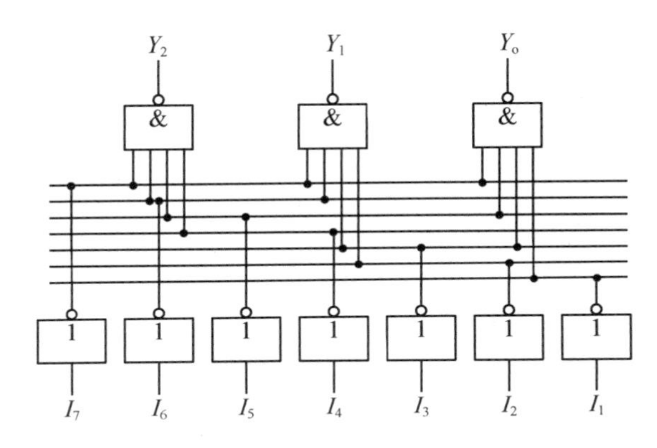

图 8-12 3 位二进制编码的逻辑图

8.3.3 二-十进制编码器

二-十进制编码器是将十进制数码(或十个信息)转换为 BCD 码，通常也称为 BCD 编码器。8421BCD 编码器是将十进制数码(或十个信息)转换为 8421BCD，计算机键盘输入逻辑电路常采用这种编码器。

8421BCD 编码器有 10 个输入端，4 个输出端，所以也称为 10 线-4 线编码器。

【例 8-6】设计二-十进制编码器电路，要把 I_0，I_1，I_2，I_3，I_4，I_5，I_6，I_7，I_8，$I_9$10 个输入信号编成对应的二进制代码输出。

解：①确定二进制代码的位数。

因为输入有 10 个信号，所以输出的是 4 位($2^n=16$，$n=4$)二进制代码。

②列出编码表。

二-十进制编码表见表 8-9。

表 8-9 二-十进制编码表

输入										输出			
I_9	I_8	I_7	I_6	I_5	I_4	I_3	I_2	I_1	I_0	Y_3	Y_2	Y_1	Y_0
0	0	0	0	0	0	0	0	0	1	0	0	0	0
0	0	0	0	0	0	0	0	1	0	0	0	0	1
0	0	0	0	0	0	0	1	0	0	0	0	1	0
0	0	0	0	0	0	1	0	0	0	0	0	1	1
0	0	0	0	0	1	0	0	0	0	0	1	0	0
0	0	0	0	1	0	0	0	0	0	0	1	0	1
0	0	0	1	0	0	0	0	0	0	0	1	1	0
0	0	1	0	0	0	0	0	0	0	0	1	1	1
0	1	0	0	0	0	0	0	0	0	1	0	0	0
1	0	0	0	0	0	0	0	0	0	1	0	0	1

③根据编码表写出逻辑表达式。

观察输出端 Y_3，只有两种情况下它才输出 1，可以描述为“如果输入端 $I_8=1$ 或者输入端 $I_9=1$，则输出端 $Y_3=1$”，因而可得

$$Y_3=I_8+I_9$$

同理可写出

$$Y_2=I_4+I_5+I_6+I_7$$

$$Y_1=I_2+I_3+I_6+I_7$$

$$Y_0=I_1+I_3+I_5+I_7+I_9$$

④由逻辑表达式画出逻辑图。

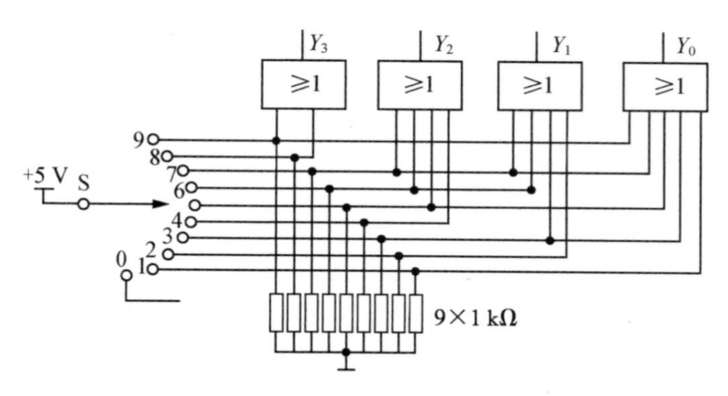

图 8-13 二-十进制编码器

根据上面的函数式可以画出如图 8-13 所示的逻辑图，图中 S 为一旋转式拨盘开关，当需要转换某一个十进制数时，就把转盘旋转到相应的位置上，从 Y_3，Y_2，Y_1，Y_0 端就会得到相对应的输出。

8.3.4　优先编码器

编码器在同一个时刻只能对一个输入信号进行编码。在图 8-13 所示编码电路中，如果同时出现几个输入信号，电路将无法正常工作，会输出错误结果。因此，必须根据轻重缓急，规定好这些编码对象允许操作的先后次序，即优先级别，电路在某时刻只对优先级最高的进行编码，识别输入信号优先级别并进行编码的逻辑部件称为优先编码器。优先编码器的功能测试可参见本单元实训 11。

8.4　译码器

8.4.1　译码的概念

译码是将给定的二进制代码按其编码时的原意译成对应信号输出的过程，是编码的逆过程，具有译码功能的逻辑电路称为译码器。也就是说，译码器可以将输入二进制代码的状态翻译成输出信号，以表示其原来含义的电路。根据需要，输出信号可以是脉冲，也可以是高电平或者低电平。译码器的种类很多，按功能可分为两大类，即通用译码器和显示译码器。下面分别介绍通用二进制译码器和显示译码器。它们是最典型、使用十分广泛的译码电路。

8.4.2　二进制译码器

1. 二进制译码器

二进制译码器有 2 线-4 线、3 线-8 线、4 线-16 线等多种类型，图 8-14 为 3 线-8 线译码器电路，输入端为 A_0，A_1，A_2，可输入 3 位二进制代码，共有 $2^3=8$ 种组合状态，输出端为 $Y_0\sim Y_7$ 共 8 个输出。

该电路的设计步骤如下。

(1)列出译码器的真值表

设输入 A_0，A_1，A_2 的 8 种组合状态分别对应输出信号 $Y_0\sim Y_7$ 的 8 种情况，在这8种情况中，每种都只有1个输出端为1，译码真值表见表8-10。

表8-10 译码真值表

输入			输出							
A_2	A_1	A_0	Y_7	Y_6	Y_5	Y_4	Y_3	Y_2	Y_1	Y_0
0	0	0	0	0	0	0	0	0	0	1
0	0	1	0	0	0	0	0	0	1	0
0	1	0	0	0	0	0	0	1	0	0
0	1	1	0	0	0	0	1	0	0	0
1	0	0	0	0	0	1	0	0	0	0
1	0	1	0	0	1	0	0	0	0	0
1	1	0	0	1	0	0	0	0	0	0
1	1	1	1	0	0	0	0	0	0	0

(2)由译码真值表写出逻辑表达式

根据真值表，分别观察Y_0～Y_7各线的情况。例如，对于Y_0，由真值表可知，当$Y_0=1$时，输入端$A_0=0$，$A_1=0$，$A_2=0$，因此有

$$Y_0=\overline{A}_2\overline{A}_1\overline{A}_0$$

同理可得

$$Y_1=\overline{A}_2\overline{A}_1A_0 \qquad Y_2=\overline{A}_2A_1\overline{A}_0$$

$$Y_3=\overline{A}_2A_1A_0 \qquad Y_4=A_2\overline{A}_1\overline{A}_0$$

$$Y_5=A_2\overline{A}_1A_0 \qquad Y_6=A_2A_1\overline{A}_0$$

$$Y_7=A_2A_1A_0$$

(3)由逻辑表达式画出逻辑图

根据上面的8个逻辑表达式，即可画出图8-14所示的逻辑图。

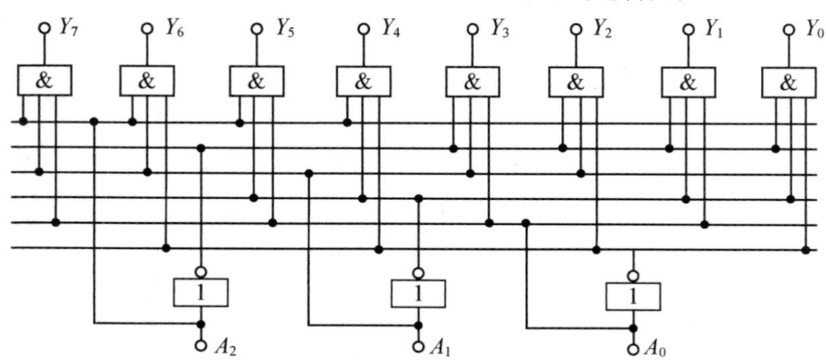

图8-14 3线-8线译码器

2. 二进制译码器使用

图 8-15 为集成译码器 74LS138 外引线排列图和逻辑功能示意图。集成译码器 74LS138，又称 3 线-8 线译码器，也称数据分配器，常在微机应用系统中作为“地址译码器”。输入端 A_0，A_1，A_2 接受二进制编码，输出端 $\overline{Y_0}$～$\overline{Y_7}$ 共 8 线。该电路为反码输出，ST_A，$\overline{ST_B}$，$\overline{ST_C}$ 为使能输入端，译码器在 $ST_A=1$ 且 $\overline{ST_B}=\overline{ST_C}=0$ 时工作。译码器工作时，对应于 A_0，A_1，A_2 端的每一种二进制代码，输出端只有 1 根线为低电平。

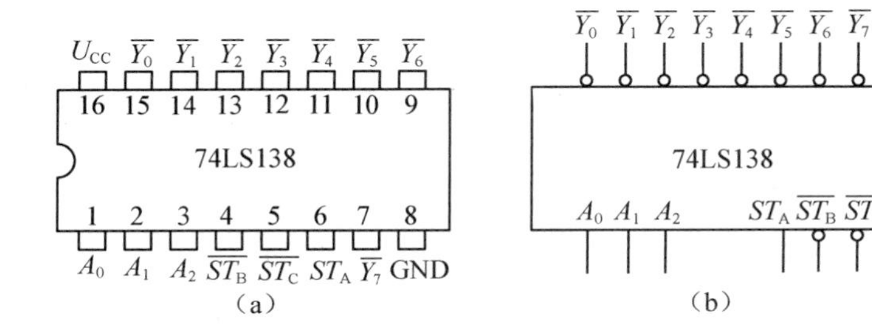

图 8-15　集成译码器 74LS138 引脚排列及逻辑符号图

【例 8-7】 用译码器和门电路实现逻辑函数。

$$L=AB+BC+AC$$

解： 将逻辑函数转换成最小项表达式，用 m_i 代表各项，再转换成与非-与非形式

$$L=\bar{A}BC+A\bar{B}C+AB\bar{C}+ABC$$

$$=m_3+m_5+m_6+m_7$$

$$=\overline{\overline{m_3}\cdot\overline{m_5}\cdot\overline{m_6}\cdot\overline{m_7}}$$

用一片 74LS138 加一个与非门就可实现该逻辑函数，逻辑图如图 8-16 所示。

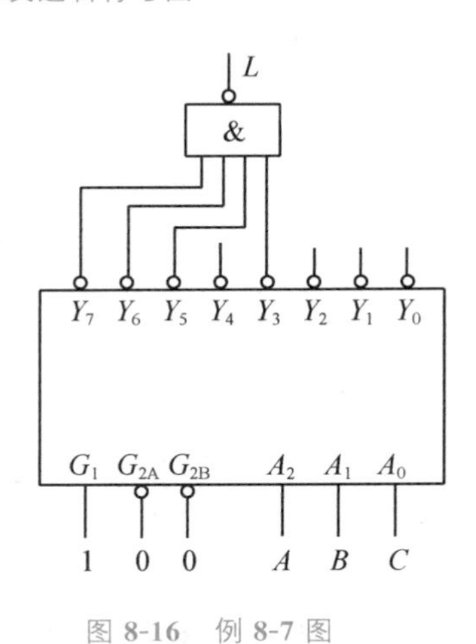

图 8-16　例 8-7 图

8.4.3　显示译码器

在数字测量仪表和各种数字系统中，都需要将数字量直观地显示出来，一方面供人们直接读取测量和运算的结果，另一方面用于监视数字系统中的工作情况。因此，数字显示电路是许多数字设备不可缺少的部分。数字显示电路通常由译码器、驱动器和显示器等部分组成，如图 8-17 所示。

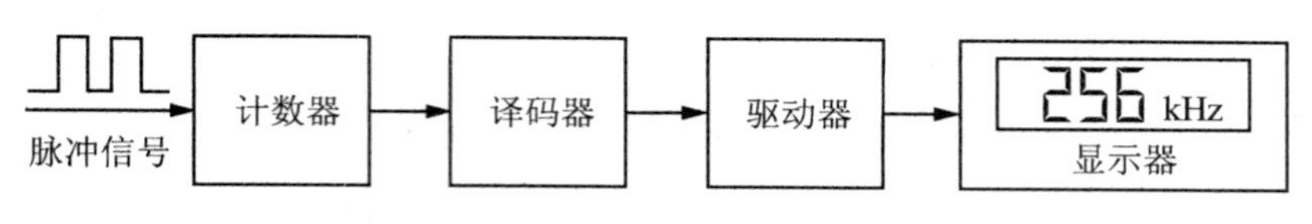

图 8-17 译码显示电路框图

1. 数码显示器

常见的数码显示器件有半导体数码管、液晶数码管和荧光数码管等。下面只介绍半导体数码管。

半导体数码管(或称 LED 数码管)的基本单元是发光二极管 LED，它将十进制数码分成七个字段，每段为一发光二极管，其字形结构如图 8-18 所示。选择不同字段发光，可显示出不同的字形。例如，当 a，b，c，d，e，f，g 七个字段全亮时，显示出“8”；b，c 段亮时显示出“1”。

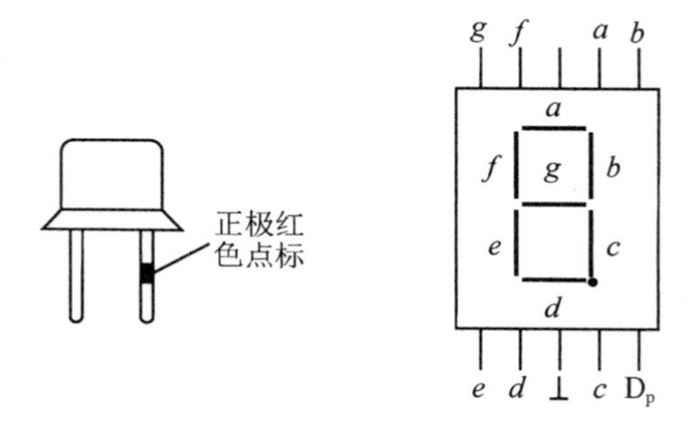

图 8-18 LED 七段显示器引脚图

半导体数码管中七个发光二极管有共阳极和共阴极两种接法，如图 8-19 所示。前者，某一字段接低电平时发光；后者，接高电平时发光。使用时每个管都要串联限流电阻。

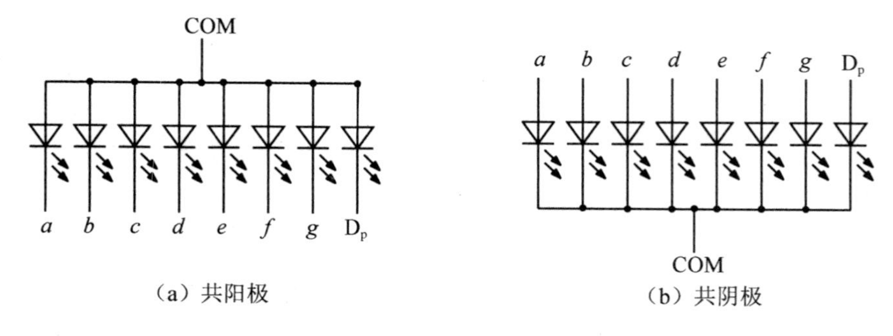

图 8-19 半导体数码管两种接法

2. 七段显示译码器

设计和选用显示译码器时，首先要考虑显示器的字形。现以驱动七段发光二极管的二-十进制译码器为例，简要说明显示译码器的基本工作原理。

设输入为8421BCD码，输出是驱动七段发光二极管显示字形的信号——Y_a，Y_b，Y_c，Y_d，Y_e，Y_f，Y_g，如图8-20所示。

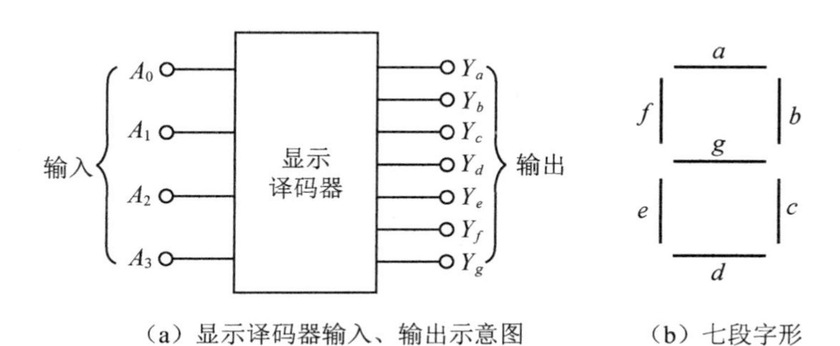

（a）显示译码器输入、输出示意图　　（b）七段字形

图 8-20　驱动七段发光二极管显示字形的信号

若采用共阳极数码管，则$Y_a \sim Y_g$应为0，即低电平有效；如果采用共阴极数码管，那么$Y_a \sim Y_g$应为1，即高电平有效。所谓有效，就是能驱动显示段发光。假定采用共阳极数码管，真值表见表8-11。

表 8-11　七段显示译码器真值表

输入				输出							字形
A_3	A_2	A_1	A_0	Y_a	Y_b	Y_c	Y_d	Y_e	Y_f	Y_g	
0	0	0	0	0	0	0	0	0	0	1	0
0	0	0	1	1	0	0	1	1	1	1	1
0	0	1	0	0	0	1	0	0	1	0	2
0	0	1	1	0	0	0	0	1	1	0	3
0	1	0	0	1	0	0	1	1	0	0	4
0	1	0	1	0	1	0	0	1	0	0	5
0	1	1	0	0	1	0	0	0	0	0	6
0	1	1	1	0	0	0	1	1	1	1	7
1	0	0	0	0	0	0	0	0	0	0	8
1	0	0	1	0	0	0	0	1	0	0	9

根据真值表可求出$Y_a \sim Y_g$逻辑表达式，根据逻辑表达式，不难画出显示译码器的逻辑图。

实训 11　74LS148 优先编码器功能测试

【实训目标】

1. 学会正确测试编码器的逻辑功能，并能正确描述。

2. 学会正确使用编码器。

3. 掌握编码器的逻辑功能。

【实训内容】

搭建集成与非门的逻辑功能测试电路，并对其逻辑功能进行测试。

根据图 8-21 所示，正确组装电路；电路安装完毕后，对电路进行相关参数测量；根据检测结果总结 74LS148 优先编码器的逻辑功能。

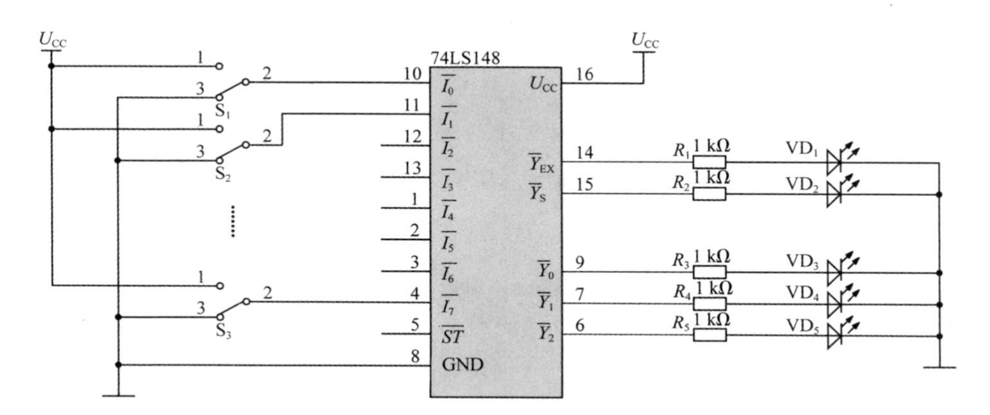

图 8-21　74LS148 优先编码器功能测试

【实训准备】

数字电路综合测试台 1 台，数字或模拟万用表 1 台。

【实训步骤】

1. 准备工作

①准备好实训工具。连接导线、数字信号测试笔等。

②按照电路图准备所需元器件，见表 8-12。

表 8-12 元件清单

序号	元件名称及规格	实物图形	数量
1	74LS148		1
2	电阻 1 kΩ		5
3	发光二极管 LED		5

③核对元件数量、规格、型号。

2. 检测元件(检测内容、检测方法、元件好坏判定)

注：任何一个元件在安装前必须进行相应的检测，以免将已损坏的元件或参数不符元件安装到电路上。

(1)检测电阻

注意：每次更换挡位后应将万用表的红、黑表笔对接调零。

(2)检测发光二极管

①检测发光二极管正负极。

②确定发光二极管的好坏。

(3)检测 74LS148 集成芯片

①确定本电路中使用的双列直插式集成芯片引脚排列顺序。

②检查芯片引脚有无损坏。

③确认各引脚功能。

3. 搭建电路

首先安装 74LS148 芯片，然后安装其他元件。

安装时，应注意以下几点：

①在安装时注意发光二极管的极性，切勿安错。

②电阻色环朝向要一致，即水平安装的第一道在左边。

③集成芯片的电源引脚一定要连接，即 8 引脚接地，16 引脚接电源正极。

④元器件距离电路板的高度。没有具体说明的元器件要尽量贴近电路板。

4. 调试电路

(1)通电前安全检查

首先应该检查电源引线是否牢固，其次检查集成芯片的引脚是否放置正确。

(2)根据要求测试电路

①将 $\overline{ST}$ 接高电平，改变输入端 $\overline{I_7}\sim\overline{I_0}$ 的状态，观察输出端 $\overline{Y_2}\sim\overline{Y_0}$，$\overline{Y_S}$ 和 $\overline{Y_{EX}}$ 状态的变化情况。

②$\overline{ST}$ 接低电平，按照表 8-13 设置输入端 $\overline{I_7}\sim\overline{I_0}$ 状态，观察输 $\overline{Y_2}\sim\overline{Y_0}$，$\overline{Y_S}$ 和 $\overline{Y_{EX}}$ 状态的变化情况，并将观察结果记录入表 8-13 中。

表 8-13　观察结果记录表

$\overline{ST}$	$\overline{I_7}$	$\overline{I_6}$	$\overline{I_5}$	$\overline{I_4}$	$\overline{I_3}$	$\overline{I_2}$	$\overline{I_1}$	$\overline{I_0}$	$\overline{Y_2}$	$\overline{Y_1}$	$\overline{Y_0}$	$\overline{Y_{EX}}$	$\overline{Y_S}$
1	×	×	×	×	×	×	×	×					
0	1	1	1	1	1	1	1	1					
0	0	×	×	×	×	×	×	×					
0	1	0	×	×	×	×	×	×					
0	1	1	0	×	×	×	×	×					
0	1	1	1	0	×	×	×	×					
0	1	1	1	1	0	×	×	×					
0	1	1	1	1	1	0	×	×					
0	1	1	1	1	1	1	0	×					
0	1	1	1	1	1	1	1	0					

(3)根据测试结果，总结 74LS148 芯片逻辑功能

$\overline{Y_S}=0$ 表示电路________(工作/不工作)，________(有/无)编码输入；$\overline{Y_{EX}}=0$ 表示电路________(工作/不工作)，________(有/无)编码输入。测试结果中共出现了________次 $\overline{Y_2}\,\overline{Y_1}\,\overline{Y_0}=111$ 的情况，________(可以/不可以)用 $\overline{Y_S}$ 和 $\overline{Y_{EX}}$ 的不同状态加

以区分。

【实训小结】

74LS148是8线-3线优先编码器，将8条数据线(0～7)进行3线(4-2-1)二进制(八进制)优先编码。

【实训评价】

班级		姓名		成绩	
任务	考核内容	考核要求		学生自评	教师评分
搭建电路	识读集成逻辑门电路(10分)	能够正确识读集成逻辑门各引脚，了解各引脚功能			
	电路搭建(10分)	能按照实训电路图正确搭建电路			
	布局(10分)	元器件布局合理			
通电测试	逻辑功能测试(20分)	功能正常			
	测试结果分析(20分)	分析实验结果，得出结论			
安全规范	规范(10分)	工具摆放规范			
	整洁(10分)	台面整洁，安全			
职业态度	考勤纪律(10分)	按时上课，不迟到早退； 按照教师的要求动手操作； 实训完毕后，关闭电源，整理工具和仪器仪表			
小组评价					
教师总评	签名：　　　　日期：				

实训 12 74LS138 译码器的识别及功能测试

【实训目标】

1. 掌握二进制译码器的逻辑功能。

2. 掌握集成译码器的应用方法。

【实训内容】

根据要求完成 74LS138 的参数测量；参照图 8-22 正确组装电路；电路安装完毕后，对电路进行相关参数测量。

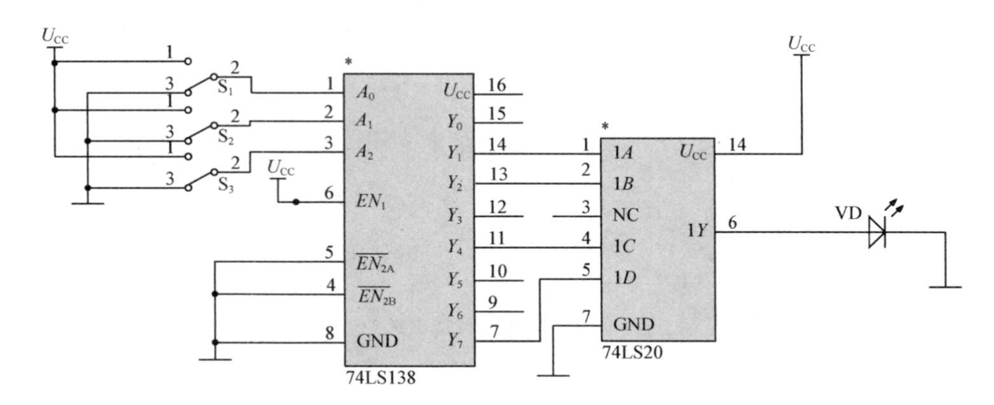

图 8-22 74LS138 译码器功能测试电路

【实训准备】

数字电路综合测试台 1 台，数字或模拟万用表 1 台。

【实训步骤】

1. 准备工作

①准备好实训工具。连接导线、数字信号测试笔等。

②按照电路图准备所需元器件，见表 8-14 所示。

表 8-14 元件清单

序号	元件名称及规格	实物	数量
1	74LS138	HD74LS138P	1

续表

序号	元件名称及规格	实物	数量
2	74LS20		1
3	发光二极管 LED		1

2. 熟悉 74LS138 引脚分布

74LS138 引脚分布如图 8-23 所示。74LS138 真值表见表 8-15。

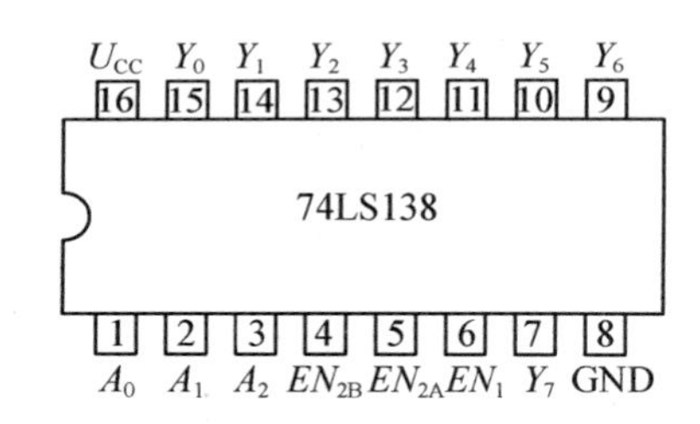

图 8-23　74LS138 引脚分布图

表 8-15　74LS138 真值表

EN_1	$\overline{EN_{2A}}$	$\overline{EN_{2B}}$	A_2	A_1	A_0	$\overline{Y_7}$	$\overline{Y_6}$	$\overline{Y_5}$	$\overline{Y_4}$	$\overline{Y_3}$	$\overline{Y_2}$	$\overline{Y_1}$	$\overline{Y_0}$
0	×	×	×	×	×	1	1	1	1	1	1	1	1
×	1	×	×	×	×	1	1	1	1	1	1	1	1
×	×	1	×	×	×	1	1	1	1	1	1	1	1
1	0	0	0	0	0	1	1	1	1	1	1	1	0
			0	0	1	1	1	1	1	1	1	0	1
			0	1	0	1	1	1	1	1	0	1	1
			0	1	1	1	1	1	1	0	1	1	1
			1	0	0	1	1	1	0	1	1	1	1
			1	0	1	1	1	0	1	1	1	1	1
			1	1	0	1	0	1	1	1	1	1	1
			1	1	1	0	1	1	1	1	1	1	1

由真值表可知：

①三个使能端($EN_1\overline{EN_{2A}}\ \overline{EN_{2B}}=EN=0$)任何一个无效时，八个译码输出都是无效电平，即输出全为高电平“1”。

②三个使能端($EN_1\overline{EN_{2A}}\ \overline{EN_{2B}}=EN=1$)均有效时，译码器八个输出中仅与地址输入对应的一个输出端为有效低电平“0”，其余输出无效电平“1”。

③在使能条件下，每个输出都是地址变量的最小项，考虑到输出低电平有效，输出函数可写成最小项的反，即

$$\overline{Y}_i=\overline{EN_1\overline{EN_{2A}}\ \overline{EN_{2B}}m_i}$$

3. 74LS138 功能测试

①将 74LS138 输出 Y_7～Y_0 接数字实验箱的 LED 0/1 指示器，地址 A_2，A_1，A_0 输入接数字实验箱的 0/1 开关变量，使能端接固定电平(U_{CC} 或地)。

②$EN_1\overline{EN_{2A}}\ \overline{EN_{2B}}\neq 100$ 时，任意扳动 0/1 开关，观察 LED 显示状态，并记录。

③$EN_1\overline{EN_{2A}}\ \overline{EN_{2B}}=100$ 时，按二进制顺序扳动 0/1 开关，观察 LED 显示状态，与功能表对照，并记录。

4. 搭建电路，测试电路逻辑功能

按照图 8-25 所示搭建电路，测试电路逻辑功能，列出逻辑函数 Y 的真值表。

【实训小结】

74LS138 是 3 线-8 线优先编码器，将 3 线(4-2-1)二进制代码在 8 条数据线(0～7)输出。

【实训评价】

班级		姓名		成绩	
任务	考核内容	考核要求		学生自评	教师评分
搭建电路	识读集成逻辑门电路(10 分)	能够正确识读集成逻辑门各引脚，了解各引脚功能			
	电路搭建(10 分)	能按照实训电路图正确搭建电路。			
	布局(10 分)	元器件布局合理			

续表

任务	考核内容	考核要求	学生自评	教师评分
通电测试	逻辑功能测试（20 分）	功能正常		
	测试结果分析（20 分）	分析实验结果，得出结论		
安全规范	规范（10 分）	工具摆放规范		
	整洁（10 分）	台面整洁，安全		
职业态度	考勤纪律（10 分）	按时上课，不迟到早退； 按照教师的要求动手操作； 实训完毕后，关闭电源，整理工具和仪器仪表		
小组评价				
教师总评	签名：　　　　日期：			

实训 13　CD4511 显示译码器功能测试

【实训目标】

1. 学会正确测试译码器的逻辑功能，并能正确描述。

2. 学会正确使用译码器。

3. 了解译码器的译码显示原理。

CD4511 显示译码器功能测试

【实训内容】

搭建 CD4511 译码显示测试电路，并对其逻辑功能进行测试。

搭建图 8-24 所示电路，对电路进行相关参数测量；根据检测结果总结 CD4511 显示译码器的逻辑功能。

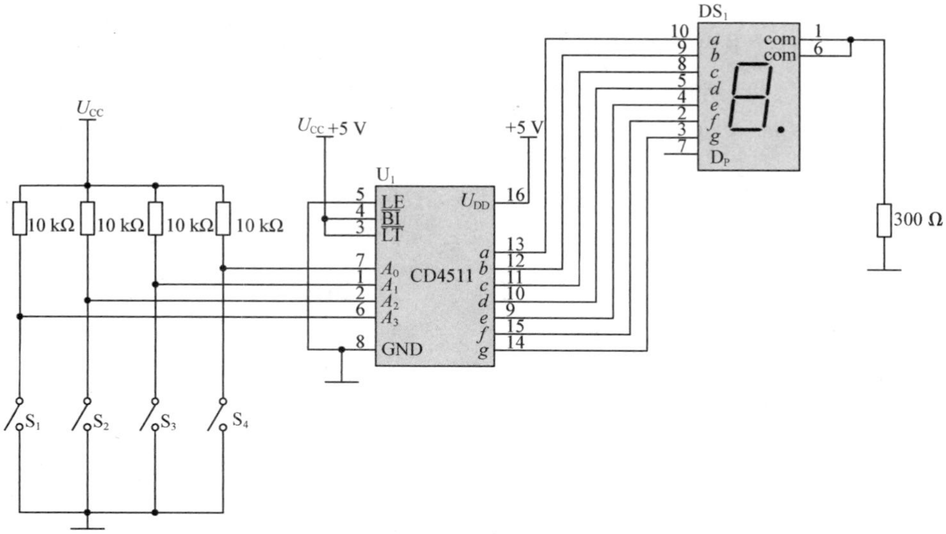

图 8-24 CD4511 显示译码器功能测试

【实训准备】

数字电路综合测试台 1 台，数字或模拟万用表 1 台，通用面包板 1 块。

【实训步骤】

1. 准备工作

①准备好实训工具。连接导线、数字信号测试笔等。

②按照电路图准备所需元器件，见表 8-16。

表 8-16 元件清单

序号	元件名称及规格	实物图形	数量
1	CD4511		1
2	电阻 10 kΩ		4

续表

序号	元件名称及规格	实物图形	数量
3	共阴极七段显示数码管		1
4	自锁开关		4
5	面包板		1

③核对元件数量、规格、型号。

2. 检测元件(检测内容、检测方法、元件好坏判定)

注：任何一个元件在安装前必须进行相应的检测，以免将已损坏的元件或参数不符元件安装到电路上。

(1)检测电阻

注意：每次更换挡位后应将万用表的红、黑表笔对接调零。

(2)七段显示数码管检测

①检测七段显示数码管为共阴极还是共阳极。

②确定七段显示数码管的每一段好坏。

(3)检测 CD4511 集成芯片

①确定本电路中使用的双列直插式集成芯片引脚排列顺序。

②检查芯片引脚有无损坏。

③确认各引脚功能。

3. 搭建电路

首先安装 CD4511 芯片，然后安装其他元件。

安装时，应注意以下几点：

①在安装时注意七段显示数码管的引脚排序，切勿安错。

②电阻色环朝向要一致，即水平安装的第一道在左边。

③集成芯片的电源引脚一定要连接，即8引脚接地，16引脚接电源正极。

④元器件距离电路板的高度。没有具体说明的元器件要尽量贴近电路板。

4. 调试电路

①通电前安全检查。首先，应该检查电源引线是否牢固；其次，检查集成芯片的引脚是否放置正确。

②根据要求测试观察电路，将测试结果填写进表8-17中。

表8-17 测试结果

显示	A_3	A_2	A_1	A_0
0				
1				
2				
3				
4				
5				
6				
7				
8				
9				

【实训小结】

CD4511是CMOS BCD-锁存/七段译码/驱动器，用于驱动共阴极LED(数码管)显示器的BCD码-七段码译码器。

【实训评价】

班级		姓名		成绩	
任务	考核内容	考核要求		学生自评	教师评分
搭建电路	识读集成逻辑门电路(10 分)	能够正确识读集成逻辑门各引脚，了解各引脚功能			
	电路搭建(10 分)	能按照实训电路图正确搭建电路			
	布局(10 分)	元器件布局合理			
通电测试	逻辑功能测试(20 分)	功能正常			
	测试结果分析(20 分)	分析实验结果，得出结论			
安全规范	规范(10 分)	工具摆放规范			
	整洁(10 分)	台面整洁，安全			
职业态度	考勤纪律(10 分)	按时上课，不迟到早退； 按照教师的要求动手操作； 实训完毕后，关闭电源，整理工具和仪器仪表			
小组评价					
教师总评	签名： 日期：				

实训 14 搭建与调试三人表决器

【实训目标】

1. 能够借助资料读懂集成电路的型号，明确引脚与引脚功能。

2. 学会检测集成元件构成的数字电路。

【实训内容】

按照图 8-25 所示组装电路；电路组装完毕后，对电路进行相关参数测量；根据检测结果分析故障原因，排除相应故障。

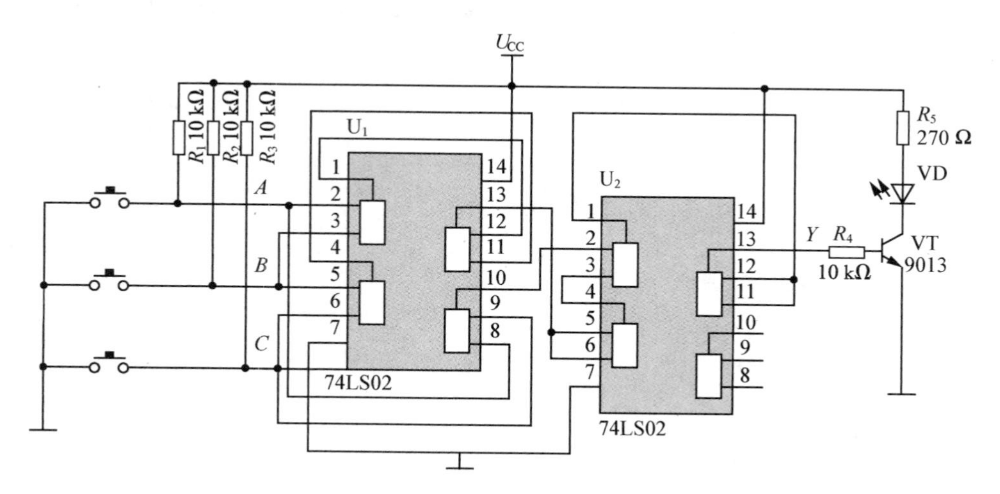

图 8-25　三人表决器电路图

【实训准备】

数字电路综合测试台、万用表、通用面包板。

【实训步骤】

1. 核对并检测元件

①按照元件清单核对元件数量、规格、型号，见表 8-18。

表 8-18　元器件清单

序号	名称	型号规格	实物	数量
1	集成电路	74LS02		2 块
2	电阻器	10 kΩ		4 只

续表

序号	名称	型号规格	实物	数量
3	电阻器	270 Ω		1 只
4	发光二极管	红色		1 只
5	开关	自锁开关		3 个
6	连接导线			若干
7	三极管	9013		1 只
8	面包板			1 块

②检测元件。检测元件参数(如电阻的阻值)、极性及好坏。

2. 搭建与调试电路

①根据图 8-25 所示三人表决器电路图搭建电路，如图 8-26 所示。根据实验结果填写表 8-19。

图 **8-26**　三人表决器搭建电路实物图

表 8-19 三人表决器电路真值表

A	B	C	Y

②由真值表写出表达式并化简。

$Y=$ ________________。

③由表达式做出电路图。

④分析三人表决器的逻辑功能。

3. 电路故障分析

完成电路后，对电路的常见故障进行分析。

①无论怎么按下按钮，发光二极管都不亮。

检测二极管是否损坏。

检测二极管两端是否有 1.7 V 左右的工作电压，如果没有，表明 R_5 电阻与电源连接过程中出现断路现象或 74LS02 输出信号有问题，需要检测 74LS02 芯片的连线部分。

②通电后无论按钮是否按下，发光二极管始终亮。

检测电阻 R_4 和 VT9013 的连接是否正常。

【实训小结】

表决器是一种代表投票或举手表决的表决装置。表决时，有关人员只要按动各自表决器上“赞成”、“反对”、“弃权”的某一按钮，就会显示出表决结果，真正体现民主、公正，为使用者提供科学的决策数据。

【实训评价】

班级		姓名		成绩	
任务	考核内容	考核要求		学生自评	教师评分
搭建电路	检测元器件（5分）	根据元器件的清单，识别元器件；通过检测，判断元器件的质量，坏的元器件需要及时更换			
	电路搭建（15分）	能按照实训电路图正确搭建电路			
	布局（5分）	元器件布局合理			
通电测试	逻辑功能测试（15分）	功能正常			
	测试结果分析（20分）	分析实验结果，得出结论			
	故障分析（10分）	能够检查电路并分析故障原因，排除故障			
安全规范	规范（10分）	工具摆放规范			
	整洁（10分）	台面整洁，安全			
职业态度	考勤纪律（10分）	按时上课，不迟到早退；按照教师的要求动手操作；实训完毕后，关闭电源，整理工具和仪器仪表			
小组评价					
教师总评	签名： 日期：				

要点总结

1. 逻辑代数中的基本逻辑关系有与、或、非，逻辑代数是分析逻辑电路的有力工具，一个逻辑问题可用逻辑函数来描述。逻辑函数与普通代数的显著区别有两个：其一，逻辑变量的取值只有 1 和 0 两种对立状态，正好表示逻辑电路中时间离散、幅值也离散的数字信号仅有的两种电平——高电平和低电平；其二，函数和变量之间的关系是由“与”“或”“非”三种基本运算决定的。逻辑函数可用真值表、逻辑表达式、逻辑图、波形图和卡诺图来表示，它们各具特点，可以互相转换。逻辑代数的基本定律、规则和普通代数有本质的不同，不能混淆。

2. 日常生活中使用的计数体制是十进制，在数字系统中基本上使用二进制。所谓编码，是将逻辑信号转换为二进制码，二进制码不仅可以表示数值，而且还可以表示文字、符号等信息。

3. 分析组合逻辑电路的目的是确定已知组合电路的逻辑功能。其步骤大致为：写出各输出端的逻辑表达式、化简和变换逻辑表达式、列出真值表、分析确定电路的功能。

4. 组合逻辑电路的设计是分析的逆过程，步骤为：分析电路功能，确定逻辑关系，列出真值表，写出各输出端的逻辑表达式、化简和变换逻辑表达式，画出逻辑图，制作电路并调试。

5. 组合逻辑电路已经制成了一系列有特定逻辑功能的中规模集成器件，常用的有编码器、译码器、数据选择器、加法器、数值比较器等。本单元介绍了前两种。要灵活运用这些集成器件，就必须熟悉它们的引脚排列、真值表。

巩固练习

一、填空题

1. 能将某种特定信息转换成机器识别的________制数码的________逻辑电路，称为________器；能将机器识别的________制数码转换成人们熟悉的________制或某种特定信息的________逻辑电路，称为________器。74LS85 是常用的________逻辑________器。

2. 在多路数据选送过程中，能够根据需要将其中任意一路挑选出来的电路，称为________器，也叫作________开关。

3. 74LS147 是________线-________线的集成优先编码器；74LS148 是________线-________线的集成优先编码器。

4. 74LS148的使能端 $\overline{S}=$ ________时允许编码；当 $\overline{S}=$ ________时各输出端及 $\overline{O_E}$，$\overline{G_S}$ 均封锁，编码被禁止。

5. 两片集成译码器74LS138芯片级联可构成一个________线-________线译码器。

6. LED是________数码管显示器件。

二、综合题

1. 用代数法化简下列逻辑函数。

①$Y=(A+\overline{B})C+\overline{A}B$

②$Y=A\overline{C}+\overline{A}B+BC$

③$Y=\overline{A}\overline{B}C+\overline{A}BC+AB\overline{C}+\overline{A}\overline{B}\overline{C}+ABC$

④$Y=A\overline{B}+B\overline{C}D+\overline{C}\overline{D}+AB\overline{C}+A\overline{C}D$

2. 如图8-27所示，已知输入信号 A，B 的波形和输出 Y_1，Y_2，Y_3，Y_4 的波形，试判断各为哪种逻辑门，并画出相应逻辑门符号，写出相应逻辑表达式。

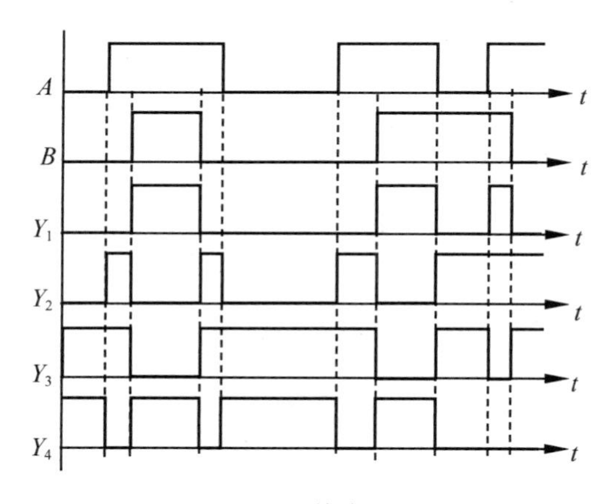

图8-27 综合题2

3. 试写出图8-28所示数字电路的逻辑函数表达式，并判断其功能。

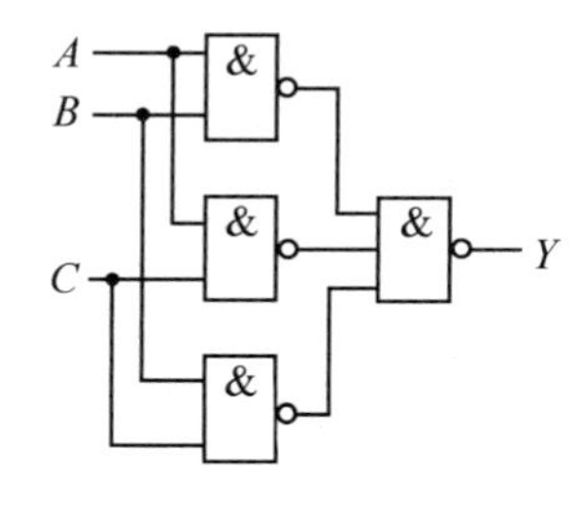

图8-28 综合题3

4. 组合逻辑电路的特点是什么?

5. 分析组合逻辑电路的目的是什么?简述分析步骤。

6. 根据表 8-20 所示内容,分析电路功能,并画出其最简逻辑电路图。

表 8-20 真值表

输入			输出
A	B	C	Y
0	0	0	1
0	0	1	0
0	1	0	0
0	1	1	0
1	0	0	0
1	0	1	0
1	1	0	0
1	1	1	1

7. 写出图 8-29 所示逻辑电路的最简逻辑函数表达式。

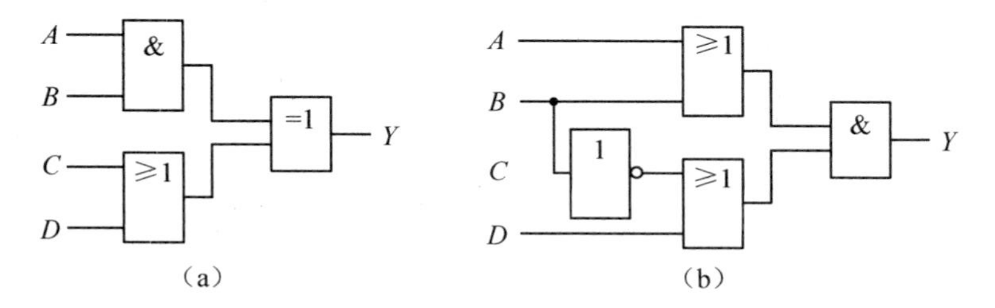

图 8-29 综合题 7

8. 何谓编码?二进制编码和二-十进制编码有何不同?

9. 何谓译码?译码器的输入量和输出量在进制上有何不同?

三、设计题

1. 画出实现逻辑函数 $Y=AB+A\bar{B}C+\bar{A}C$ 的逻辑电路。

2. 设计一个三变量的判偶逻辑电路,其中 0 也视为偶数。

3. 用与非门设计一个三变量的多数表决器逻辑电路。

4. 用与非门设计一个组合逻辑电路,应能完成如下功能:只有当三个裁判(包括裁判长)或裁判长和一个裁判认为杠铃已举起并符合标准时,按下按键,使灯亮(或铃响),表示此次举重成功;否则,表示举重失败。

单元 9

触发器

上单元讨论的门电路及由其组成的组合逻辑电路，输出变量状态完全由当时的输入变量的状态来决定，而与电路的原来状态无关，也就是组合电路不具有记忆功能。但在数字系统中，为了能实现按一定程序进行运算，需要记忆功能。在本单元讨论的触发器及由其组成的时序逻辑电路，输出状态不仅取决于当时的输入状态，而且还与电路的原来状态有关，也就是时序电路具有记忆功能。

组合电路和时序电路是数字电路的两大类。门电路是组合电路的基本单元，触发器是时序电路的基本单元。

知识目标

1. 了解基本 RS 触发器的电路组成，掌握其逻辑功能，掌握基本 RS 触发器典型应用；了解同步 RS 触发器的特点和时钟脉冲的作用，掌握其逻辑功能；了解主从 RS 触发器的逻辑功能及特点。

2. 了解 JK 触发器电路组成，熟悉 JK 触发器的电路符号；了解同步 JK 触发器的逻辑功能和边沿触发方式；熟悉 JK 触发器的电路符号。

3. 了解 D 触发器的电路组成，掌握其逻辑功能，了解 D 触发器的应用。

能力目标

1. 学会测试 RS 触发器的逻辑功能，会使用 RS 触发器。

2. 学会测试 JK 触发器的逻辑功能，会使用 JK 触发器。

3. 学会测试 D 触发器的逻辑功能，会使用 D 触发器。

4. 学会用触发器安装电路，实现所要求的逻辑功能。

课程思政：大国脊梁 彭士禄

9.1 触发器概述

9.1.1 触发器的定义

触发器是数字电路中的一类基本单元电路，它是具有记忆功能的二进制存储部件，是各种时序电路的基本器件之一。

9.1.2 触发器的稳态

触发器按其稳定工作状态可分为双稳态触发器、单稳态触发器、无稳态触发器(多谐振荡器)等。本单元所介绍的触发器皆为双稳态触发器。

双稳态触发器即触发器有2个稳定状态，分别输出高电平1和低电平0。在没有外界信号触发时，触发器的状态保持稳定。当有合适的外部触发信号触发时，触发器可以由一个稳态转换为另一个稳态。触发器在外部触发信号触发下，可以在两个稳态之间相互转换。触发器如何转换，由两个条件决定：一是外部触发信号(输入信号)；二是触发器原状态(初态)。

9.1.3 触发器的分类

触发器按其逻辑功能的不同，可分为 RS 触发器、JK 触发器、T 触发器和 D 触发器等；按其电路的触发方式不同，可分为电平触发方式和边沿触发方式。触发器之间可以互相转换，但转换后触发器的触发方式不变。

9.1.4 触发器的控制信号

1. 置位、复位信号

触发器的输入端依据不同类型而不同，但通常包含置位、复位两种信号。

2. 时钟脉冲信号 CP

时钟脉冲信号 CP 是一类决定触发器的状态何时发生更新的控制信号。

3. 外部激励信号

这是一类根据对触发器状态更新的要求而施加的信号。如果说，CP 信号是决定触发器的状态何时更新，那么，外部激励信号的作用就是决定触发器的状态如何更新。

4. 输出信号

触发器有两个输出端，分别是 Q 和 $\overline{Q}$，两者互为反相信号。

9.2 RS 触发器

9.2.1 基本 RS 触发器

基本 RS 触发器

课程思政：用“中国速度”定义“中国制造”

1. 电路结构

基本 RS 触发器是最简单、最基本的触发器，通常由两个逻辑门(与非门或或非门)电路交叉连接而成。图 9-1(a)为用两个与非门构成的基本 RS 触发器，其符号如图 9-1(b)所示。

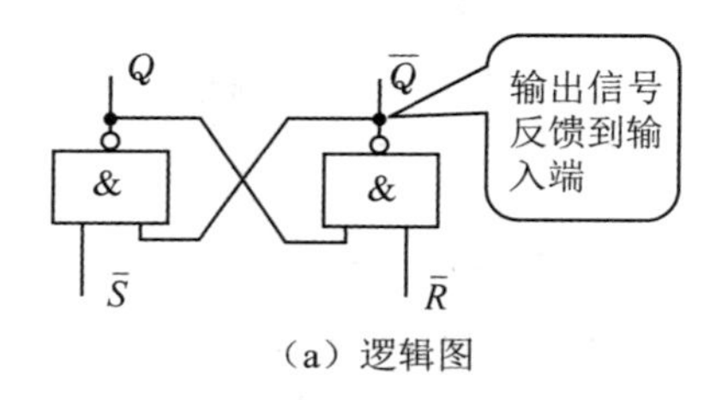

(a) 逻辑图

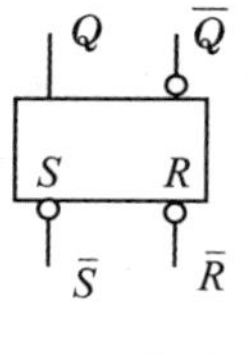

(b) 符号

图 9-1 RS 触发器逻辑图和符号

R 端称为置 0 端(或复位端)，S 端称为置 1 端(或置位端)。R，S 头上的非号和符号图中输入端上的小圆圈，表示低电平有效。

两个输出端 Q 和 $\overline{Q}$：定义当 $Q=1$，$\overline{Q}=0$ 时，称触发器为 1 状态；反之，为 0 状态。正常工作时，它们的状态相反，是互补输出端。

2. 逻辑功能分析

基本 RS 触发器真值表[用表格的形式描述在输入信号作用下，触发器的下一个稳定状态(次态)Q^{n+1} 与触发器的原稳定状态(现态)Q^n 和输入信号状态之间的关系]见表 9-1。

表 9-1 基本 RS 触发器真值表

输入信号			输出状态	逻辑功能
$\overline{R}$	$\overline{S}$	Q^n	Q^{n+1}	
0	0	0	×	不允许
		1	×	

续表

输入信号			输出状态	逻辑功能
$\overline{R}$	$\overline{S}$	Q^n	Q^{n+1}	
0	1	0	0	置 0
		1	0	
1	0	0	1	置 1
		1	1	
1	1	0	Q^n(0)	保持
		1	Q^n(1)	

注：Q^n 表示 Q 的初态，Q^{n+1} 表示 Q 的次态。

由于输入信号是低电平有效，因此用 $\overline{R}$ 和 $\overline{S}$ 表示，且在符号图中输入端上加有小圆圈。根据电路中的与非逻辑关系可以得出下列结论。

①$\overline{R}=0$，$\overline{S}=0$ 时，$Q^n=0$，$\overline{Q^n}=0$，这不符合逻辑，所以此状态不允许出现。

②$\overline{R}=0$，$\overline{S}=1$ 时，$Q^{n+1}=0$，$\overline{Q^{n+1}}=1$，触发器处于置 0 状态。

③$\overline{R}=1$，$\overline{S}=0$ 时，$Q^{n+1}=1$，$\overline{Q^{n+1}}=0$，触发器处于置 1 状态。

④$\overline{R}=1$，$\overline{S}=1$ 时，$Q^{n+1}=Q^n$，触发器的状态保持不变。

注意：在正常工作时输入信号应遵守 $\overline{S}+\overline{R}=1$ 的约束条件，不允许 $\overline{S}=\overline{R}=0$ 的信号。

3. 波形分析

反映触发器输入信号的取值与输出状态之间对应关系的图形，称为波形图。

假设基本 RS 触发器的初始状态为 0，则其输入、输出波形如图 9-2 所示。

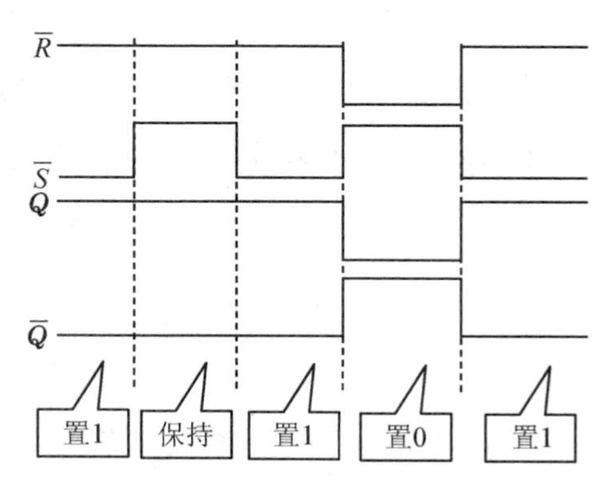

图 9-2 基本 RS 触发器波形图

4. 基本 RS 触发器主要特点

①基本 RS 触发器具有置位、复位和保持(记忆)的功能。

②基本 RS 触发器的触发信号是低电平有效，属于电平触发方式。

③基本 RS 触发器存在约束条件($\bar{S}+\bar{R}=1$)，由于两个与非门的延迟时间无法确定，当 $\bar{S}=\bar{R}=0$ 时，将导致下一状态的不确定。

④当输入信号发生变化时，输出即刻就会发生相应的变化，即抗干扰性能较差。

9.2.2　同步 RS 触发器

1. 电路结构

基本 RS 触发器的状态只接受 $\bar{S}$、$\bar{R}$ 两输入信号的控制，只要输入端一出现置 0 或置 1 信号，触发器立即转入新的工作状态。在实用的数字系统中，一般包含多个触发器，希望这些触发器能在控制信号的作用下同步翻转。这种控制信号像时钟一样，称为时钟脉冲，简写为 CP，相应的输入端称为时钟脉冲输入端。具有时钟脉冲输入端的时钟触发器的种类很多，下面介绍同步 RS 触发器。

同步 RS 触发器电路的逻辑图如图 9-3(a)所示，其符号如图 9-3(b)所示。触发器翻转不仅取决于输入置 1、置 0 信号，而且与外加时钟脉冲 CP 同步。

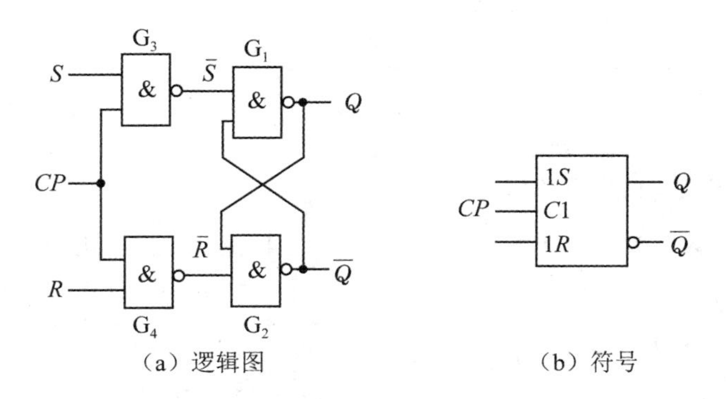

(a) 逻辑图　　(b) 符号

图 9-3　同步 RS 触发器电路的逻辑图及符号

2. 逻辑功能分析

由图 9-3 可知，同步 RS 触发器由四个与非门组成，其中 G_3 和 G_4 同时受 CP 信号控制，当 CP 为 0 时，G_3 和 G_4 被封锁，R、S 不会影响触发器的状态；当 CP 为 1 时，G_3 和 G_4 打开，将 R、S 端的信号传送到基本 RS 触发器的输入端，触发器触发翻转。结合基本 RS 触发器的工作原理，可以得到以下结论。

①当 $CP=0$ 时，$Q_3=Q_4=1$，触发器保持原来状态不变。

②当 $CP=1$ 时，若 $R=0$，$S=1$，$Q=1$，$\overline{Q}=0$，触发器置1；若 $R=1$，$S=0$，$Q=0$，$\overline{Q}=1$，触发器置0；若 $R=S=0$，$Q^{n+1}=Q^n$，触发器状态保持不变；若 $R=S=1$，触发器状态不定。可见 R 端和 S 端都是高电平有效，所以 R 端和 S 端不能同时为1，符号中的 R 端和 S 端也没有小圆圈。状态真值表见表9-2。

表 9-2 状态真值表

输入信号			输出状态		功能说明
CP	S	R	Q^n	Q^{n+1}	
0	×	×	0	0	保持
			1	1	
1	0	0	0	0	保持
			1	1	
1	0	1	0	0	与 S 同
			1	0	
1	1	0	0	1	
			1	1	
1	1	1	0	不定	禁止
			1	不定	

3. 波形分析

工作波形图即以波形的形式描述触发器状态与输入信号及时钟脉冲之间的关系，它是描述时序逻辑电路工作情况的一种基本方法。如图9-4所示，图中假设同步 RS 触发器的初始状态为0态，$CP=1$ 时，触发器接收控制信号。

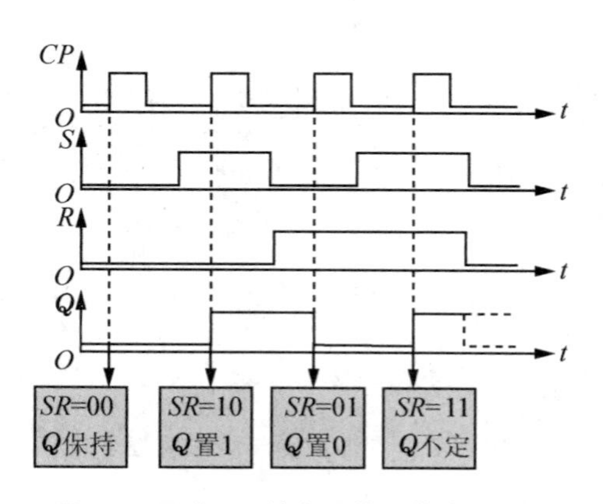

图 9-4 同步 **RS** 触发器的工作波形

4. 同步 RS 触发器主要特点

①同步 RS 触发器具有置位、复位和保持(记忆)功能。

②同步 RS 触发器的触发信号是高电平有效，属于电平触发方式。

③同步 RS 触发器存在约束条件，即当 $R=S=1$ 时将导致下一状态的不确定。

④触发器的触发翻转被控制在一个时间间隔内，在此间隔以外的时间，其状态保持不变，抗干扰性有所提高。

9.2.3 主从 RS 触发器

1. 电路结构

主从触发器由两级触发器构成。其中一级接收输入信号，其状态直接由输入信号决定，称为主触发器；还有一级的输入与主触发器的输出连接，其状态由主触发器的状态决定，称为从触发器。

图 9-5 为主从 RS 触发器逻辑图及符号。

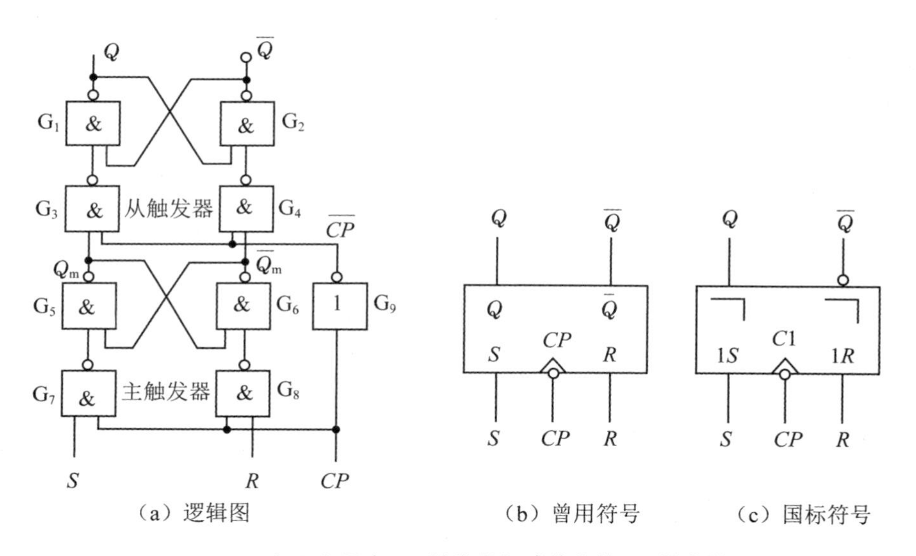

图 9-5 由两个同步 RS 触发器组成的主从 RS 触发器

2. 逻辑功能分析

主从 RS 触发器由两个同步 RS 触发器组成，它们分别称为主触发器和从触发器。反相器使这两个触发器加上互补时钟脉冲。

由图 9-5 可知：当 $CP=1$ 时，主触发器的输入门 G_7 和 G_8 打开，主触发器根据 R，S 的状态触发翻转；对于从触发器，CP 经 G_9 反相后加于它的输入门为逻辑 0 电平，G_3 和 G_4 封锁，其状态不受主触发器输出的影响，所以触发器的状态保持不变。

当 CP 由 1 变为 0 后，情况则相反，G_7 和 G_8 被封锁，输入信号 R，S 不影响主触发器的状态；而这时从触发器的 G_3 和 G_4 则打开，从触发器可以触发翻转。

从触发器的翻转是在 CP 由 1 变为 0 时刻(CP 的下降沿)发生的，CP 一旦达到 0 电平后，主触发器被封锁，其状态不受 R、S 的影响，故从触发器的状态不可能改变，即它只在 CP 由 1 变为 0 时触发翻转。

3. 主从 RS 触发器主要特点

主从 RS 触发器采用主从控制结构，从根本上解决了输入信号直接控制的问题，具有 $CP=1$ 期间接收输入信号，CP 下降沿到来时触发翻转的特点。但其仍然存在着约束问题，即在 $CP=1$ 期间，输入信号 R 和 S 不能同时为 1。

***JK* 触发器**

9.3 *JK* 触发器

JK 触发器是数字电路触发器中的一种电路单元。JK 触发器具有置 0、置 1、保持和翻转功能，在各类集成触发器中，JK 触发器的功能最为齐全。在实际应用中，它不仅有很强的通用性，而且能灵活地转换成其他类型的触发器。由 JK 触发器可以构成 D 触发器和 T 触发器。

课程思政：时代楷模 张黎明

9.3.1 同步 *JK* 触发器

1. 电路结构

同步 JK 触发器是在同步 RS 触发器的基础上引入两条反馈线构成的，如图 9-6(a)所示，符号如图 9-6(b)所示。

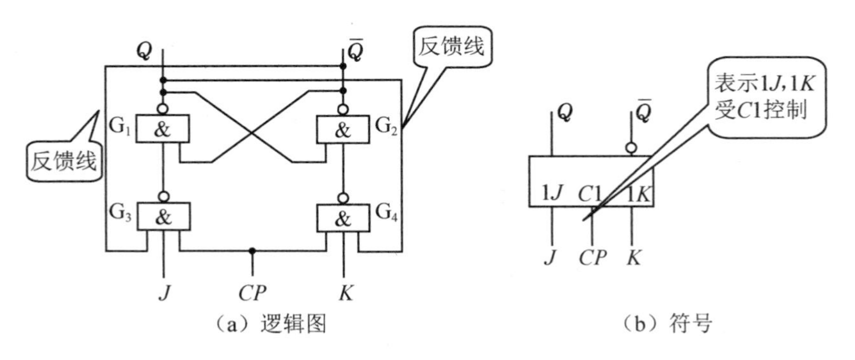

(a) 逻辑图　　(b) 符号

图 9-6　同步 JK 触发器

2. 逻辑功能分析

J，K 端相当于同步 RS 触发器的 S，R 端。$CP=1$，$J=K=1$ 时，G_3，G_4 的输出不可能同时为 0，可以从根本上解决触发器输出不定的现象。JK 触发器真值表见表 9-3。

表 9-3　JK 触发器真值表

CP	J	K	Q^{n+1}	功能说明
0	×	×	Q^n	保持
1	0	0	Q^n	保持
1	0	1	0	置 0
1	1	0	1	置 1
1	1	1	$\overline{Q^n}$	翻转

由表 9-3 分析可知，在 $CP=0$ 期间，G_3 和 G_4 被封锁，输出保持原来的状态。

当 $CP=1$ 时，G_3，G_4 解除封锁，输入 J，K 端的信号可控制触发器的状态。

①保持功能。当 $J=K=0$ 时，G_3，G_4 与非门的输出均为 1，触发器保持原来的状态不变。

②置 0 功能。当 $J=0$，$K=1$ 时，G_3 与非门的输出为 1，G_4 与非门的输出为 $\overline{Q}$。若 Q 原来状态为 0，$\overline{Q}$ 为 1，则 G_1 输出为 0，即 $Q^{n+1}=0$，触发器输出置 0；若 Q 原来状态为 1，$\overline{Q}$ 为 0，则 G_1 输出为 0，即 $Q^{n+1}=0$，触发器输出置 0。

③置 1 功能。当 $J=1$，$K=0$ 时，G_3 与非门的输出为 Q，G_4 与非门的输出为 1。若 Q 原来状态为 0，则 G_1 输出为 1，即 $Q^{n+1}=1$，触发器输出置 1；若 Q 原来状态为 1，$\overline{Q}$ 为 0，则 G_1 输出为 1，即 $Q^{n+1}=1$，触发器输出置 1。

④翻转功能(又称计数功能)。当 $J=1$，$K=1$ 时，G_3 与非门的输出为 Q，G_4 与非门的输出为 $\overline{Q}$。若 Q 原来状态为 0，则 G_3 输出为 0，G_4 输出为 1，触发器输出置 1；若 Q 原来状态为 1，则 G_3 输出为 1，G_4 输出为 0，触发器输出置 0。也就是触发器的状态总是与原来相反。

3. 波形分析

图 9-7 为同步 JK 触发器波形图，假设初始状态为 0 态，$CP=1$ 时，触发器接收控制信号。

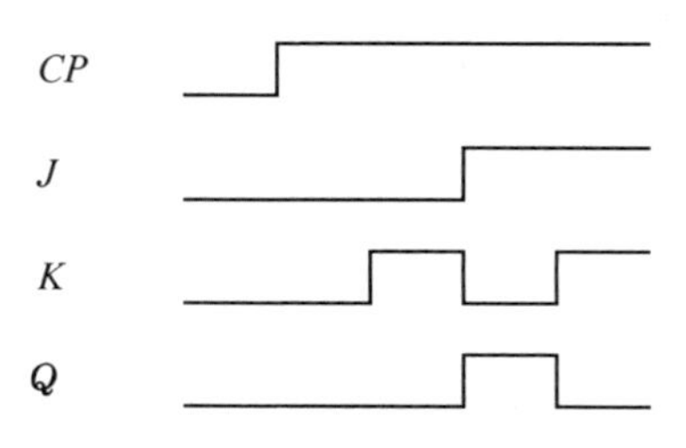

图 9-7 同步 *JK* 触发器波形图

4. 同步 *JK* 触发器主要特点

同步 *JK* 触发器的逻辑功能可以归纳为：$J=K=0$ 时，输出保持；$J=K=1$ 时，输出翻转；$J\neq K$ 时，$Q^{n+1}=J$。

9.3.2 主从 *JK* 触发器

1. 电路结构

图 9-8(a)为主从 *JK* 触发器的逻辑图，图 9-8(b)是它的图形符号。它由两个同步的 *RS* 触发器组成，两者分别称为主触发器和从触发器(图中上面的是主触发器，下面的是从触发器)，此外，还通过一个非门将两个触发器的时钟脉冲端连接起来，这就是触发器的主从型结构。时钟脉冲的前沿使主触发器翻转，而时钟脉冲的后沿使从触发器翻转，主从之名由此而来。

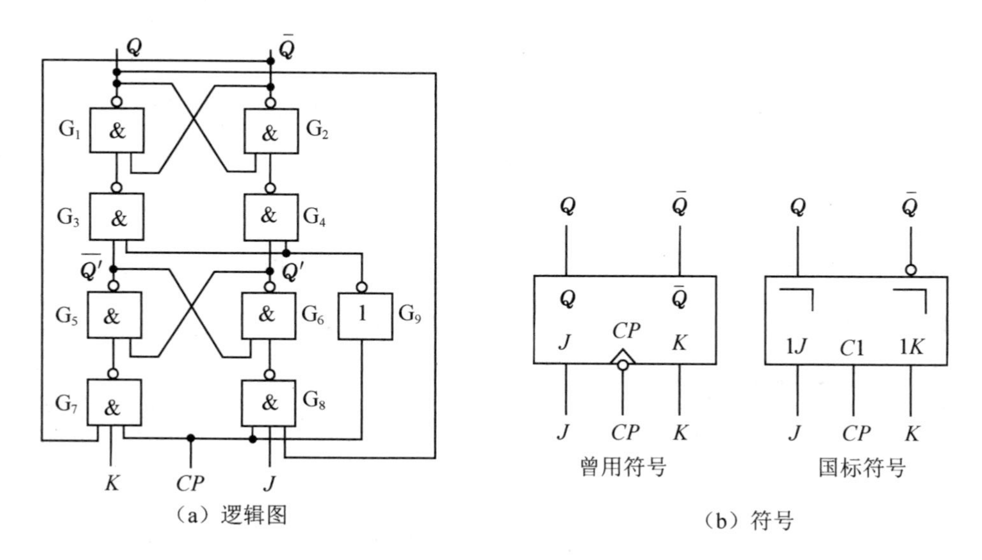

图 9-8 主从 *JK* 触发器

2. 逻辑功能分析

主从 JK 触发器的特性见真值表 9-4。

表 9-4 主从 JK 触发器真值表

J	K	Q^n	Q^{n+1}	功能
0 0	0 0	0 1	0 1	$Q^{n+1}=Q^n$ 保持
0 0	1 1	0 1	0 0	$Q^{n+1}=0$ 置 0
1 1	0 0	0 1	1 1	$Q^{n+1}=1$ 置 1
1 1	1 1	0 1	1 0	$Q^{n+1}=\overline{Q}^n$ 翻转

从表 9-4 分析可知，在 $CP=0$ 期间，主触发器被封锁，输出保持原来的状态。在 $CP=1$ 期间，从触发器被封锁，接受 J，K 信号。工作原理同 JK 触发器。

在 $J=K=1$ 时，每输入一个时钟脉冲，触发器翻转一次。触发器的这种工作状态称为计数状态，由触发器翻转的次数可以计算出输入时钟脉冲的个数。

3. 波形分析

主从 JK 触发器工作波形如图 9-9 所示。

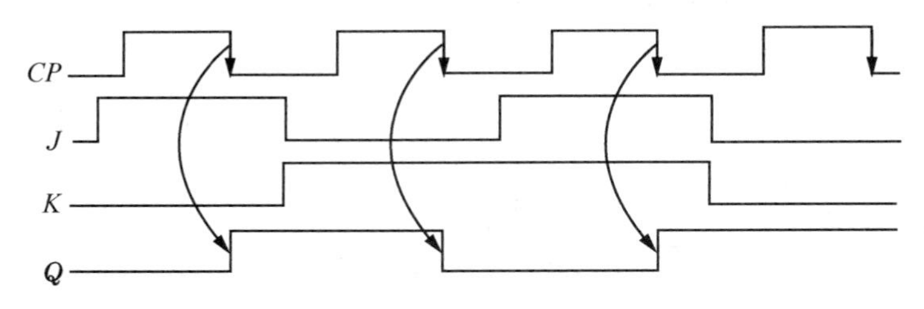

图 9-9 主从 JK 触发器工作波形图

4. 主从 JK 触发器主要特点

①主从 JK 触发器采用主从控制结构，从根本上解决了输入信号直接控制的问题，具有 $CP=1$ 期间接收输入信号，CP 下降沿到来时触发翻转的特点。

②主从 JK 触发器功能完善，并且输入信号 J，K 之间没有约束。

③主从 JK 触发器还存在着一次变化问题，即主从 JK 触发器中的主触发器，在

$CP=1$ 期间其状态能且只能变化一次，这种变化可以是 J，K 变化引起，也可以是干扰脉冲引起，因此其抗干扰能力尚需进一步提高。

9.3.3 边沿 *JK* 触发器

为了解决主从触发器存在的一次变化问题，提高抗干扰能力，引入边沿触发器。边沿触发器利用与非门之间的传输延迟时间来实现边沿控制，使触发器在 CP 脉冲上升沿(或下降沿)的瞬间，根据输入信号的状态产生触发器的新状态。而在 CP 脉冲为 1 或 0 期间，输出信号对触发器的状态均无影响。

边沿触发器有正边沿触发和负边沿触发两种方式。利用 CP 脉冲上升沿触发的称为正边沿触发器；利用 CP 脉冲下降沿触发的称为负边沿触发器。以下重点介绍负边沿 JK 触发器。

1. 电路结构

电路如图 9-10(a)所示，门 G_{11}，G_{12}，G_{13} 和门 G_{21}，G_{22}，G_{23} 组成基本 RS 触发器，门 G_3，G_4 为控制接收电路。图 9-10(b)是它的电路符号，$\overline{R_D}$，$\overline{S_D}$ 是直接置 0、置 1 端，低电平有效。

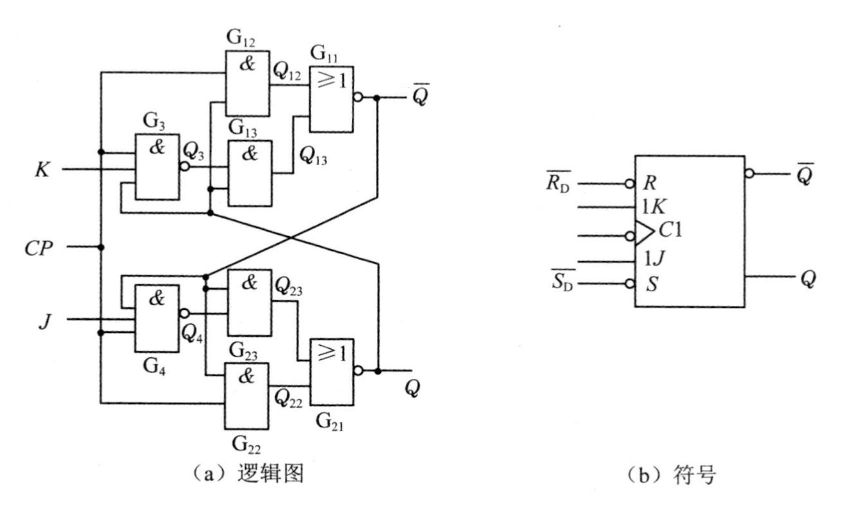

(a) 逻辑图　　　　(b) 符号

图 9-10　*JK* 边沿触发器

2. 逻辑功能分析

(1) $CP=0$

此时，门 G_3，G_4 被封锁，J，K 信号不起作用，触发器保持原来状态不变。

(2)$CP=1$

这时，门 G_{12}，G_{22} 和 G_3，G_4 均打开。设触发器原来状态为 $Q^n=1$，$\overline{Q^n}=0$，则 $Q_{12}=CP\cdot Q^n=1$，所以得 $\overline{Q^{n+1}}=0(Q^{n+1}=1)$，触发器保持原态；若触发器原来状态为 $Q^n=0$，$\overline{Q^n}=1$，则 $Q_{22}=CP\cdot\overline{Q^n}=1$，于是有 $Q^{n+1}=0(\overline{Q^{n+1}}=1)$，触发器亦保持原态不变。即 $CP=1$ 时触发器保持原来状态不变。

(3)CP 由 1 变 0，即下降沿到来时

当 CP 由 1 变 0 时，门 G_{12}，G_{22} 立即被封锁，所以 $Q_{12}=Q_{22}=0$。由于门 G_3，G_4 的延时作用，它们的输出仍为 CP 下降沿到来前瞬间的状态，即 $Q_3=\overline{KQ^n}$，$Q_4=\overline{J\overline{Q^n}}$，此刻的电路如图 9-11(a)所示，经简化合并，得到图 9-11(b)，显然是前文介绍的基本 RS 触发器。

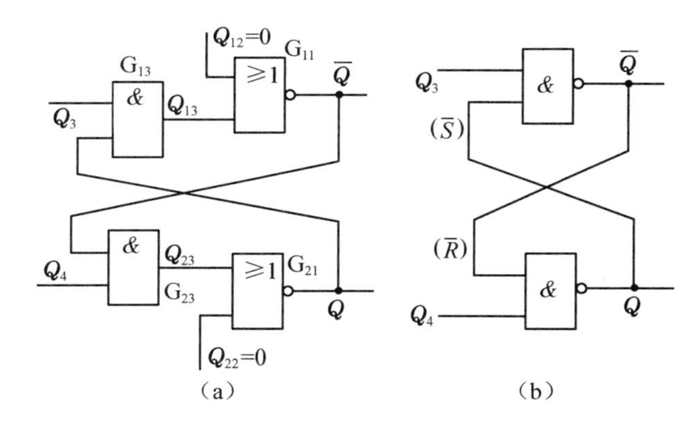

图 9-11　CP 由“1→0”时刻的简化电路

根据 RS 触发器的特性方程得

$$Q^{n+1}=S+\bar{R}Q^n=J\overline{Q^n}+\bar{K}Q^n\text{（}CP\text{ 下降沿到来时有效）}$$

可见这种电路具有 JK 触发器的逻辑功能。由以上分析可知，仅当 CP 脉冲下降沿到来时，触发器按 J，K 状态进行翻转，所以叫作负边沿 JK 触发器。

3. 波形分析

边沿 JK 触发器工作波形如图 9-12 所示。CP 脉冲上升沿触发称为正边沿触发，CP 脉冲下降沿触发称为负边沿触发。符号中“∧”表示边沿触发输入，加小圆圈表示下降沿有效触发，不加小圆圈表示上升沿有效触发。

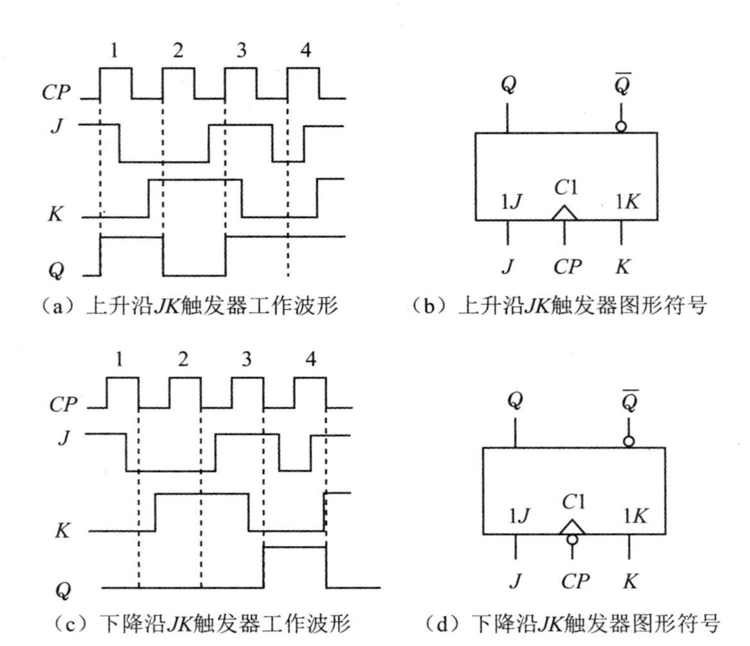

（a）上升沿JK触发器工作波形 （b）上升沿JK触发器图形符号

（c）下降沿JK触发器工作波形 （d）下降沿JK触发器图形符号

图 9-12 边沿 JK 触发器的工作波形和图形符号

【例 9-1】 画出下降沿 JK 触发器的时序图(如图 9-13 所示，设该触发器的初始状态为 0)。

解：

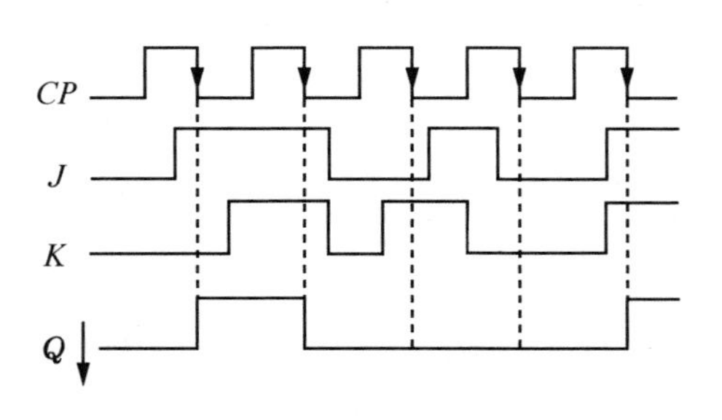

图 9-13 例 9-1 图

4. 边沿 JK 触发器主要特点

①边沿触发，无一次变化问题。

②功能齐全，使用方便灵活。

③抗干扰能力极强，工作速度很高。

9.3.4　集成 JK 触发器

1. 典型芯片 74LS112 及其逻辑符号

集成 JK 触发器的产品较多，下面介绍一种比较典型的双 JK 触发器 74LS112。该触发器内含两个相同的 JK 触发器，它们都带有预置和清零输入，属于负边沿触发的边沿触发器，其实物图、引脚分布和符号如图 9-14 所示。

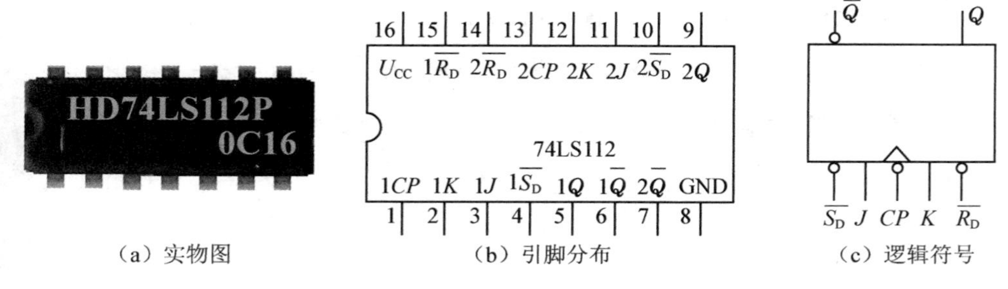

(a) 实物图　(b) 引脚分布　(c) 逻辑符号

图 9-14　74LS112 实物图、引脚分布和符号

如果在一片集成芯片中有多个触发器，通常在符号前面(或后面)加上数字，以表示不同触发器的输入、输出信号，比如 $1CP$ 与 $1J$，$1K$ 同属一个触发器。

2. 集成 JK 触发器 74LS112 真值表

双 JK 触发器 74LS112 真值表见表 9-5。

表 9-5　真值表

输入					输出	功能说明
$\overline{R_D}$	$\overline{S_D}$	CP	J	K	Q^{n+1}	
0	1	×	×	×	0	设置初态
1	0	×	×	×	1	
1	1	↓	0	0	Q^n	保持
1	1	↓	0	1	0	置 0
1	1	↓	1	0	1	置 1
1	1	↓	1	1	$\overline{Q^n}$	翻转

3. 集成 JK 触发器主要特点

集成 JK 触发器具有保持、置 0、置 1 和翻转的功能，不仅功能齐全，而且输入端 J，K 不受约束，使用方便。触发器状态翻转只发生在 CP 下降沿(或上升沿)的瞬间，其他时间不发生变化，不影响触发器的状态。解决了“空翻”现象，提高了触发器的可靠性和工作速度。

9.4 D 触发器

9.4.1 同步 D 触发器

1. 电路结构

在同步 RS 触发器的基础上，进一步改进，将 G_1 的输入端引至 G_4 的输入端，从而避免 $\overline{R_D}=\overline{S_D}=0$ 的情况，将 S 端改为 D 端，就构成同步 D 触发器，如图 9-15(a) 所示。同步 D 触发器与 JK 触发器不同，它只有一个输入端，符号如图 9-15(b) 所示。

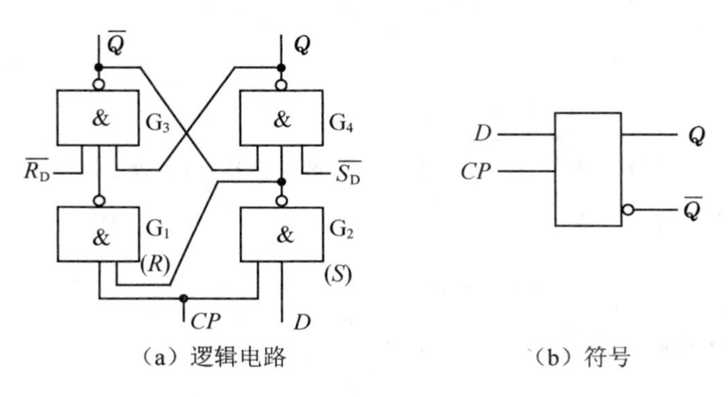

图 9-15 同步 D 触发器

2. 逻辑功能分析

$CP=0$ 时，G_3，G_4 被封锁，触发器输出保持原来的状态。当 $CP=1$ 时，如果 $D=0$，则 $\overline{S_D}=1$，$\overline{R_D}=0$，触发器输出 $Q^{n+1}=0$(置 0)；如果 $D=1$，则 $\overline{S_D}=0$，$\overline{R_D}=1$，触发器输出 $Q^{n+1}=1$(置 1)。同步 D 触发器的真值表见表 9-6。

表 9-6 同步 D 触发器的真值表

CP	D	Q^{n+1}	功能说明
0	×	Q^n	保持
1	0	0	置 0
1	1	1	置 1

3. 波形分析

同步 D 触发器的工作波形如图 9-16 所示(假设 Q 初始状态为 0)。

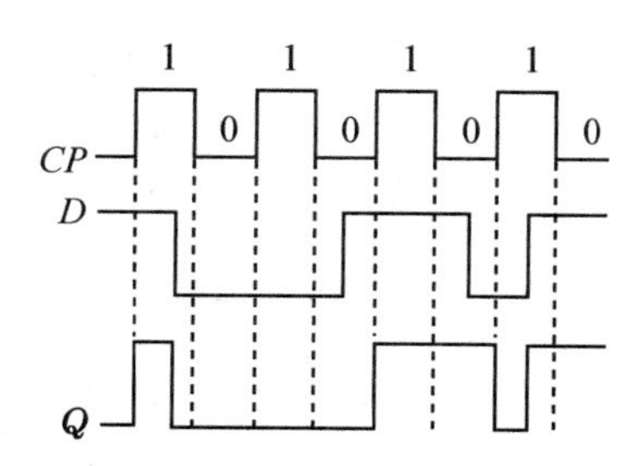

图 9-16　D 触发器的工作波形

4. 同步 D 触发器主要特点

同步 D 触发器的逻辑功能归纳为：$CP=0$，$Q^{n+1}=Q^n$；$CP=1$，$Q^{n+1}=D$。说明 D 触发器的输出随 D 的变化而变化。

9.4.2　边沿 D 触发器

1. 电路结构

边沿 D 触发器逻辑电路如图 9-17(a)所示，图(b)为逻辑符号。

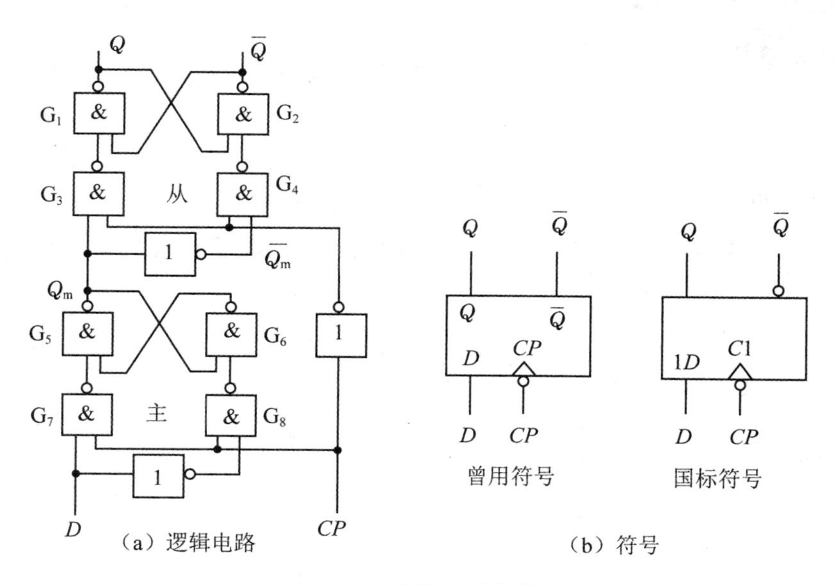

图 9-17　边沿 D 触发器

2. 逻辑功能分析

①$CP=0$ 时，门 G_7，G_8 被封锁，门 G_3，G_4 打开，从触发器的状态取决于主触发器，输入信号 D 不起作用。

②$CP=1$ 时，门 G_7，G_8 打开，门 G_3，G_4 被封锁，从触发器状态不变，主触发器的状态跟随输入信号 D 的变化而变化，即在 $CP=1$ 期间始终都有 $Q_m=D$。

③CP 下降沿到来时，封锁门 G_7，G_8，打开门 G_3，G_4，主触发器锁存 CP 下降时刻 D 的值，即 $Q_m=D$，随后将该值送入从触发器，使 $Q=D$。

④CP 下降沿过后，主触发器锁存的 CP 下降沿时刻 D 的值被保存下来，而从触发器的状态也将保持不变。

3. 集成边沿 D 触发器

（1）逻辑功能

集成 74LS74 为双上升沿 D 触发器，其实物图、引脚排列图及逻辑符号如图 9-18 所示。CP 为时钟输入端；D 为数据输入端；$\overline{S_D}$，$\overline{R_D}$ 用来设置初始状态。

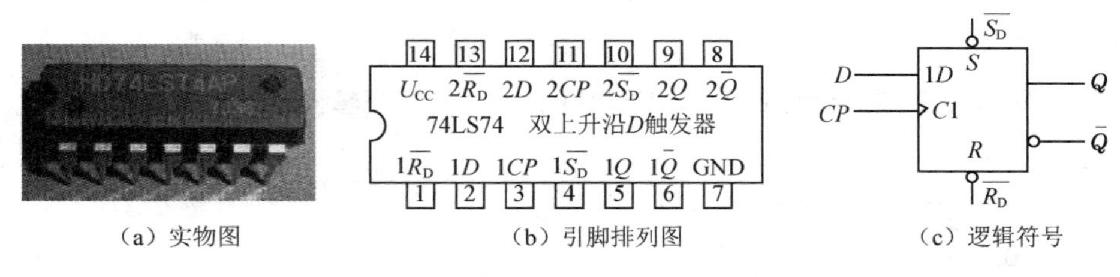

（a）实物图　（b）引脚排列图　（c）逻辑符号

图 9-18　集成 74LS74 双上升沿 D 触发器

（2）真值表

表 9-7 是集成 74LS74 双上升沿 D 触发器的真值表，表中的“↑”表示上升沿触发。

表 9-7　74LS74 真值表

输入				输出	功能说明
$\overline{R_D}$	$\overline{S_D}$	CP	D	Q^{n+1}	
0	1	×	×	0	设置初态
1	0	×	×	1	
1	1	↑	1	1	置 1
1	1	↑	0	0	置 0

（3）波形分析

边沿 D 触发器的波形如图 9-19 所示（假设 Q 初始状态为 0）。

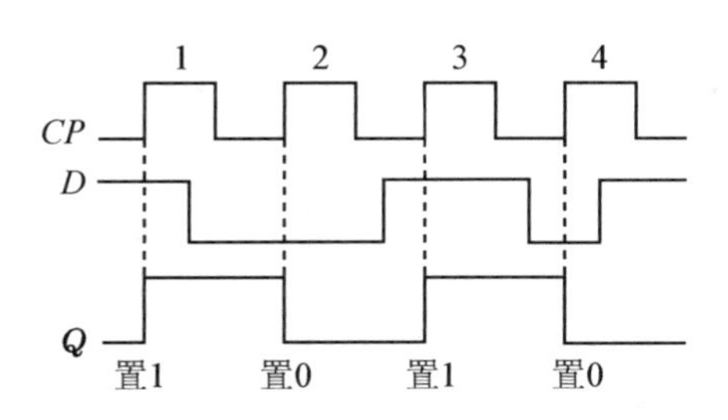

图 9-19　边沿 D 触发器的波形分析

实训 15　基本 *RS* 触发器的识别及逻辑功能测试

【实训目标】

1. 通过实训熟悉基本 *RS* 触发器的逻辑功能和特点。

2. 通过实训熟悉基本 *RS* 触发器的测试方法。

3. 通过实训熟悉输入信号的作用。

4. 通过实训掌握基本 *RS* 触发器的典型应用。

【实训内容】

搭建集成 *RS* 触发器逻辑功能测试电路，并对电路进行逻辑功能测试，记录测试结果。

【实训准备】

S303-4 型数字电路实训箱、双踪示波器、直流稳压电源、74LS00 集成芯片。

【实训步骤】

①认识集成逻辑门 74LS00，其外形和引脚排列如图 9-20 所示。

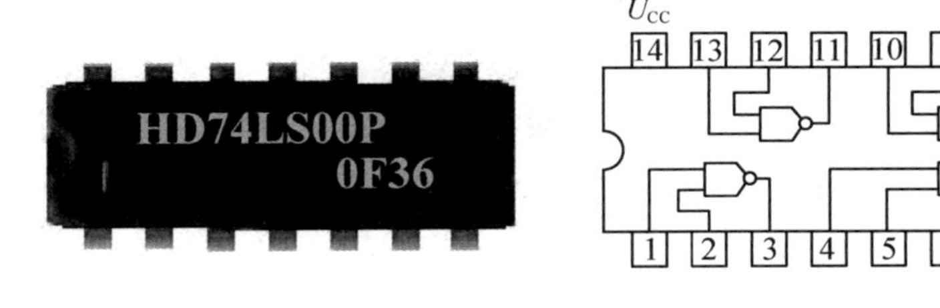

图 9-20　74LS00 外形和引脚排列

②用 74LS00 芯片组成基本的 RS 触发器测试电路，如图 9-21 所示。

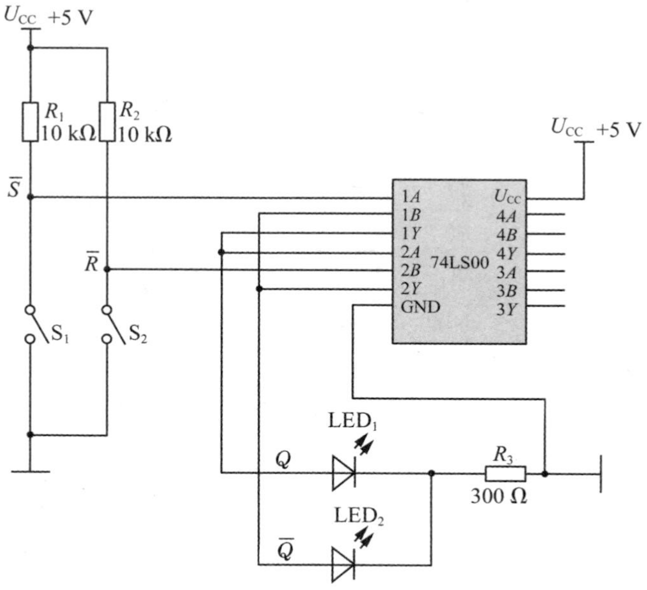

图 9-21　74LS00 芯片组成基本的 RS 触发器测试电路

③调节直流稳压电源，使输出电压为+5 V，按照表 9-8 操作要求输入信号。

④用双踪示波器观测输出波形，读出输出电压，即 3，6 引脚对地电压。高电平为 1，低电平为 0。

⑤记录并观察输出端 LED_1 和 LED_2 的变化，总结基本 RS 触发器 Q 端状态的改变和输入端的关系。

表 9-8　测试基本 RS 触发器的逻辑功能

步骤	操作	输入		输出		LED_1	LED_2	功能
		S_D	R_D	Q	$\overline{Q}$			
1	S_1 接电源，S_2 接电源，即 $S_D=1$，$R_D=1$	1	1					
2	S_1 接地，S_2 接电源，即 $S_D=0$，$R_D=1$	0	1					
3	再将 S_1 接电源，S_2 接电源，即 $S_D=1$，$R_D=1$	1	1					
4	S_1 接电源，S_2 接地，即 $S_D=1$，$R_D=0$	1	0					
5	S_1 接电源，S_2 接电源，即 $S_D=1$，$R_D=1$	1	1					
6	S_1 接地，S_2 接地，即 $S_D=0$，$R_D=0$	0	0					

【实训小结】

基本 RS 触发器是最基本的触发器单元，有置 0、置 1、保持的逻辑功能。

【实训评价】

班级		姓名		成绩	
任务	考核内容	考核要求		学生自评	教师评分
搭建电路	识读集成逻辑门电路(10 分)	能够正确识读集成逻辑门各引脚，了解各引脚功能			
	电路搭建(10 分)	能按照实训电路图正确搭建电路			
	布局(10 分)	元器件布局合理			
通电测试	逻辑功能测试(20 分)	功能正常			
	测试结果分析(20 分)	分析实验结果，得出结论			
安全规范	规范(10 分)	工具摆放规范			
	整洁(10 分)	台面整洁，安全			
职业态度	考勤纪律(10 分)	按时上课，不迟到早退； 按照教师的要求动手操作； 实训完毕后，关闭电源，整理工具和仪器仪表			
小组评价					
教师总评	签名： 日期：				

实训 16 *JK* 触发器的识别及逻辑功能测试

【实训目标】

1. 通过实训熟悉 *JK* 触发器的逻辑功能和特点。

2. 通过实训熟悉 *JK* 触发器的测试方法。

3. 通过实训熟悉输入信号的作用。

4. 通过实训掌握 *JK* 触发器的典型应用。

【实训内容】

搭建集成 *JK* 触发器的逻辑功能测试电路，并进行逻辑功能测试。

【实训准备】

SYB-130 型面包板、低频信号发生器、直流稳压电源、双 *JK* 触发器 74LS112、逻辑开关(提供高低电平)、逻辑电平笔、集成电路起拔器、三极管 9013、红色黄色 LED。

【实训步骤】

①识读集成逻辑门 74LS112，其引脚排列和逻辑符号如图 9-22 所示。

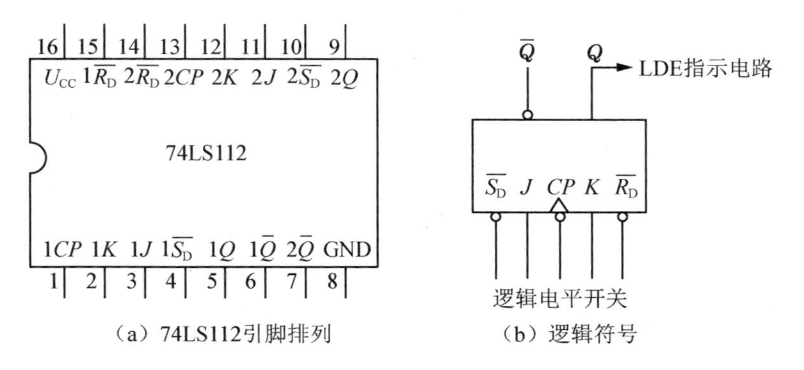

(a) 74LS112引脚排列　　(b) 逻辑符号

图 9-22　74LS112 引脚排列和逻辑符号

②用 74LS112 芯片组成 *JK* 触发器测试电路，如图 9-23 所示。

③调节直流稳压电源，使输出电压为+5 V，接通电路。按照表 9-9 分别给$\overline{R_D}$，$\overline{S_D}$输入信号，*CP*，*J*，*K* 端处于任意状态，测量并记录 Q 和 $\overline{Q}$ 状态。

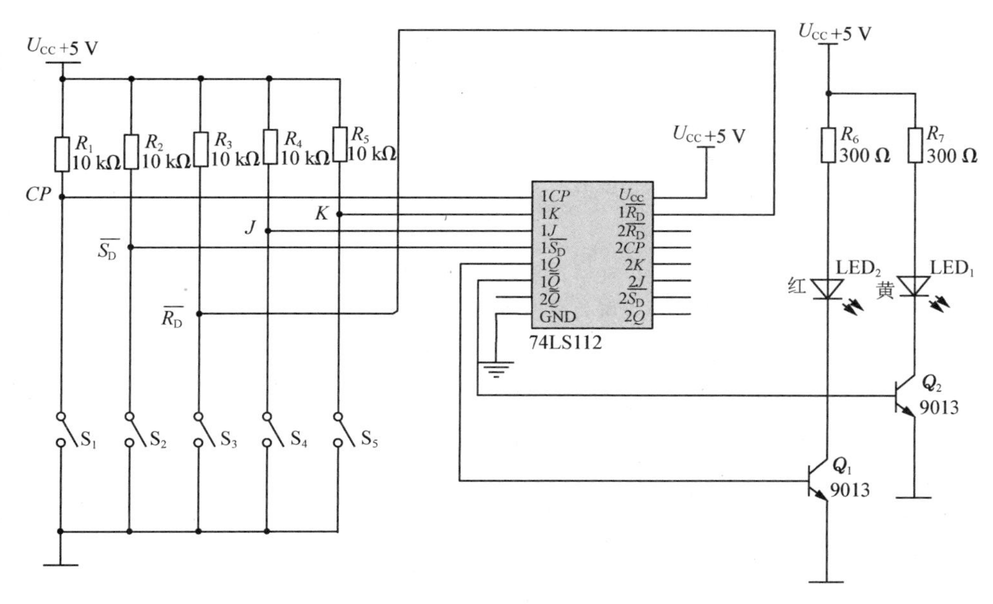

图 9-23　74LS112 芯片组成 *JK* 触发器测试电路

表 9-9　测试记录表

CP	*J*	*K*	$\overline{R_D}$	$\overline{S_D}$	*Q*(红)	$\overline{Q}$(黄)
×	×	×	0	1		
×	×	×	1	0		

④按照图连接电路，使$\overline{R_D}=\overline{S_D}=1$(悬空)，*J*，*K* 端的逻辑电平按照表 9-10 所示由逻辑开关提供。*CP* 脉冲由 0-1 按钮提供。将测试结果填入表 9-10 中。

表 9-10　测试记录表

J	*K*	*CP*	Q^{n+1}	
			Q(红)	$\overline{Q}$(黄)
0	0	0→1		
		1→0		
0	1	0→1		
		1→0		
1	0	0→1		
		1→0		
1	1	0→1		
		1→0		

【实训小结】

JK 触发器是功能最全的触发器，有置0、置1、保持和翻转的逻辑功能。

【实训评价】

班级		姓名	成绩	
任务	考核内容	考核要求	学生自评	教师评分
搭建电路	识读集成逻辑门电路(10分)	能够正确识读集成逻辑门各引脚，了解各引脚功能		
	电路搭建(10分)	能按照实训电路图正确搭建电路		
	布局(10分)	元器件布局合理		
通电测试	逻辑功能测试(20分)	功能正常		
	测试结果分析(20分)	分析实验结果，得出结论		
安全规范	规范(10分)	工具摆放规范		
	整洁(10分)	台面整洁，安全		
职业态度	考勤纪律(10分)	按时上课，不迟到早退； 按照教师的要求动手操作； 实训完毕后，关闭电源，整理工具和仪器仪表		
小组评价				
教师总评	签名： 日期：			

实训17 D 触发器的识别及逻辑功能测试

【实训目标】

1. 掌握 D 触发器的逻辑功能和特点。
2. 掌握 D 触发器的测试方法。
3. 了解 D 触发器的典型应用。

【实训内容】

搭建集成 D 触发器的逻辑功能测试电路，并进行逻辑功能测试。

【实训准备】

S303-4 型数字电路实训箱、SR8 双踪示波器、直流稳压电源、D 触发器 74LS74、D 触发器 CC4013。

【实训步骤】

①识读 D 触发器，常见 D 触发器 74LS74，CC4013 引脚排列如图 9-24 所示。分析 D 触发器 74LS74，CC4013 各引脚的功能。

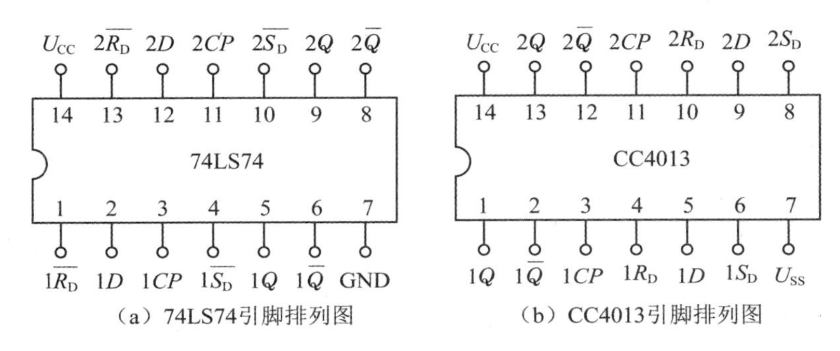

（a）74LS74引脚排列图　（b）CC4013引脚排列图

图 9-24　D 触发器引脚排列图

②按照表 9-12 操作要求输入信号。测试集成双上升沿 D 触发器 74LS74 的$\overline{R_D}$，$\overline{S_D}$ 端复位和置位功能，测试方法同 JK 触发器。将测试结果填在表 9-11 中。

表 9-11　测试结果记录表

CP	D	$\overline{R_D}$	$\overline{S_D}$	Q	$\overline{Q}$
×	×	1	0		
×	×	0	1		

③测试 D 触发器的逻辑功能，按照图 9-25 所示连接电路。

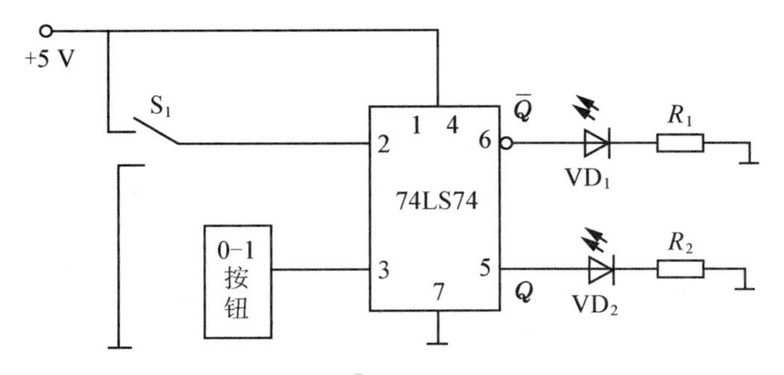

图 9-25　测试原理图

④调节直流稳压电源，使输出电压为+5 V，按照表 9-12 进行测试。

⑤记录并观察输出端的变化，二极管亮，输出为 1，反之为 0。将实验结果填在表 9-12 中。

表 9-12　功能测试

D	CP	输出		输出		功能说明
		Q^n	Q^{n+1}	Q^n	Q^{n+1}	
0	0→1	0		1		
	1→0	0		1		
0	0→1	0		1		
	1→0	0		1		

⑥总结 D 触发器的逻辑功能，并对比结果是否与原理一致。

【实训小结】

D 触发器是比较常用的触发器单元，有置 0、置 1 的逻辑功能。

【实训评价】

班级		姓名		成绩	
任务	考核内容	考核要求		学生自评	教师评分
搭建电路	识读集成逻辑门电路（10 分）	能够正确识读集成逻辑门各引脚，了解各引脚功能			
	电路搭建（10 分）	能按照实训电路图正确搭建电路			
	布局（10 分）	元器件布局合理			
通电测试	逻辑功能测试（20 分）	功能正常			
	测试结果分析（20 分）	分析测试结果，得出结论			
安全规范	规范（10 分）	工具摆放规范			
	整洁（10 分）	台面整洁，安全			
职业态度	考勤纪律（10 分）	按时上课，不迟到早退； 按照教师的要求动手操作； 实训完毕后，关闭电源，整理工具和仪器仪表			

续表

班级		姓名		成绩	
小组评价					
教师总评	签名： 日期：				

要点总结

触发器是数字电路的极其重要的基本单元。触发器有两个稳定状态，在外界信号作用下，可以从一个稳态转变为另一个稳态；无外界信号作用时状态保持不变。因此，触发器可以作为二进制存储单元使用。

触发器的逻辑功能可以用真值表、卡诺图、特性方程、状态图和波形图五种方式来描述。触发器的特性方程是表示其逻辑功能的重要逻辑函数，在分析和设计时序电路时常用来作为判断电路状态转换的依据。

各种不同逻辑功能的触发器的特性方程如下。

RS 触发器：$Q^{n+1}=S+RQ^n$。其约束条件为：$RS=0$。

JK 触发器：$Q^{n+1}=JQ^n+KQ^n$。

D 触发器：$Q^{n+1}=D$。

同一种功能的触发器，可以用不同的电路结构形式来实现；反过来，同一种电路结构形式，可以构成具有不同功能的各种类型触发器。

巩固练习

一、填空题

1. 两个与非门构成的基本 RS 触发器的功能有________、________和________。电路中不允许两个输入端同时为________，否则将出现逻辑混乱。

2. 通常把一个 CP 脉冲引起触发器多次翻转的现象称为________，有这种现象的触发器是________触发器，此类触发器的工作属于________触发方式。

3. 为有效地抑制空翻，人们研制出了________触发方式的________触发器和________触发器。

4. JK 触发器具有________、________、________和________四种功能。欲使 JK 触发器实现 $Q^{n+1}=\overline{Q^n}$ 的功能，则输入端 J 应接________，K 应接________。

5. D 触发器的输入端子有________个，具有________和________的功能。

6. 触发器的逻辑功能通常可用________、________、________和________等多种方法进行描述。

7. 组合逻辑电路的基本单元是________，时序逻辑电路的基本单元是________。

8. 触发器有两个互非的输出端 Q 和 $\overline{Q}$。通常规定 $Q=1$，$\overline{Q}=0$ 时为触发器的________状态；$Q=0$，$\overline{Q}=1$ 时为触发器的________状态。

二、综合题

1. 何谓空翻现象？抑制空翻可采取什么措施？

2. 触发器有哪几种常见的电路结构形式？它们各有什么样的动作特点？

三、分析题

1. 已知 TTL 主从型 JK 触发器的输入控制端 J 和 K 及 CP 脉冲波形如图 9-26 所示。试根据它们的波形画出相应输出端 Q 的波形。

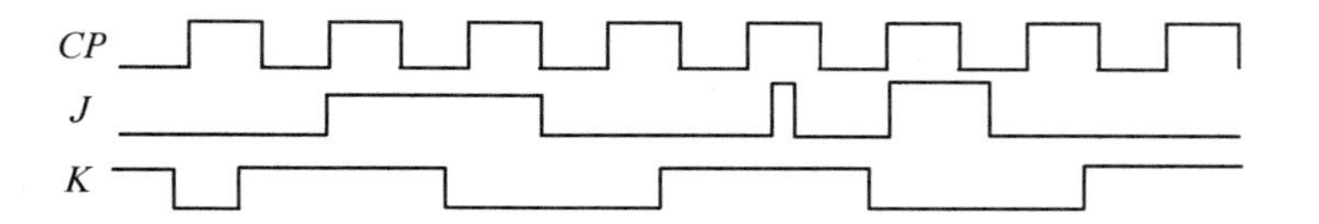

图 9-26 分析题 1

2. 电路如图 9-27 所示。

(1)电路中采用的是什么触发方式？

(2)分析下图所示时序逻辑电路，并指出其逻辑功能。

(3)设触发器初态为 0，画出在 CP 脉冲下 Q_0 和 Q_1 的波形。

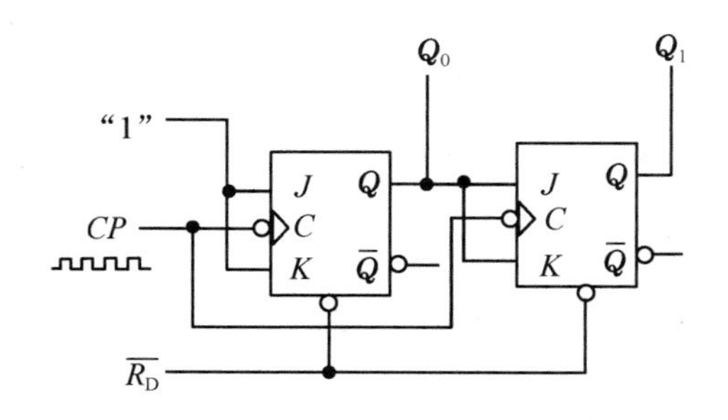

图 9-27 分析题 2

单元 10

时序逻辑电路

时序逻辑电路是数字系统中非常重要的逻辑电路，它的输出不但和当前的输入信号有关，而且和电路的原状态有关，即电路具有“记忆”功能。时序逻辑电路的种类很多，常用的电路类型有寄存器和计数器。

知识目标

1. 熟悉常用时序逻辑电路的结构及逻辑功能。

2. 掌握集成计数器、移位寄存器等常用时序逻辑电路的工作原理、逻辑功能及使用方法。

3. 掌握时序逻辑电路的分析方法。

4. 了解寄存器、计数器常用集成电路的逻辑功能和典型应用。

能力目标

1. 学会分析时序逻辑电路。

2. 能够结合寄存器、计数器的基本知识搭建应用电路。

10.1 时序逻辑电路概述

10.1.1 时序逻辑电路特点和结构

时序逻辑电路是由组合逻辑电路和存储电路组成的。触发器是时序逻辑电路的基本单元。

时序逻辑电路的特点：任意时刻的输出不仅取决于该时刻的输入，而且还和电路原来的状态有关，所以时序逻辑电路具有记忆功能。

时序逻辑电路的结构：组合逻辑电路至少有一个输出

反馈到存储电路的输入端，存储电路的状态至少有一个作为组合电路的输入，与其他输入信号共同决定电路的输出，电路结构框图如图10-1所示。

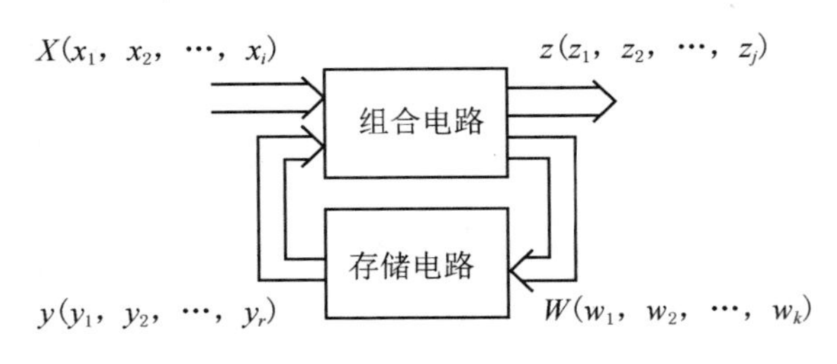

图 10-1　时序电路结构框图

10.1.2　时序逻辑电路分类

时序逻辑电路按其状态改变方式的不同，可分为同步时序逻辑电路和异步时序逻辑电路。

同步时序逻辑电路：所有触发器的状态变化都是在同一时钟脉冲信号作用下同时发生的。

异步时序逻辑电路：没有统一的时钟脉冲信号，各触发器状态的变化不是同时发生的，而是有先有后。

10.2　时序逻辑电路分析方法

10.2.1　分析步骤

时序电路的分析要比组合电路复杂一些，分析的任务就是找出给定时序电路的逻辑功能，即找出电路的输出和它的状态在输入信号和时钟信号作用下的变化规律。分析过程一般按以下步骤进行。

课程思政：国家电网抚顺供电公司学雷锋示范基地

(1)写方程式

根据电路的结构，写出其时钟方程(对同步时序电路可省略)、驱动方程(驱动方程亦即各触发器输入信号的逻辑函数式)、输出方程。

(2)求状态方程

将各触发器的驱动方程代入相应触发器的状态方程，即可求出电路的状态方程。

(3)进行状态计算

把电路的输入和现态各种可能取值组合代入状态方程和输出方程进行计算，得到相应的次态和输出。这里应注意以下三点：①状态方程有效的时钟条件；②各个触发器现态的组合作为该电路的现态；③应以给定的或设定的初态为条件计算出相应的次态和组合电路的输出状态。

(4)整理计算结果

以真值表的形式列写状态转换表；画出状态转换图，将状态转换表表示为状态转换图；画出时序图，它反映输入信号、电路状态、时钟信号、输出信号按时间的对应关系。

(5)确定电路逻辑功能

通过上述分析，最后确定电路的逻辑功能。

10.2.2　应用举例

【例 10-1】试分析图 10-2 所示的时序电路。

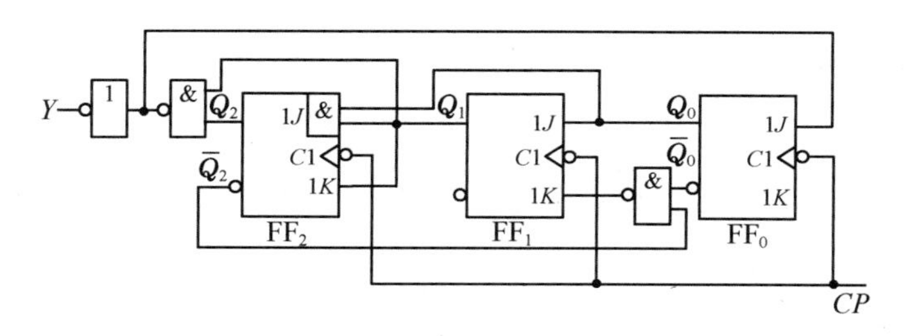

图 10-2　时序逻辑电路逻辑图

解：(1)写方程式

根据给定逻辑图写出驱动方程

$$J_0=\overline{Q_1^nQ_2^n}\quad K_0=1$$

$$J_1=Q_0^n\quad K_1=\overline{\overline{Q_0^n}\ \overline{Q_2^n}}$$

$$J_2=Q_0^nQ_1^n\quad K_2=Q_1^n$$

(2)求状态方程

由 JK 触发器状态方程 $Q^{n+1}=J\overline{Q^n}+\overline{K}Q^n$，可以得到电路的状态方程

$$Q_0^{n+1}=\overline{Q_2^nQ_1^n}\ \overline{Q_0^n}$$

$$Q_1^{n+1}=Q_0^n\overline{Q_1^n}+\overline{Q_0^n}\ \overline{Q_2^n}Q_1^n$$

$$Q_2^{n+1}=Q_0^nQ_1^n\overline{Q_2^n}+\overline{Q_1^n}Q_2^n$$

由逻辑图可直接写出输出方程

$$Y=Q_1^nQ_2^n$$

(3)进行状态计算

设电路初始状态 $Q_2^nQ_1^nQ_0^n=000$，将现态带入电路的状态方程中，可求得状态 Q_0^{n+1}，Q_1^{n+1}，Q_2^{n+1} 和输出 Y 为：

$$Q_0^{n+1}=\overline{0\cdot 0}\cdot\overline{0}=1$$

$$Q_1^{n+1}=0\cdot\overline{0}+\overline{0}\cdot\overline{0}\cdot 0=0$$

$$Q_2^{n+1}=0\cdot 0\cdot\overline{0}+\overline{0}\cdot 0=0$$

$$Y=0\cdot 0=0$$

按类似的方法依次进行计算，可得状态转换真值表，见表 10-1。

表 10-1 电路状态转换真值表

CP 顺序	现态			次态			输出
	Q_2^n	Q_1^n	Q_0^n	Q_2^{n+1}	Q_1^{n+1}	Q_0^{n+1}	Y
0	0	0	0	0	0	1	0
1	0	0	1	0	1	0	0
2	0	1	0	0	1	1	0
3	0	1	1	1	0	0	0
4	1	0	0	1	0	1	0
5	1	0	1	1	1	0	0
6	1	1	0	0	0	0	1
7	0	0	0	0	0	1	0
1	1	1	1	0	0	0	1
2	0	0	0	0	0	1	0

(4)整理计算结果

图 10-3 中，圆圈内表示 $Q_2^nQ_1^nQ_0^n$ 的状态，用箭头表示状态转换的方向，箭头上方常用斜线表示输入/输出的状态。因为此电路无外输入信号(时钟信号仅是触发信号，不是输入逻辑变量)，所以在状态图中不用标输入信号的状态。

根据状态转换真值表，可以画出它的时序图，如图 10-4 所示。

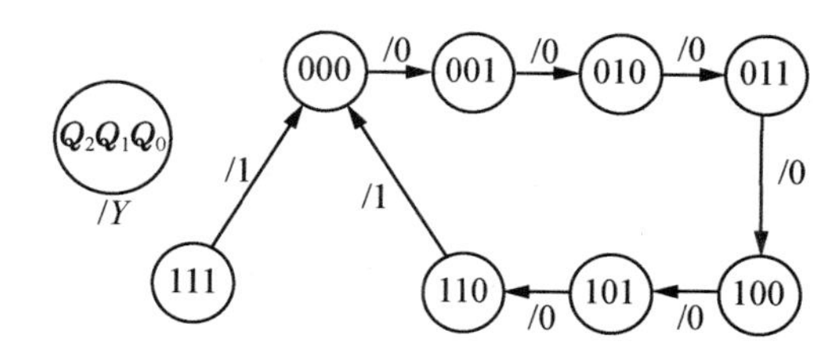

图 10-3　电路状态转换图

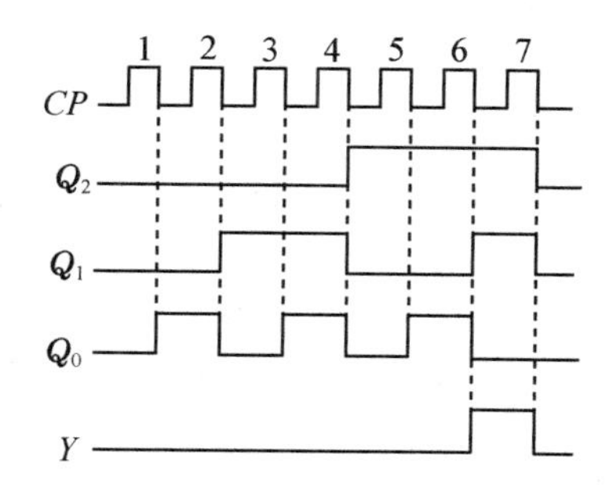

图 10-4　电路时序图

(5)确定电路逻辑功能

从图 10-4 中可以看出，$Q_2^nQ_1^nQ_0^n$ 的转换顺序为 000→001→010→011→100→101→110→000，可见电路在 7 个状态中循环，它有对时钟信号进行计数的功能，是一个模为 7 的计数器，Y 代表进位，每循环一次，输出 $Y=1$，$Q_2^nQ_1^nQ_0^n=111$ 是无效状态。

从图 10-4 中还可看出，若初态为 111，在一个 CP 脉冲作用下，就可以转换为 000，进入有效循环状态。这种电路称为具有自启动能力的电路。

10.3 寄存器

10.3.1 寄存器概述

在数字电路中，用来存放一组二进制数据或代码的电路称为寄存器。寄存器是由具有存储功能的触发器组合起来构成的。一个触发器可以存储 1 位二进制代码，存放 n 位二进制代码的寄存器，需用 n 个触发器来构成。为了使寄存器能按照指令接收、存放、传送数码，有时还需要配备一些起控制作用的门电路。

寄存器按功能可分为数码寄存器和移位寄存器两大类。移位寄存器既能接收存储数据，又能使得到的数据按控制方向移动。学习的重点是集成寄存器的应用。

10.3.2 数码寄存器

数码寄存器是简单的存储器，只有接收、暂存数码和清除原有数码的功能。

1. 电路结构

图10-5是由D触发器组成的四位寄存器的逻辑图。它有四个数码输入端D_3，D_2，D_1，D_0，一个异步复位端R(高电平有效)，一个送数控制端CP，其简化等效图如图10-6。

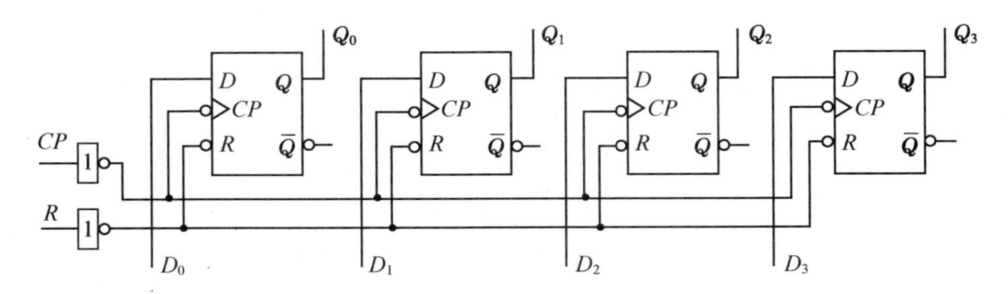

图10-5 D触发器组成的四位寄存器逻辑

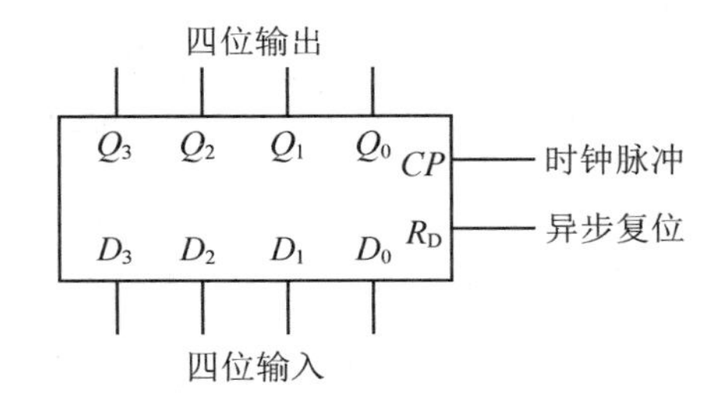

图10-6 D触发器组成的四位寄存器等效图

我们可以利用简化等效电路的方法，将一个复杂电路看作一个黑箱，在分析设计时，只注意它的输出和输入部分，这样，更能方便直观地了解电路的功能。

2. 工作原理

数码寄存器主要由触发器和一些控制门组成，每个触发器能存放一位二进制码，存放n位数码，就应有n位触发器。为保持触发器能正常完成寄存器的功能，还必须有适当的门电路组成控制电路。在数码寄存器中，数据的输入、输出均为并行方式。

3. 集成数码寄存器

常用的由触发器构成的集成数码寄存器有四D型触发器74LS175、六D型触发器 74LS174、八 D 型触发器 74LS373 等。下面以 74LS175 为例进行介绍。

74LS175 是常用的四 D 型触发器集成电路，里面含有四组 D 触发器，可以用来构成寄存器、抢答器等功能部件。

①逻辑符号和芯片引脚如图 10-7 所示。

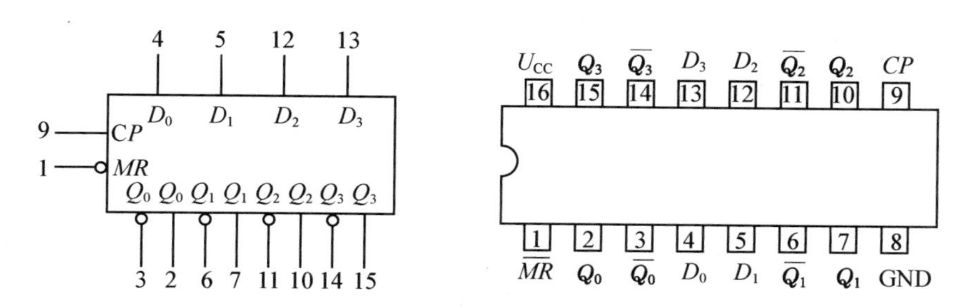

图 10-7　74LS175 四位数据寄存器逻辑符号和引脚排列

②内部结构图如图 10-8 所示。

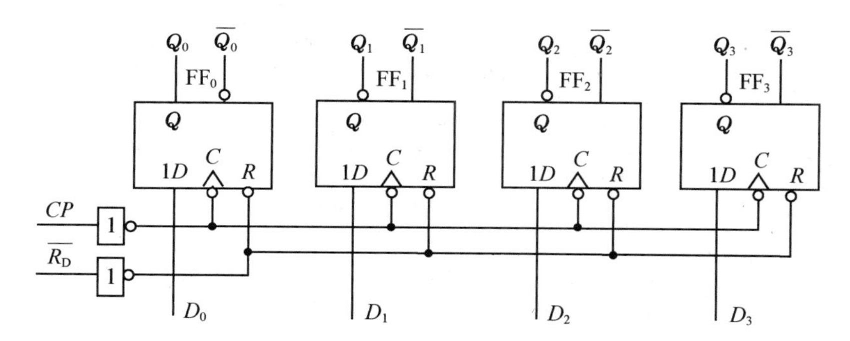

图 10-8　74LS175 四位数据寄存器的内部结构图

③功能表见表 10-2。

表 10-2　74LS175 四位数据寄存器功能表

清零	时钟	输入				输出				工作模式
R_D	CP	D_3	D_2	D_1	D_0	Q_3	Q_2	Q_1	Q_0	
0	×	×	×	×	×	0	0	0	0	异步清零
1	↑	D_3	D_2	D_1	D_0	D_3	D_2	D_1	D_0	数码寄存
1	0	×	×	×	×	保持	保持	保持	保持	数据保持
1	1	×	×	×	×	保持	保持	保持	保持	数据保持

10.3.3 移位寄存器

移位寄存器是在数码寄存器的基础上发展而成的，它不仅可以存放数码，还可以实现数码的移位。移位寄存器分为单向移位寄存器和双向移位寄存器两大类。

1. 单向移位寄存器

在移位脉冲作用下将寄存器内部的二进制数据顺次向左移动或者向右移动的寄存器称为单向寄存器，分为左移寄存器和右移寄存器两种。

(1)电路结构

如图10-9所示，将寄存器中各个触发器的输出依次与后一级触发器的输入连接，就构成了移位寄存器。

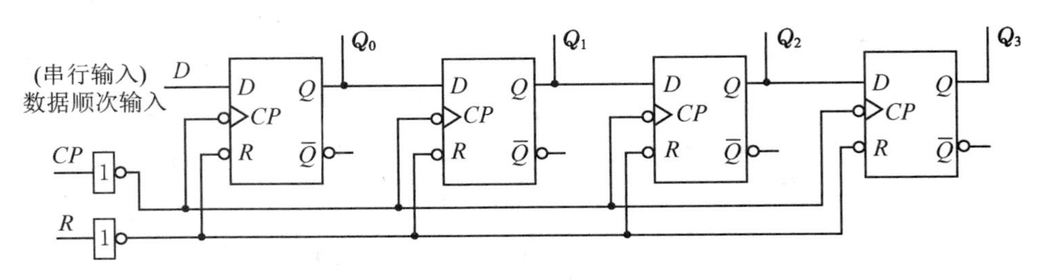

图 10-9 单向移位寄存器

(2)工作原理

初始异步复位后各个触发器输出为0。以后每一个 CP，数据右移一次，四个 CP 后，串行输入完毕。设有二进制数据1101，分析每一个 CP 下各 Q 的输出。表10-3中“①”为输入数的个位数。

表 10-3 单向移位寄存器状态转换表

CP 个数	Q_0	Q_1	Q_2	Q_3
1	①	0	0	0
2	0	①	0	0
3	1	0	①	0
4	1	1	0	①

2. 双向移位寄存器

在移位信号的作用下，寄存器不但可以使数据右移，而且还可以使数据左移的寄存器，称为双向移位寄存器。

(1)集成双向移位寄存器 74LS194

集成双向移位寄存器 74LS194 引脚排列与逻辑图如图 10-10 所示。D_{SL} 和 D_{SR} 分别是左移和右移串行输入。D_0，D_1，D_2 和 D_3 是并行输入端。Q_0 和 Q_3 分别是左移和右移时的串行输出端，Q_0，Q_1，Q_2 和 Q_3 为并行输出端。

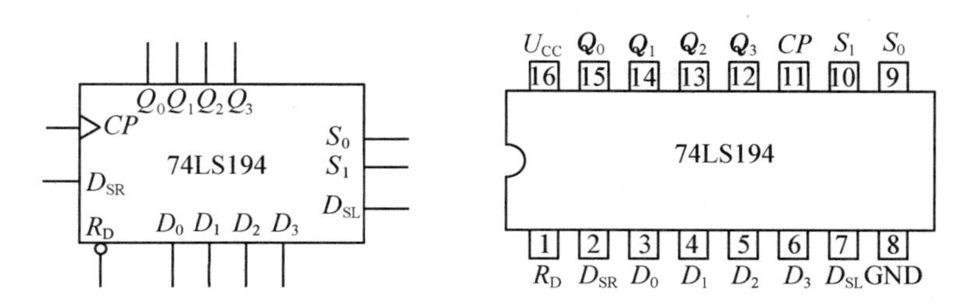

图 **10-10**　双向移位寄存器 **74LS194** 的逻辑图及引脚

集成 4 位双向移位寄存器 74LS194 的功能表见表 10-4。M_1，M_0 为工作方式控制端，它们的不同取值，决定寄存器的不同功能：保持、右移、左移及并行输入。CR 是清零端，$CR=0$ 时，各输出端均为 0。表中“×”号表示可取任意值，或 0 或 1。寄存器工作时，CR 为高电平 1。寄存器工作方式由 M_1，M_0 的状态决定：$M_1M_0=00$ 时，寄存器中存入的数据保持不变；$M_1M_0=01$ 时，寄存器为右移工作方式，D_{SR} 为右移串行输入端；$M_1M_0=10$ 时，寄存器为左移工作方式，D_{SL} 为左移串行输入端；$M_1M_0=11$ 时，寄存器为并行输入方式，即在 CP 脉冲的作用下，将输入 $D_0 \sim D_3$ 端的数据输入寄存器中，$Q_0 \sim Q_3$ 是寄存器的输出端。

表 **10-4**　**74LS194** 双向移位寄存器的功能表

CR	M_1	M_0	功能
0	×	×	清零
1	0	0	保持
1	0	1	右移
1	1	0	左移
1	1	1	并行输入

(2)双向移位寄存器的应用

【例 10-2】利用 74LS194 产生序列脉冲信号。

解：图 10-11 为 74LS194 构成的 8 位序列脉冲信号发生器，输出波形如图 10-12 所示。

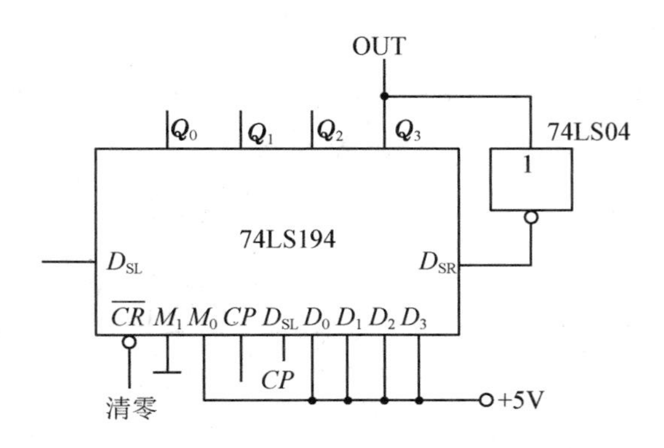

图 10-11 74LS194 构成 8 位序列脉冲信号发生器

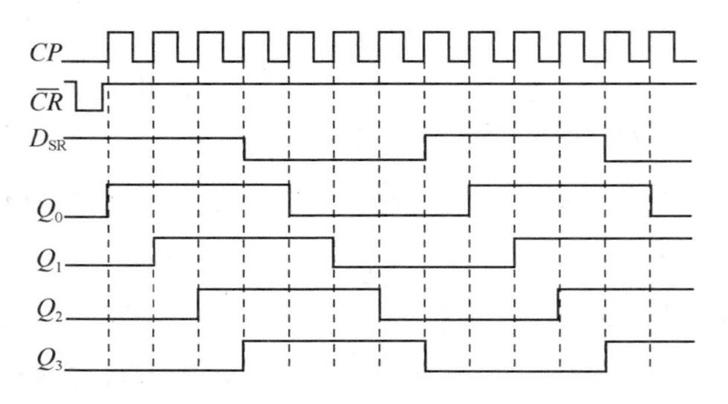

图 10-12 输出波形

10.4 计数器

10.4.1 计数器概述

计数器是一种简单而又常用的时序逻辑器件。计数器不仅能用于统计输入脉冲的个数，还常用于分频、定时、产生节拍脉冲等。

在数字电路中，能够记忆输入脉冲个数的电路称为计数器。计数器的种类很多，按照各个触发器状态翻转的时间，可分为同步和异步计数器；按照计数过程中数字的增减规律，可分为加法、减法和可逆计数器；按模值，可分为二进制、十进制和任意进制计数器。

10.4.2 异步计数器

异步计数器是指计数脉冲没有加到所有触发器的 CP 端，只作用于某些触发器的 CP 端。当计数脉冲到来时，各触发器的翻转时刻不同，因此，在分析异步计数器时，要特别注意各触发器翻转所对应的有效时钟条件。这里分别介绍异步二进制计数器和异步十进制计数器。

1. 异步二进制计数器

异步二进制计数器是计数器中最基本、最简单的电路，它一般由接成 T' 型的触发器连接而成，计数脉冲加到最低位触发器的 CP 端，低位触发器的输出作为相邻高位触发器的时钟脉冲。

(1)异步二进制加法计数器

①电路组成。

图 10-13 为由下降沿触发的 JK 触发器组成的 3 位异步二进制加法计数器的逻辑图。JK 触发器的输入端 JK 均接高电平(为简单起见，图中 J，K 悬空为 1)，计数脉冲做最低位触发器 FF_0 的时钟脉冲，低位触发器的输出端依次接到相邻高位触发器的时钟端。

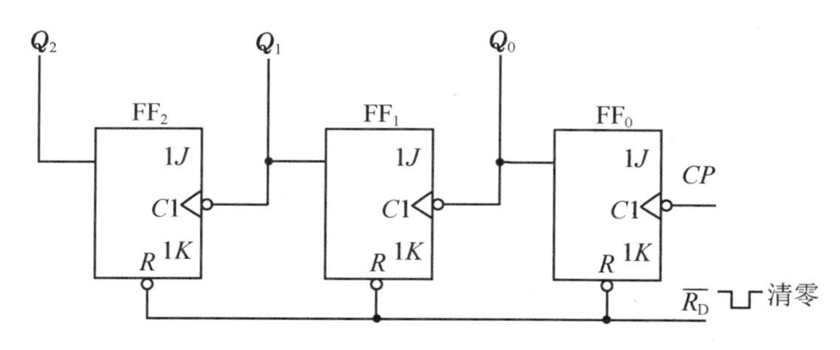

图 10-13　异步二进制加法计数器

②工作原理。

由图 10-13 可知，电路工作时每输入一个计数脉冲，FF_0 的状态翻转计数一次，其他高位触发器是在其相邻的低位触发器的输出从 1 态变为 0 态时进行翻转计数的，各触发器的状态为

$$FF_0：Q_0^{n+1}=\overline{Q_0^n}(CP\text{下降沿触发})$$

$$FF_1：Q_1^{n+1}=\overline{Q_1^n}(Q_0\text{下降沿触发})$$

$$FF_2：Q_2^{n+1}=\overline{Q_2^n}(Q_1\text{下降沿触发})$$

假设在计数之前，各触发器的置 0 端 $\overline{R}_D$ 加一负脉冲进行清零，则 $Q_2Q_1Q_0=000$，根据上述分析，依次计算可得到该计数器的状态转换表，见表 10-5。

表 10-5　3 位二进制加法计数器状态转换表

CP 顺序	电路状态			等效十进制数
	Q_2	Q_1	Q_0	
0	0	0	0	0
1	0	0	1	1
2	0	1	0	2
3	0	1	1	3
4	1	0	0	4
5	1	0	1	5
6	1	1	0	6
7	1	1	1	7
8	0	0	0	0

③时序波形。

异步二进制加法计数器的电路时序图如图 10-14 所示。

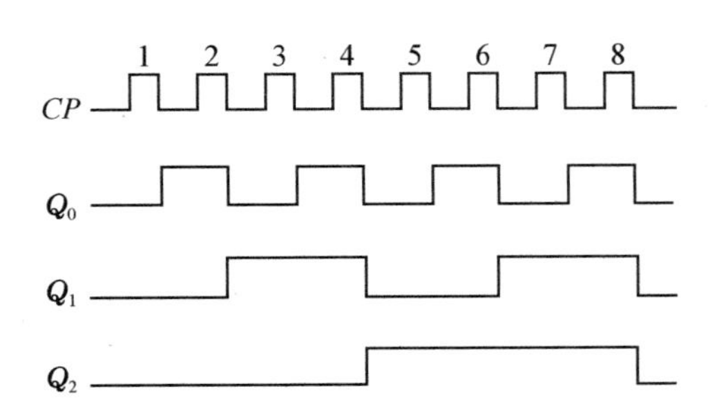

图 10-14　异步二进制加法计数器时序图

由图 10-14 可以看出，如果 CP 的频率为 f_0，那么 Q_0 的频率为$\frac{1}{2}f_0$，Q_1 的频率为$\frac{1}{4}f_0$，Q_2 的频率为$\frac{1}{8}f_0$，这说明计数器除具有计数功能外，还具有分频功能。相对于 CP 的频率而言，输出依次称为二分频、四分频和八分频。

(2)异步二进制减法计数器

①电路组成。

图 10-15 为用上升沿触发、由 D 触发器(也接成 T'触发器)构成的三位异步二进制减法计数器的逻辑图。

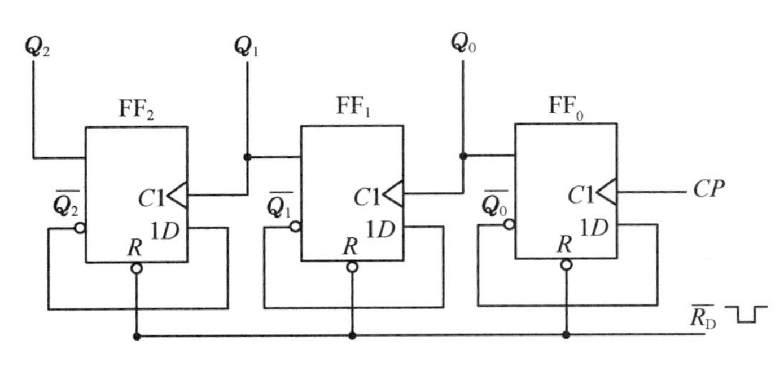

图 10-15 异步二进制减法计数器

②工作原理。

表 10-6 为 3 位二进制减法计数器状态转换表。开始计数之前，先用复位脉冲 $\overline{R}_D$ 将计数器清 0，则 $Q_2Q_1Q_0=000$。由状态转换表和时序图可以看出，减法计数器的计数功能特点是：每输入一个计数脉冲 CP，$Q_2Q_1Q_0$ 的计数状态就减 1，当输入 8 个计数脉冲 CP 后，$Q_2Q_1Q_0=000$。

表 10-6 3 位二进制减法计数器状态转换表

CP 顺序	电路状态			等效十进制数
	Q_2	Q_1	Q_0	
0	0	0	0	0
1	1	1	1	7
2	1	1	0	6
3	1	0	1	5
4	1	0	0	4
5	0	1	1	3
6	0	1	0	2
7	0	0	1	1
8	0	0	0	0

③时序波形。

异步二进制减法计数器的电路时序图如图 10-16 所示。

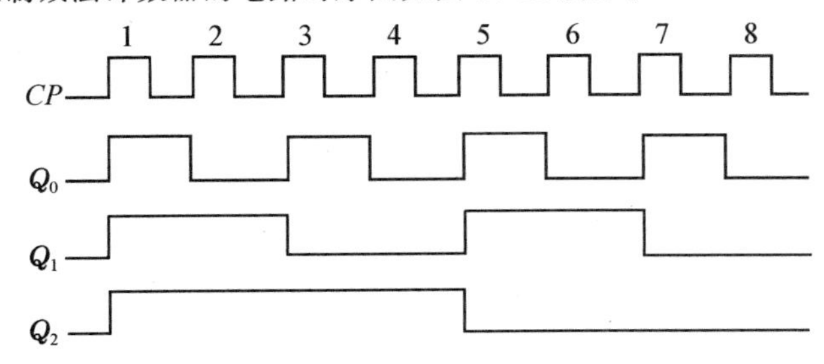

图 10-16 异步二进制减法计数器时序图

2. 异步十进制加法计数器

日常生活中人们经常使用的是十进制数，而不是二进制数，因此在数字系统中还经常使用具有把二进制计数转换成十进制计数功能的计数器，它是按二-十进制编码(如 8421BCD 码)进行计数的。

(1)电路组成

图 10-17 是一种异步十进制加法计数器，它是由 4 位二进制加法计数器修改而成的，具有自启动和向高位计数器进位的功能。

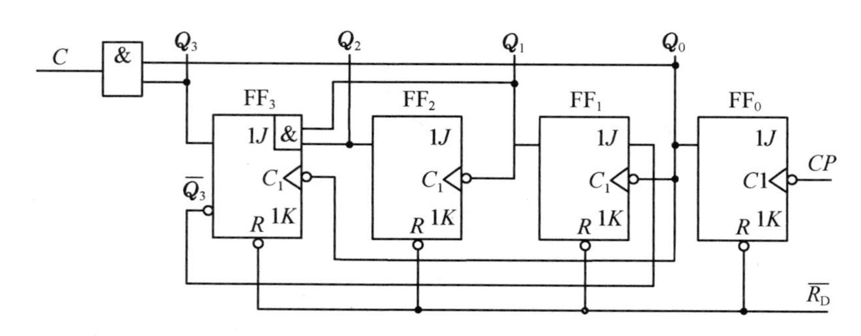

图 10-17 异步十进制加法计数器

如图 10-17 所示，异步十进制加法计数器由 4 个 JK 触发器和 1 个与门组成。CP 是输入计数器脉冲，C 是向高位的进位。

(2)工作原理

时钟方程：

$$CP_0=CP$$

$$CP_1=CP_3=Q_0$$

$$CP_2=Q_1$$

驱动方程：

$$J_0=K_0=1$$

$$J_1=\overline{Q_3^n} \quad K_1=1$$

$$J_2=K_2=1$$

$$J_3=Q_2^nQ_1^n \quad K_3=1$$

状态方程：

$$Q_0^{n+1}=\overline{Q_0^n} \qquad (CP\text{下降沿触发})$$

$$Q_1^{n+1}=\overline{Q_3^n}\,\overline{Q_1^n}\quad (Q_0\text{下降沿触发})$$

$$Q_2^{n+1}=\overline{Q_2^n}\quad (Q_1\text{下降沿触发})$$

$$Q_3^{n+1}=Q_2^nQ_1^n\overline{Q_3^n}\quad (Q_0\text{下降沿触发})$$

输出方程：

$$C=Q_3^nQ_0^n$$

依次设定原状态为 0000～1111 的 16 种状态组合，带入状态方程和输入方程进行计算。

例如，$Q_3^nQ_2^nQ_1^nQ_0^n=0111$，当 CP 下降沿到来后：

$$Q_0^{n+1}=\overline{Q_0^n}=\overline{1}=0\quad (Q_0\text{ 由 1 变为 0})$$

$$Q_1^{n+1}=\overline{Q_3^n}\,\overline{Q_1^n}=\overline{0}\cdot\overline{1}=0\quad (Q_1\text{ 由 1 变为 0})$$

$$Q_2^{n+1}=\overline{Q_2^n}=\overline{1}=0$$

$$Q_3^{n+1}=Q_2^nQ_1^n\overline{Q_3^n}=1\cdot 1\cdot\overline{0}=1$$

$$C=Q_3^nQ_0^n=0\cdot 1=0$$

结果见表 10-7。

表 10-7　异步十进制加法计数器状态转换表

CP 顺序	现态				次态				输出 C
	Q_3^n	Q_2^n	Q_1^n	Q_0^n	Q_3^{n+1}	Q_2^{n+1}	Q_1^{n+1}	Q_0^{n+1}	
1	0	0	0	0	0	0	0	1	0
2	0	0	0	1	0	0	1	0	0
3	0	0	1	0	0	0	1	1	0
4	0	0	1	1	0	1	0	0	0
5	0	1	0	0	0	1	0	1	0
6	0	1	0	1	0	1	1	0	0
7	0	1	1	0	0	1	1	1	0
8	0	1	1	1	1	0	0	0	0
9	1	0	0	0	1	0	0	1	0

续表

CP 顺序	现态				次态				输出 C
	Q_3^n	Q_2^n	Q_1^n	Q_0^n	Q_3^{n+1}	Q_2^{n+1}	Q_1^{n+1}	Q_0^{n+1}	
10	1	0	0	1	0	0	0	0	1
11	1	0	1	0	1	0	1	1	0
12	1	0	1	1	0	1	0	0	1
13	1	1	0	0	1	1	0	1	0
14	1	1	0	1	0	1	0	0	1
15	1	1	1	0	1	1	1	1	0
16	1	1	1	1	0	0	0	0	1

(3)时序波形

图 10-18 为异步十进制加法计数器的时序图。n 位二进制数最多能计的脉冲个数为 2^n-1，这个数称为计数长度或计数容量。3 位二进制计数器的计数长度为 7。计数器的状态总数 N 称为计数器的模，也称为计数器的循环长度。

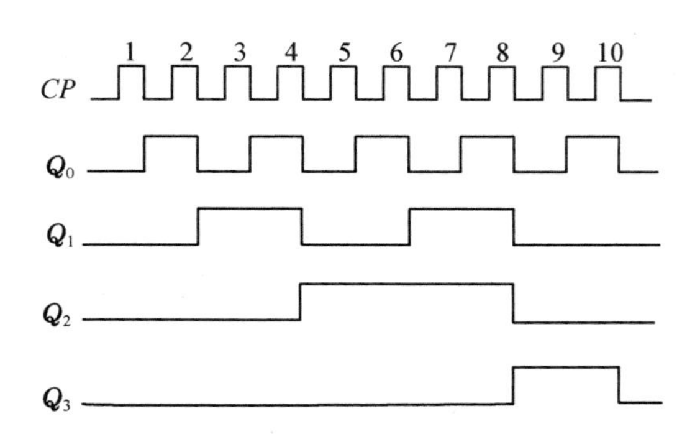

图 10-18 异步十进制加法计数器时序图

3. 集成异步计数器

集成异步计数器种类非常多。下面介绍一种最典型的集成异步计数器 74LS290。

74LS290 为异步二-五-十进制计数器，其引脚排列和逻辑符号如图 10-19、图 10-20 所示。状态转换见表 10-8。

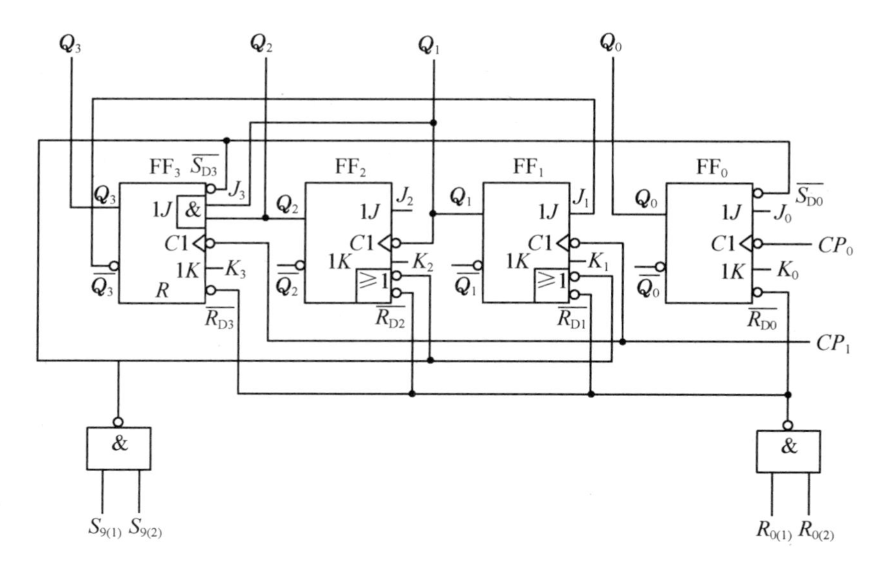

图 10-19　74LS290 计数器逻辑图

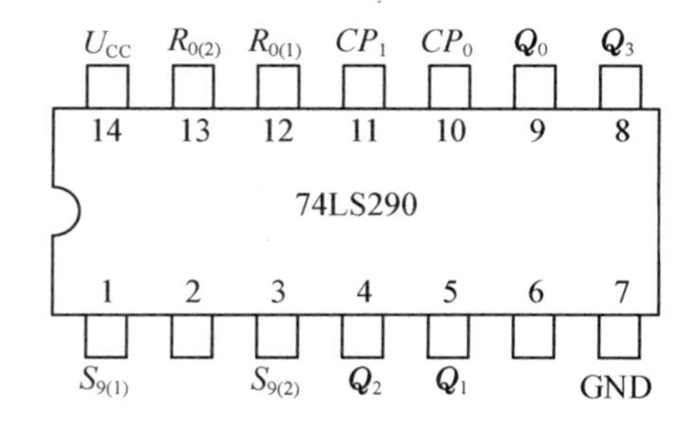

图 10-20　74LS290 计数器引脚排列图

$R_{0(1)}$和$R_{0(2)}$是清零输入端，由表 10-8 功能表可见，当两端全为 1 时，将 4 个触发器清零；$S_{9(1)}$和$S_{9(2)}$是置“9”输入端，同样，由表 10-8 可见，当两端全为 1 时，$Q_3Q_2Q_1Q_0=1001$，即表示十进制数 9。清零时，$S_{9(1)}$和$S_{9(2)}$中至少有一端为 0，不使置 1，以保证清零可靠进行。它有两个时钟脉冲输入端CP_0和CP_1。下面按二、五、十进制三种情况来分析。

表 10-8　74LS290 计数器功能表

<table>
<tr><th>$R_{0(1)}$</th><th>$R_{0(2)}$</th><th>$S_{9(1)}$</th><th>$S_{9(2)}$</th><th>Q_3</th><th>Q_2</th><th>Q_1</th><th>Q_0</th></tr>
<tr><td rowspan="2">1</td><td rowspan="2">1</td><td>0</td><td>×</td><td rowspan="2">0</td><td rowspan="2">0</td><td rowspan="2">0</td><td rowspan="2">0</td></tr>
<tr><td>×</td><td>0</td></tr>
<tr><td>×</td><td>×</td><td>1</td><td>1</td><td>1</td><td>0</td><td>0</td><td>1</td></tr>
</table>

续表

$R_{0(1)}$	$R_{0(2)}$	$S_{9(1)}$	$S_{9(2)}$	Q_3	Q_2	Q_1	Q_0
×	0	×	0	计数			
0	×	0	×	计数			
0	×	×	0	计数			
×	0	0	×	计数			

①只输入计数脉冲 CP_0，由 Q_0 输出，FF_1，FF_2，FF_3 三个触发器不用，为二进制计数器。

②只输入计数脉冲 CP_1，由 Q_3，Q_2，Q_1 输出，为五进制计数器，分析如下。

由图可得出 FF_1，FF_2，FF_3 三个触发器 J，K 端的逻辑关系式

$$J_1=\overline{Q}_3 \quad K_1=1$$

$$J_2=1 \quad K_2=1$$

$$J_3=Q_1Q_2 \quad K_3=1$$

先清零使初始状态 $Q_3Q_2Q_1=000$，这时各 J，K 端的电平为

$$J_1=1 \quad K_1=1$$

$$J_2=1 \quad K_2=1$$

$$J_3=1 \quad K_3=1$$

根据 JK 触发器的逻辑状态表得出各触发器的下一状态，即 001。其中 FF_2 只在 Q_1 的状态从 1 变为 0 时才能翻转。而后再以 001 分析下一状态，得出 010。一直逐步分析到恢复 000 为止。在分析过程中列出表 10-9 的状态表，可见经过五个脉冲循环一次，故为五进制计数器。

表 10-9　状态表

计数脉冲数	$J_3=Q_1Q_2$	$K_3=1$	$J_2=1$	$K_2=1$	$J_1=\overline{Q}_3$	$K_1=1$	Q_3	Q_2	Q_1
0	0	1	1	1	1	1	0	0	0
1	0	1	1	1	1	1	0	0	1
2	0	1	1	1	1	1	0	1	0
3	1	1	1	1	1	1	0	1	1
4	0	1	1	1	0	1	1	0	0
5	0	1	1	1	1	1	0	0	0

③将 Q_0 端与 FF_1 的 CP_1 端连接，输入计数脉冲 CP_0。按照上述的分析方法，可知为 8421 码异步十进制计数器，即从初始状态 0000 开始计数，经过十个脉冲后恢复 0000。

10.4.3　同步计数器

异步计数器电路较为简单，但由于它的进位(或借位)信号是逐级传送的，因而使计数速度受到限制，工作频率不能太高。而同步计数器的时钟脉冲同时触发计数器中的全部触发器，各个触发器的翻转与时钟脉冲同步，所以工作速度较快，工作频率较高。

同步计数器仍可按计数器的增减变化规律分为加法计数器、减法计数器及可逆计数器。

1. 同步二进制加法计数器

(1)电路组成

图 10-21 为 4 位二进制加法计数器的逻辑图，它由 4 个 JK 触发器构成的 T 触发器组成，所有触发器的时钟控制端均由计数脉冲 CP 输入，CO 为进位端。

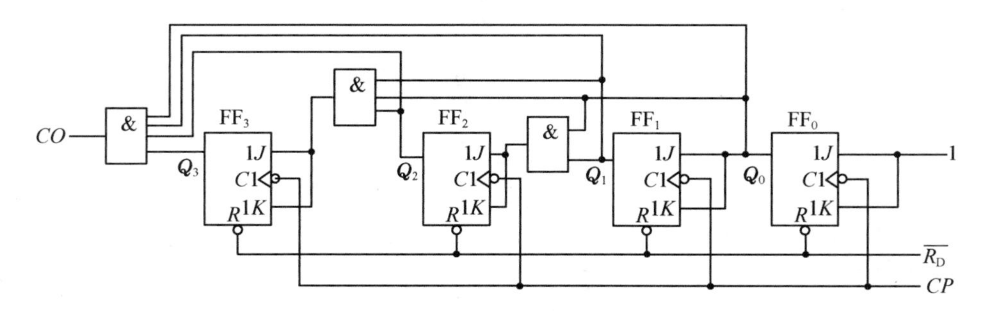

图 10-21　4 位二进制加法计数器

(2)工作原理

时钟方程：

$$CP_0 = CP_1 = CP_2 = CP_3 = CP$$

在同步时序电路中，各个触发器的时钟脉冲都相同，当电路状态转换时，所有触发器的时钟条件均同时具备，所以时钟方程常常可以省略。

驱动方程：

$$J_0 = K_0 = 1 \quad J_1 = K_1 = Q_0$$

$$J_2=K_2=Q_0^nQ_1^n \quad J_3=K_3=Q_0^nQ_1^nQ_2^n$$

状态方程：

$$Q_0^{n+1}=J_0\overline{Q_0^n}+\overline{K_0}Q_0^n=\overline{Q_0^n} \quad (CP \text{ 下降沿触发})$$

$$Q_1^{n+1}=Q_0^n\overline{Q_1^n}+\overline{Q_0^n}Q_1^n \quad (CP \text{ 下降沿触发})$$

$$Q_2^{n+1}=Q_0^nQ_1^n\overline{Q_2^n}+\overline{Q_0^nQ_1^n}Q_2^n \quad (CP \text{ 下降沿触发})$$

$$Q_3^{n+1}=Q_0^nQ_1^nQ_2^n\overline{Q_3^n}+\overline{Q_0^nQ_1^nQ_2^n}Q_3^n \quad (CP \text{ 下降沿触发})$$

输出方程：

$$CO=Q_0^nQ_1^nQ_2^nQ_3^n$$

列写状态转换表：

依次设定电路现态 $Q_3^nQ_2^nQ_1^nQ_0^n$，代入状态方程，设 $Q_3^nQ_2^nQ_1^nQ_0^n=0000$ 即可求出相应的次态 $Q_3^{n+1}Q_2^{n+1}Q_1^{n+1}Q_0^{n+1}$；代入输出方程中，则得输出 CO，计算结果见表 10-10。

表 10-10 4 位二进制加法计数器状态转换表

CP 顺序	现态				次态				进位 CO
	Q_3^n	Q_2^n	Q_1^n	Q_0^n	Q_3^{n+1}	Q_2^{n+1}	Q_1^{n+1}	Q_0^{n+1}	
1	0	0	0	0	0	0	0	1	0
2	0	0	0	1	0	0	1	0	0
3	0	0	1	0	0	0	1	1	0
4	0	0	1	1	0	1	0	0	0
5	0	1	0	0	0	1	0	1	0
6	0	1	0	1	0	1	1	0	0
7	0	1	1	0	0	1	1	1	0
8	0	1	1	1	1	0	0	0	0
9	1	0	0	0	1	0	0	1	0
10	1	0	0	1	1	0	1	0	0
11	1	0	1	0	1	0	1	1	0
12	1	0	1	1	1	1	0	0	0
13	1	1	0	0	1	1	0	1	0
14	1	1	0	1	1	1	1	0	0
15	1	1	1	0	1	1	1	1	0
16	1	1	1	1	0	0	0	0	1

由表 10-10 分析可知，计数器由 0000→0001→…→1110→1111 逐次递增，第一级触发器每来一个 CP 脉冲，便翻转一次，故要求 $J_0=K_0=1$；第二级触发器每来两个 CP 脉冲(即当 $Q_0=1$)时，再来一个 CP 脉冲便翻转，故要求 $J_1=K_1=Q_0$；依此类推，第三级触发器 $J_2=K_2=Q_1Q_0$；第四级触发器 $J_3=K_3=Q_2Q_1Q_0$。

状态转换图从 0000 开始，其状态逐次加 1 递增，直到第 16 个脉冲输入后，由 1111 恢复为初始状态 0000，同时有进位输出。

2. 同步二-十进制加法计数器

(1)电路组成

图 10-22 为二-十进制计数器的逻辑图，它由 4 个 JK 触发器和一个与门组成，CP 为输入计数脉冲，各触发器时钟控制端均由 CP 下降沿触发，C 是向高位的进位。

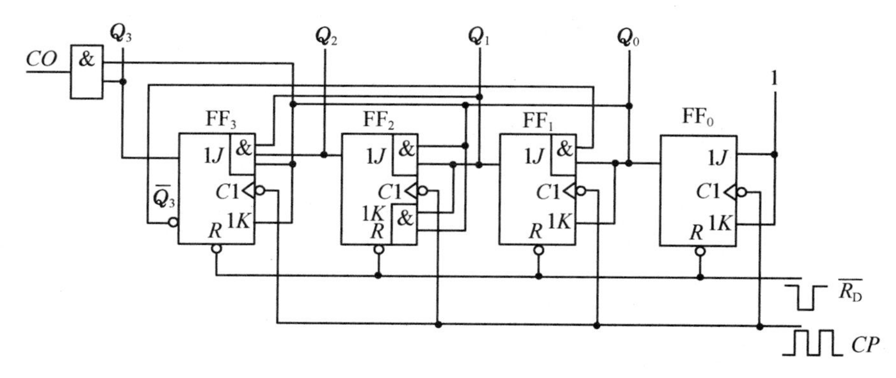

图 10-22　二-十进制计数器

(2)工作原理

驱动方程：

$$J_0=K_0=1$$

$$J_1=Q_0^n\overline{Q_3^n}\quad K_1=Q_0^n$$

$$J_2=K_2=Q_1^nQ_0^n$$

$$J_3=Q_2^nQ_1^nQ_0^n\quad K_3=Q_0^n$$

状态方程：

$$Q_0^{n+1}=J_0\overline{Q_0^n}+\overline{K}_0Q_0^n=\overline{Q_0^n}$$

$$Q_1^{n+1}=\overline{Q_3^n}Q_0^n\overline{Q_1^n}+\overline{Q}_0^nQ_1^n$$

$$Q_2^{n+1}=Q_0^nQ_1^n\overline{Q_2^n}+\overline{Q_0^nQ_1^n}Q_2^n$$

$$Q_3^{n+1}=Q_0^nQ_1^nQ_2^n\overline{Q_3^n}+\overline{Q_0^n}Q_3^n$$

输出方程：

$$CO=Q_0^nQ_3^n$$

给定初始状态 $Q_3^nQ_2^nQ_1^nQ_0^n=0000$，由状态方程和输出方程分析计算求得次态和输出，可得状态转换表，见表 10-11。

表 10-11　同步二-十进制计数器状态转换表

CP 顺序	现态				次态				进位 CO
	Q_3^n	Q_2^n	Q_1^n	Q_0^n	Q_3^{n+1}	Q_2^{n+1}	Q_1^{n+1}	Q_0^{n+1}	
1	0	0	0	0	0	0	0	1	0
2	0	0	0	1	0	0	1	0	0
3	0	0	1	0	0	0	1	1	0
4	0	0	1	1	0	1	0	0	0
5	0	1	0	0	0	1	0	1	0
6	0	1	0	1	0	1	1	0	0
7	0	1	1	0	0	1	1	1	0
8	0	1	1	1	1	0	0	0	0
9	1	0	0	0	1	0	0	1	0
10	1	0	0	1	0	0	0	0	1

由上述分析可知，这是一个 8421BCD 码十进制计数器，电路状态在 0000→0001→…→1001 之间转换，而且是自启动的，即能从无效状态自动转入工作状态。

3. 集成同步计数器

(1)同步二进制计数器 74LS161

图 10-23 是 74LS161 型 4 位同步二进制计数器的引脚排列和逻辑符号。

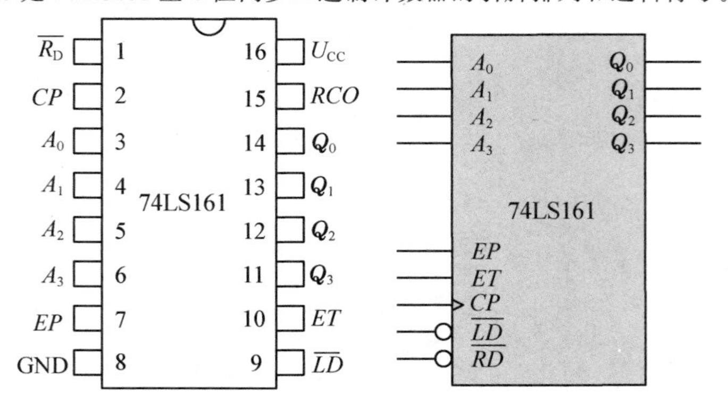

图 10-23　74LS161 型 4 位同步二进制计数器引脚排列图及逻辑符号

各引脚的功能如下：

1 为清零端 $\overline{R_D}$，低电平有效。

2 为时钟脉冲输入端 CP，上升沿有效($CP\uparrow$)。

3～6 为数据输入端 A_0～A_3，是预置数，可预置任何一个 4 位二进制数。

7，10 为计数控制端 EP，ET，当两者或其中之一为低电平时，计数器保持原态；当两者均为高电平时，计数。

9 为同步并行置数控制端 $\overline{LD}$，低电平有效。

11～14 为数据输出端 Q_0～Q_3。

15 为进位输出端 RCO，高电平有效。

表 10-12 是 4 位同步二进制计数器 74LS161 的功能表。

表 10-12　同步二进制计数器 74LS161 的功能表

输入						输出
$\overline{R_D}$	CP	$\overline{LD}$	EP	ET	$A_3A_2A_1A_0$	$Q_3Q_2Q_1Q_0$
0	×	×	×	×	×	0　0　0　0
1	↑	0	×	×	$d_3d_2d_1d_0$	$d_3d_2d_1d_0$
1	↑	1	1	1	×	计数
1	×	1	0	×	×	保持
1	×	1	×	0	×	保持

(2)同步十进制计数器 74LS160

同步十进制计数器常用型号为 74LS160，它的引脚排列图和功能表与上述同步二进制计数器 74LS161 完全相同。

同步十进制计数器 74LS160 功能测试

实训 18　四位数据寄存器 74LS175 的功能测试

【实训目标】

1. 掌握四位数据寄存器的使用及功能测试方法。

2. 加深对各种集成寄存器芯片的了解。

3. 学会构成 n 位数据寄存器的方法。

【实训内容】

根据图 10-24 完成下列工作任务。参照图 10-24 正确组装电路。电路安装完毕后，对电路进行相关参数测量，记录实验数据。

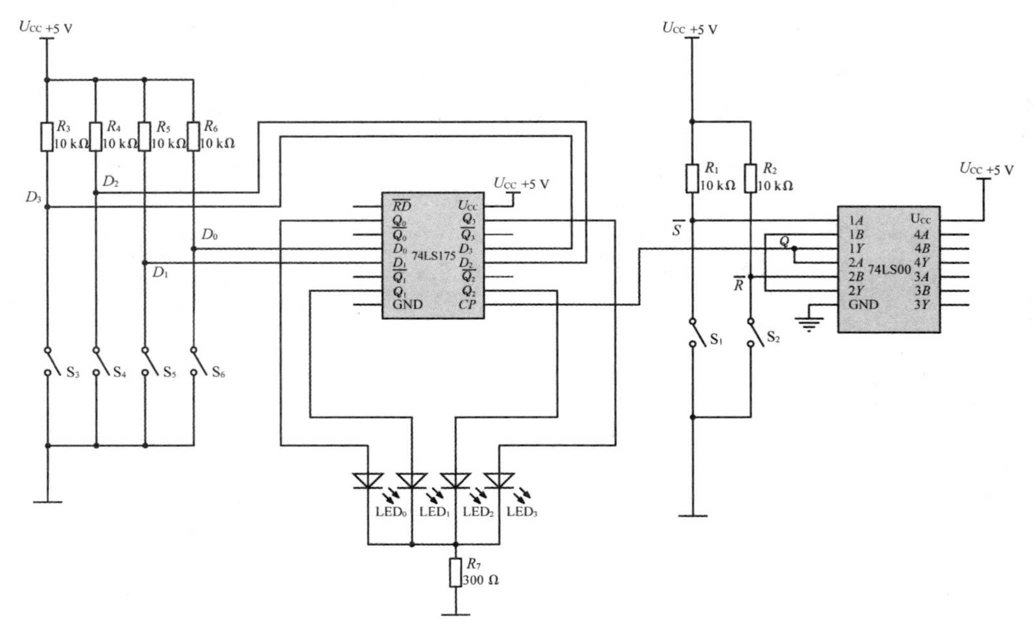

图 10-24　四位数据寄存器 74LS175 的功能测试图

【实训准备】

数字电路实训箱、镊子、小刀、斜口钳、万用表、示波器、电容表等。

【实训步骤】

1. 核对并检测元件

按照元件清单核对元件数量、规格、型号，见表 10-13。

表 10-13　元件清单

序号	名称	规格	数量	备注
1	数字电路实训箱		1 个	
2	函数信号发生器	1～30 kHz	1 台	
3	集成电路 IC1	74LS175	1 只	
4	集成电路 IC2	74LS00	1 只	
5	灯泡	LED	4 只	
6	自锁开关	六脚自锁开关	4 只	
7	电阻	10 kΩ，300 Ω	6 只、1 只	

2. 搭建电路

布局要求：布局合理，从输入到输出进行布局。

搭建顺序：按照图 10-24 连接电路。74LS175 引脚排列与实物图如图 10-25 所示。

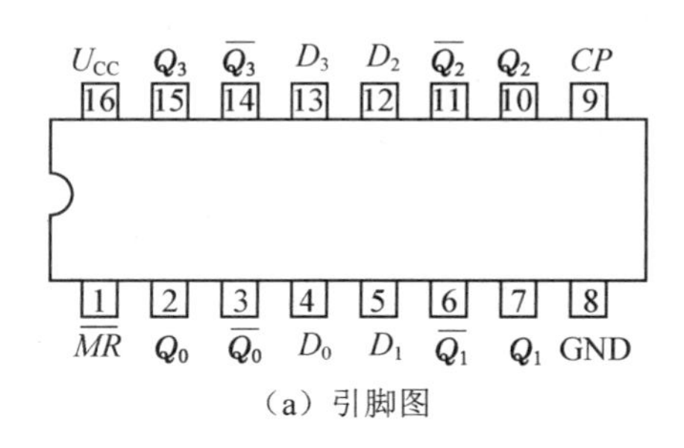

（a）引脚图

（b）实物图

图 **10-25**　**74LS175** 引脚排列与实物图

注意事项：注意集成电路的安装方向，电源电压 U_{CC} 采用 5 V 电压供电。

3. 通电测试

步骤：

①通电前，检查电路的连接是否正确。

②接通电源，根据 LED 亮灭关系判断是否正确存储数据，假设 LED 亮为 1，不亮为 0。

【实训小结】

74LS175 四上升沿 D 触发器，1 脚为 0 时，所有 Q 输出为 0，Q 非输出为 1；9 脚为时钟输入端，9 脚上升沿将相应的触发器 D 的电平，锁存入 D 触发器。

【实训评价】

班级		姓名		成绩	
任务	考核内容	考核要求		学生自评	教师评分
搭建电路	识读集成逻辑门电路(10 分)	能够正确识读集成逻辑门各引脚，了解各引脚功能			
	电路搭建（10 分）	能按照实训电路图正确搭建电路			
	布局（10 分）	元器件布局合理			

续表

任务	考核内容	考核要求	学生自评	教师评分
通电测试	逻辑功能测试(20分)	功能正常		
	测试结果分析(20分)	分析实验结果，得出结论		
安全规范	规范(10分)	工具摆放规范		
	整洁(10分)	台面整洁，安全		
职业态度	考勤纪律(10分)	按时上课，不迟到早退； 按照教师的要求动手操作； 实训完毕后，关闭电源，整理工具和仪器仪表		
小组评价				
教师总评	签名： 日期：			

集成计数器74LS161的功能测试

实训19 集成计数器74LS161的功能测试

【实训目标】

1. 掌握中规模集成计数器的使用及功能测试方法。

2. 学会识读集成计数器芯片。

3. 学会构成 n 进制计数器的方法。

【实训内容】

根据图10-26完成下列工作任务。参照图10-26正确组装电路；电路安装完毕后，对电路进行相关参数测量，记录实验数据；有故障时，根据检测结果分析故障原因，排除相应故障。

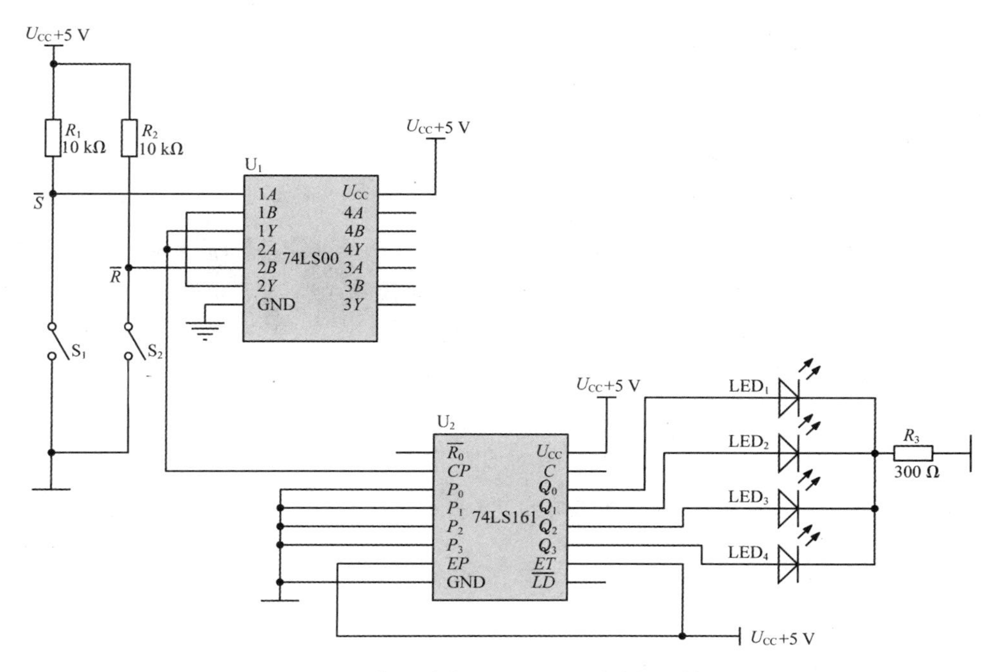

图 10-26 集成计数器 74LS161 的功能测试图

【实训准备】

数字电路实训箱、镊子、小刀、斜口钳、万用表、示波器、电容表等。

【实训步骤】

1. 核对并检测元件

按照元件清单核对元件数量、规格、型号，见表 10-14。

表 10-14 元件清单

序号	名称	规格	数量	备注
1	数字电路实训箱		1 个	
2	函数信号发生器	1～30 kHz	1 台	
3	集成电路 IC1	74LS161	1 只	
4	集成电路 IC2	74LS00	1 只	
5	灯泡	LED	4 只	
6	自锁开关	六脚自锁开关	2 只	
7	电阻	10 kΩ，300 Ω	2 只、1 只	

2. 搭建电路

布局要求：布局合理，从输入到输出进行布局。

搭建顺序：按照图 10-27 连接电路。74LS161 引脚排列与实物图如图 10-27 所示。

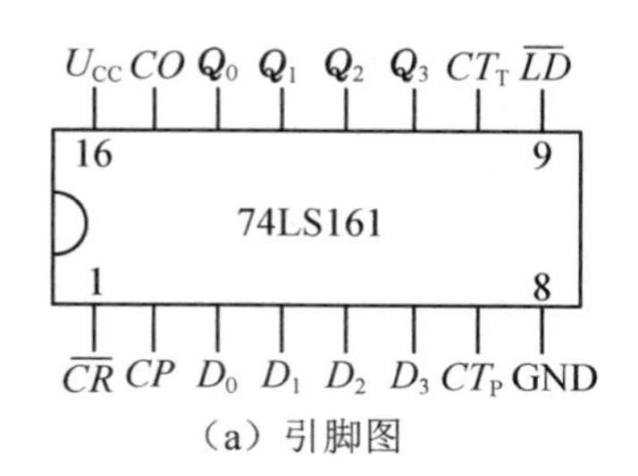

（a）引脚图

（b）实物图

图 10-27　74LS161 引脚排列与实物图

注意事项：注意集成电路的安装方向，电源电压 U_{cc} 采用 5 V 电压供电。

3. 通电测试

步骤：

①通电前，检查电路的连接是否正确。

②接通电源，根据 LED 亮灭关系判断计数变化，假设 LED 亮为 1，不亮为 0。

【实训小结】

74LS161 是常用的四位二进制可预置的同步加法计数器，在各种数字电路以及单片机系统中有着重要的应用。

【实训评价】

班级		姓名		成绩	
任务	考核内容	考核要求		学生自评	教师评分
搭建电路	识读集成逻辑门电路(10 分)	能够正确识读集成逻辑门各引脚，了解各引脚功能			
	电路搭建(10 分)	能按照实训电路图正确搭建电路			
	布局(10 分)	元器件布局合理			
通电测试	逻辑功能测试(20 分)	功能正常			
	测试结果分析(20 分)	分析实验结果，得出结论			

续表

任务	考核内容	考核要求	学生自评	教师评分
安全规范	规范（10 分）	工具摆放规范		
	整洁（10 分）	台面整洁，安全		
职业态度	考勤纪律（10 分）	按时上课，不迟到早退；按照教师的要求动手操作；实训完毕后，关闭电源，整理工具和仪器仪表		
小组评价				
教师总评	签名：　日期：			

要点总结

1. 时序逻辑电路一般由触发器和组合电路组成，其特点是：在任何时刻的输出不仅和输入有关，而且还取决于电路原来的状态。为了记忆电路的状态，时序电路必须包含存储电路。存储电路通常以触发器为基本单元电路构成。

常见的时序逻辑电路有寄存器、移位寄存器、计数器和顺序脉冲发生器等。根据组成时序电路中各个触发器动作变化与 CP 的关系，可分为同步时序电路和异步时序电路。它们的主要区别是，前者的所有触发器受同一时钟脉冲控制，而后者的各触发器则受不同的脉冲源控制。时序电路的逻辑功能可用逻辑图、状态方程、状态表、卡诺图、状态图和时序图 6 种方法来描述，它们在本质上是相通的，可以互相转换。

2. 在数字电路中，用来存放二进制数据或代码的电路称为寄存器。寄存器是一种基本时序电路，任何现代数字系统都必须把需要处理的数据和代码先寄存起来，以便随时取用。

寄存器分为基本寄存器和移位寄存器两大类。基本寄存器的数据只能并行输入、并行输出。移位寄存器中的数据可以在移位脉冲作用下依次逐位右移或左移，数据可以并行输入、并行输出，串行输入、串行输出，并行输入、串行输出，串行输入、并行输出。寄存器的应用很广，特别是移位寄存器，不仅可将串行数码转换成并行数码，或将并行数码转换成串行数码，还可以很方便地构成移位寄存器型计数器和顺序脉冲发生器等电路。

3. 计数器是累计输入脉冲个数的数字部件，运用反馈归零法和反馈置数法可以构成 n 进制计数器，多片集成计数器级联可以扩大计数容量。计数器的主要作用一是对输入脉冲个数进行累计计数，二是对输入脉冲信号进行分频等。计数器按计数方式可分为加法计数器、减法计数器和可逆计数器；按计数长度(循环模数)可分为二进制计数器、十进制计数器和 N 进制计数器。常用的集成计数器芯片多为二进制计数器和十进制计数器，用它们可方便地组成任意进制计数器。级联法可扩展计数器的位数，置数法适用于从任意数开始计数的任意进制计数器。

巩固练习

一、填空题

1. 时序逻辑电路通常由________电路和________电路两部分组成。

2. 时序逻辑电路的基本构成单元是________。

3. 构造一个模 6 计数器，电路需要________个状态，最少要用________个触发器，它有________个无效状态。

4. 若要构成七进制计数器，电路需要________个状态，最少要用________个触发器，它有________个无效状态。

5. 四位扭环形计数器的有效状态有________个。

6. 移位寄存器不但可________，而且还能对数据进行________。

7. 时序逻辑电路在任一时刻的输出不仅取决于________，而且还取决于________。

8. 根据存储电路中触发器的动作特点不同，时序逻辑电路可以分为________时序逻辑电路和________时序逻辑电路。

9. 若两个电路状态在相同的输入下有相同的输出，并且转换到同样一个次态去，则称这两个状态为________。

10. 触发器在脉冲作用下同时翻转的计数器叫作________计数器，n 位二进制计数器的容量等于________。

二、综合题

试用 74LS161 设计能按 8421BCD 译码显示的 0～59 计数的 60 分频电路。

单元 11

脉冲波形的产生与变换

在数字电路系统中，常常需要获得各种不同幅度、不同频率的矩形脉冲信号，如时序逻辑电路中的同步脉冲控制信号 CP。获得矩形脉冲的方法通常有两种：一种是用脉冲产生电路直接产生矩形脉冲信号，另一种是对已有的信号进行整形，然后将它变换成符合要求的矩形脉冲信号。

多谐振荡器、石英晶体振荡器能够直接产生矩形脉冲信号。单稳态触发器、施密特触发器能够对已有信号的波形进行整形，变换成矩形脉冲信号。

知识目标

1. 掌握多谐振荡器、单稳态触发器、施密特触发器的功能和基本应用。

2. 理解多谐振荡器、单稳态触发器、施密特触发器的电路结构和工作原理。

3. 了解 555 时基电路的引脚功能和逻辑功能以及生活中的应用实例。

能力目标

1. 学会用 555 时基电路搭建多谐振荡器、单稳态触发器、施密特触发器。

2. 学会对 555 时基应用电路进行测试、调整。

3. 学会绘制多谐振荡器、单稳态触发器、施密特触发器的输出波形。

4. 能够排除常见故障。

11.1 常见脉冲产生电路与应用

11.1.1 多谐振荡器

多谐振荡电路是一种能够自激产生脉冲波形的电路，它的状态转换不需要外加触发信号触发，而完全由电路自身完成。因此它没有稳定状态，只有两个暂稳态，故多谐振荡器也称为无稳态电路。

1. 常见多谐振荡器

常见的多谐振荡器有环形多谐振荡器、带有 *RC* 延迟电路的环形多谐振荡器、对称式多谐振荡器、非对称式多谐振荡器以及石英晶体多谐振荡器。

(1)环形多谐振荡器

环形多谐振荡器是由奇数个反相器首尾相接构成的。它是利用门电路的传输延迟时间反馈产生振荡的。图 11-1(a)是一个最简单的环形多谐振荡器，它由三个反相器首尾相连，构成一个闭合回路以确保电路振荡。

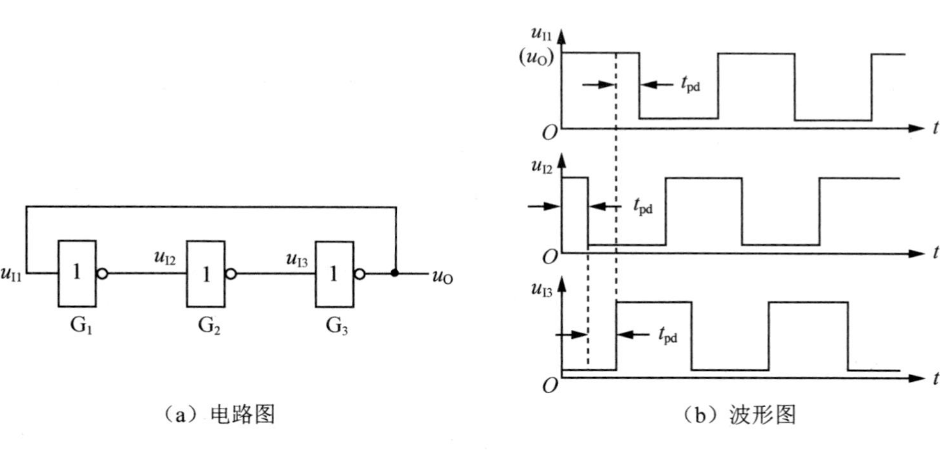

(a) 电路图　　(b) 波形图

图 11-1　环形多谐振荡器

以三个非门为例，假定某一时刻 T_0，非门 G_1 输入端变为高电平，则非门 G_1 输出端(非门 G_2 输入端)在非门延迟时间 t_{pd} 后($T=T_0+t_{pd}$)变为低电平，$T=T_0+2t_{pd}$ 后非门 G_2 输出端(非门 G_3 输入端)变为高电平，$T=T_0+3t_{pd}$ 后非门 G_3 输出端(即非门 G_1 输入端)由高电平变为低电平，此时非门 G_1 输入端电平与 T_0 时正好相反……依次类推，$6t_{pd}$ 后非门 G_1 输入端又变回高电平完成一个周期的振荡，如此往复，工作波形如图 11-1(b)所示，由图可见，振荡周期为 $T=6t_{pd}$。

(2)带有 RC 延迟电路的环形多谐振荡器

环形多谐振荡器的优点是电路简单，但由于门电路的传输延迟时间比较短，只有几十到一二百纳秒，难以获得较低的振荡频率，而且振荡频率不易调节。为克服这个缺点，在电路的基础上附加 RC 延迟环节，组成带 RC 延迟电路的环形多谐振荡器，如图 11-2 所示。接入 RC 电路以后不仅增加了 G_2 门的传输延迟时间，有助于获得较低的振荡频率，而且通过改变 R 和 C 的数值可以很容易实现对振荡频率的调节。其中 R，C 是定时元件，决定振荡的周期和频率，$T\approx 2.2RC$。R_S 是限流电阻，保护 G_3 门，通常选 100 Ω 左右。

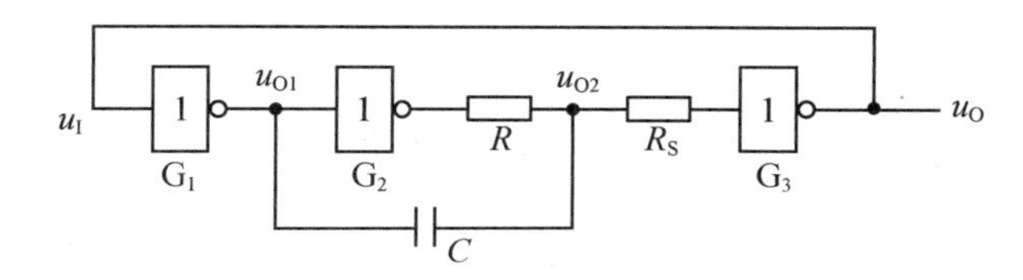

图 11-2　带有 RC 延迟电路的环形多谐振荡器

(3)对称式多谐振荡器

对称式多谐振荡器是一个正反馈电路，如图 11-3 所示。G_1 和 G_2 是两个反相器，R_{F1} 和 R_{F2} 是两个反馈电阻，C_1 和 C_2 是两个耦合电容，通过电容的充电和放电，使两个暂稳态相互交替，从而产生自激振荡。

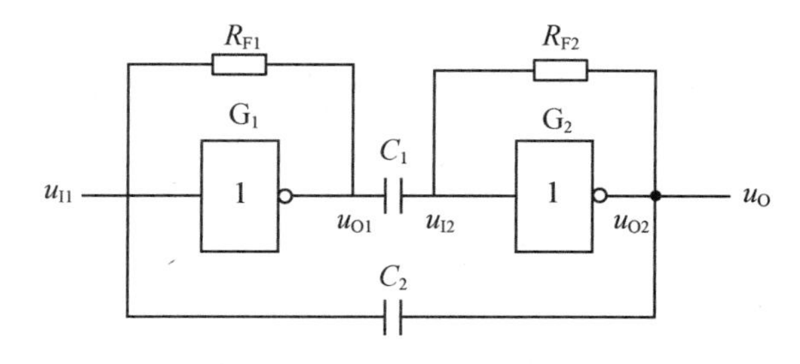

图 11-3　对称式多谐振荡器

(4)非对称式多谐振荡器

非对称式多谐振荡器是对称式多谐振荡器的简化形式，如图 11-4 所示。这个电路只有一个反馈电阻 R_F 和一个耦合电容 C。调节 R_p 和 C 值，可改变输出信号的振荡频率，通常通过改变 C 值实现输出频率的粗调，改变电位器 R_p 实现输出频率的细调。

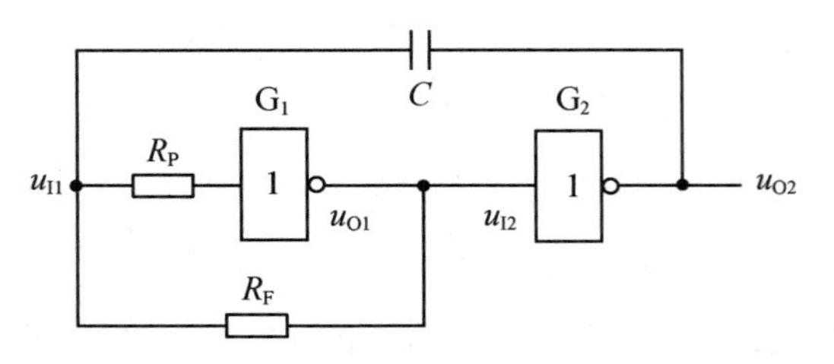

图 11-4　非对称式多谐振荡器

(5)石英晶体多谐振荡器

①串联式石英晶体振荡器。

图 11-5 为串联式石英晶体振荡器电路。在电路中，C 起耦合作用，R_1，R_2 的作用是使两个反相器在静态时都工作在转折区，成为具有很强放大能力的放大电路。

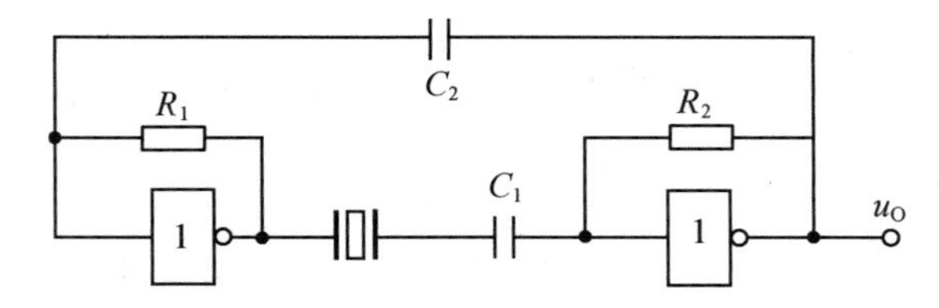

图 11-5　串联式石英晶体振荡器

石英晶体多谐振荡器的振荡频率取决于石英晶体的固有谐振频率 f_o，与外接元件 R，C 无关。石英晶体的谐振频率由石英晶体的结晶方向和外形尺寸决定，具有极高的频率稳定性。

②并联式石英晶体振荡器。

图 11-6 为并联式石英晶体振荡器电路，其中 R_F 是偏置电阻，保证在静态时使 G_1 工作在转折区，构成一个反相放大器。电路的振荡频率为 f_o，反相器 G_2 起整形缓冲作用，同时 G_2 还可以隔离负载对振荡电路工作的影响。

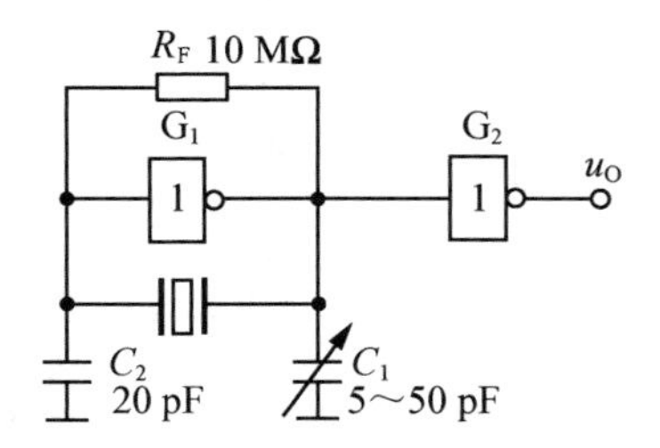

图 11-6　并联式石英晶体振荡器

多谐振荡器一般用于产生矩形脉冲；环形多谐振荡器比较简单，难以获得较低的振荡频率，而且振荡频率不易调节；带 RC 延迟电路的环形多谐振荡器可以很容易实现对振荡频率的调节，但是振荡频率不稳定，容易受温度、电源电压波动和 RC 参数误差的影响；石英晶体多谐振荡器能够改善这些缺点，产生频率稳定度很高的脉冲。

2. 多谐振荡器的应用

图 11-7 为 BP 机呼叫电路，在电路中，G_5，G_6 构成音频多谐振荡器；G_3，G_4 构成低频多谐振荡器，控制音频振荡间隔；G_1，G_2 构成超低频多谐振荡器，控制呼叫间隔；VD_1，R_3 和 VD_2、R_6 起隔离、控制作用，使音频振荡器受低频振荡器的控制，而低频振荡器又受超低频振荡器的控制。当 G_1，G_2 构成的超低频多谐振荡器输出低电平时，VD_1 的钳制作用使 G_3 输入为固定的低电平，低频多谐振荡器停振，B 点为低电平，音频振荡器也停振，扬声器不发声；而超低频多谐振荡器输出高电平时，VD_1 截止，G_3，G_4 构成的低频多谐振荡器产生振荡，而它又通过 VD_2 控制着 G_5，G_6 构成的音频振荡器工作。因此，C 点输出一个调制的音频信号，使扬声器发出声响。

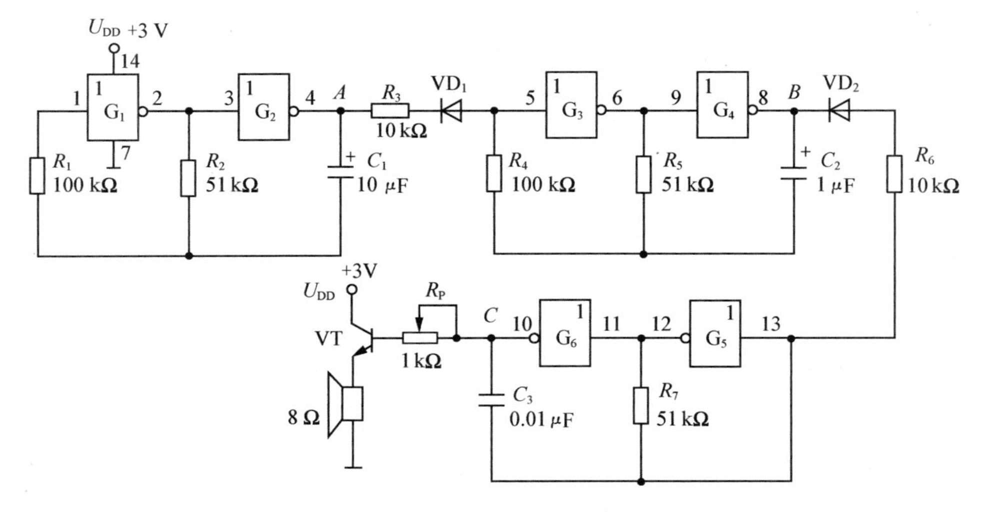

图 11-7　BP 机呼叫电路

11.1.2　单稳态触发器

单稳态触发电路只有一个稳定状态，另一个是暂时稳定状态，从稳定状态转换到暂稳态时必须由外加触发信号触发，从暂稳态转换到稳态是由电路自身完成的，暂稳态的持续时间取决于电路本身的参数。

1. 单稳态触发器电路

单稳态触发器的暂稳态通常由 RC 电路的充放电过程来维持。根据 RC 电路的接法不同，单稳态触发器分为微分型和积分型两种。

图 11-8 为微分型单稳态触发器，其工作过程如下。

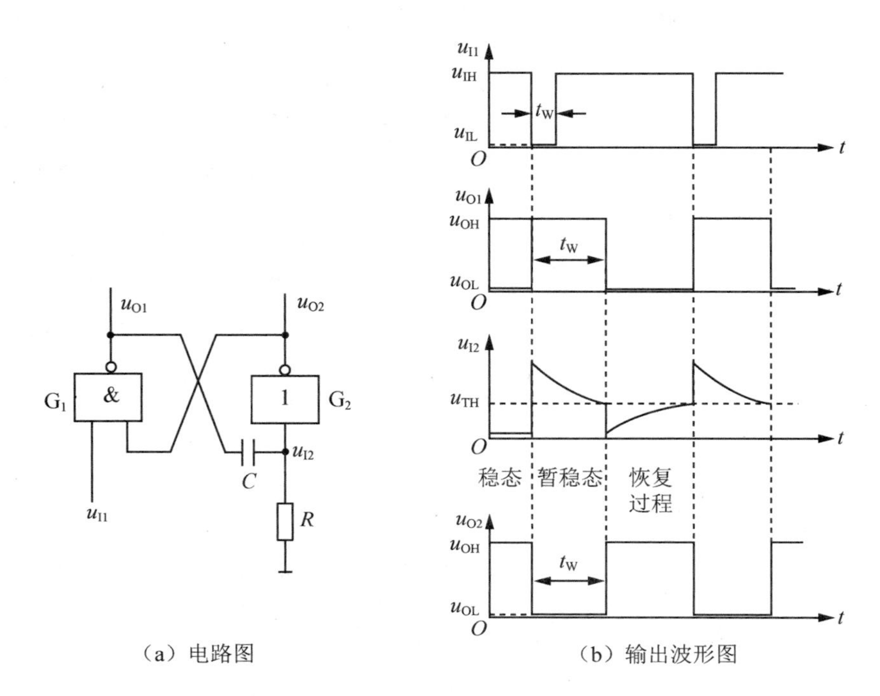

(a) 电路图　　(b) 输出波形图

图 **11-8**　微分型单稳态触发器

(1)稳态

无触发时，$u_{I1}=1$，因门 G_2 的输入端经电阻 R 接入，故 $u_{O2}=0$。

(2)触发翻转

当 u_{I1} 负跳变时，u_{O1} 由 0 变为 1，由于电容 C 两端电压不能突变，于是 u_{I2} 点电压随 u_{O1} 上升，变为逻辑高电平，所以 u_{O2} 由 1 变为 0。

输入信号 u_{I1} 负跳变引起电路状态发生的变化，称为触发。

(3)RC 电路的微分作用使电路返回稳态

触发后，u_{I1} 很快回到高电平，由于 $u_{O1}=0$，仍能维持 $u_{O2}=1$。但电容 C 以回路 $u_{O2}\to C\to R\to$ 地，进行充电，随着 u_C 的上升，u_{I2} 点电压下降。当 u_{I2} 下降为低电平

时，u_{O1} 即翻转回去，变为 1，u_{O2} 也回到 0。此后，u_{I2} 点逐渐恢复到触发前的状态。电路图如图 11-8(a)所示。电路触发翻转后形成与稳态相反的状态，只维持了一段时间，所以称为暂稳态，其工作波形如图 11-8(b)所示。

单稳态触发器输出脉冲宽度 t_W 仅决定于定时元件 R，C 的取值，与输入触发信号和电源电压无关，调节 R，C 的取值，即可方便的调节 t_W。一般情况下，$t_W \approx 1.1RC$。

2. 单稳态触发器的应用

单稳态触发器广泛用于数字系统的脉冲整形、延时和定时等。

(1)整形

单稳态触发器能够把不规则的输入信号 u_I，整形成为幅度和宽度都相同的标准矩形脉冲 u_O。u_O 的幅度取决于单稳态电路输出的高、低电平，宽度 t_W 取决于暂稳态时间，输出波形图如图 11-9(b)所示。

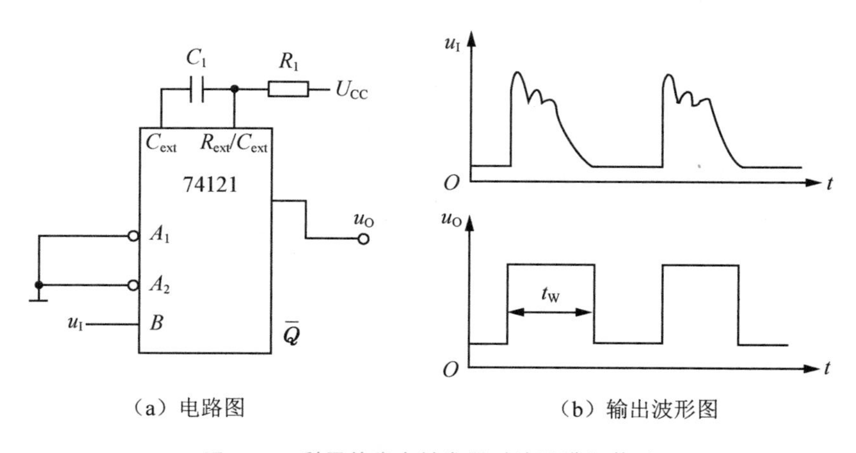

（a）电路图　　（b）输出波形图

图 11-9　利用单稳态触发器对波形进行整形

(2)延时和定时

①延时。

单稳态触发器可以实现延时功能，如图 11-10 所示，u'_O的下降沿比 u_I 的下降沿滞后了时间 t_W。

②定时。

调节单稳态电路中的定时元件 R 或 C 的值，可改变控制时间的长短。

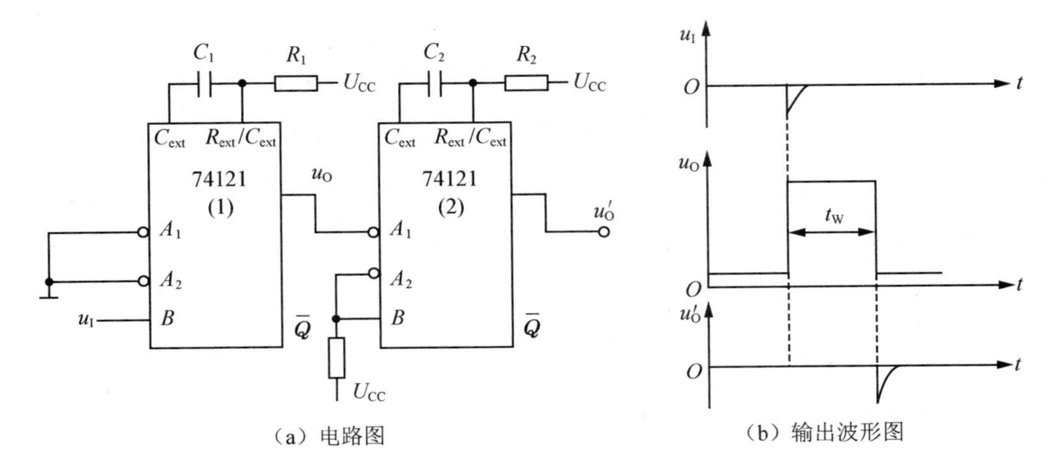

（a）电路图　　　　（b）输出波形图

图 11-10　利用单稳态触发器实现延时功能

11.1.3　施密特触发器

1. 施密特触发器的逻辑符号

施密特触发器主要用于将非矩形脉冲变换成上升沿和下降沿都很陡峭的矩形脉冲。它的逻辑符号如图 11-11 所示。

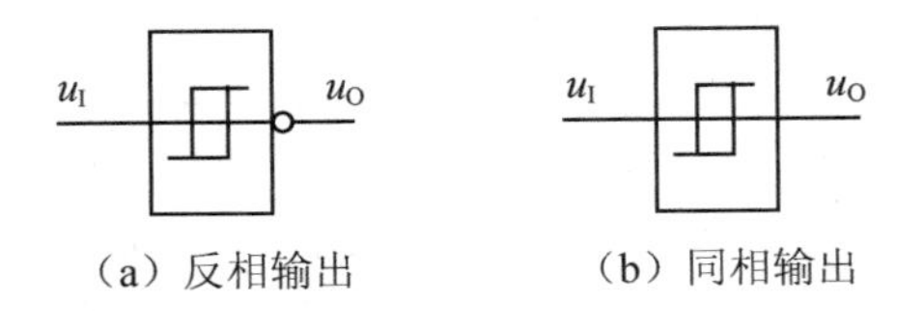

（a）反相输出　　　（b）同相输出

图 11-11　施密特触发器的符号

2. 施密特触发器的特点

能把变化非常缓慢的输入波形整形成数字电路所需要的矩形脉冲。

有两个触发电平，当输入信号达到某一额定值时，电路状态就会转换，因此它属于电平触发的双稳态电路。

3. 典型集成施密特触发器

(1)CMOS 集成施密特触发器

典型 CMOS 集成施密特触发器 CC40106，如图 11-12(a)所示。

(2)TTL 集成施密特触发器

典型 TTL 集成施密特触发器 74LS14，如图 11-12(b)所示。

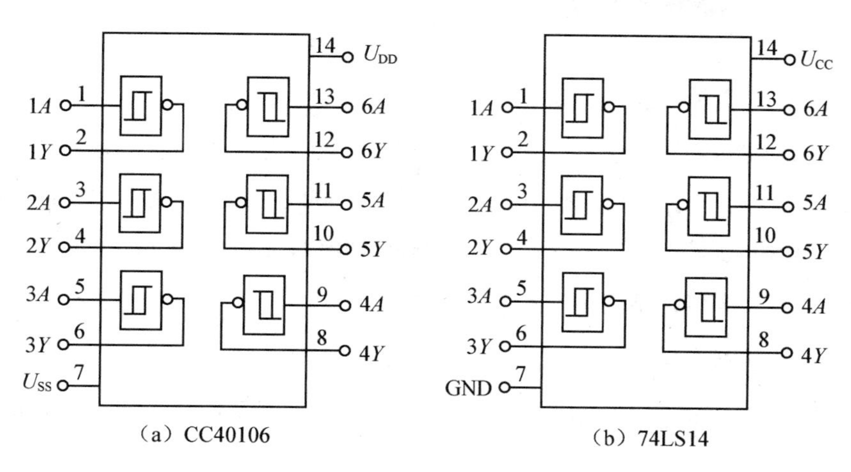

（a）CC40106　　（b）74LS14

图 11-12　典型集成施密特触发器芯片

4. 施密特触发器的应用举例

用作接口电路——将缓慢变化的输入信号，转换成符合系统要求的脉冲波形。

用作整形电路——把不规则的输入信号整形成矩形脉冲。

用于脉冲鉴幅——从一系列幅度不同的脉冲信号中，选出那些幅度大于 U_{T+} 的输入脉冲。

构成多谐振荡器——施密特触发器还可以构成多谐振荡器，其电路图和波形如图 11-13 所示。

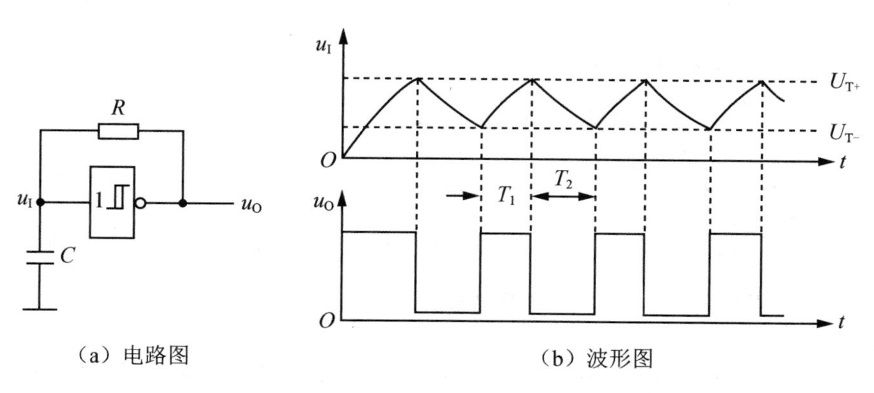

（a）电路图　　（b）波形图

图 11-13　施密特触发器构成多谐振荡器

11.2 555时基电路与应用

11.2.1 555时基电路简介

集成时基电路又称为集成定时器或555电路，是一种数字、模拟混合型的中规模集成电路，应用十分广泛。外加电阻、电容等元件可以构成多谐振荡器、单稳态电路、施密特触发器等。它是一种产生时间延迟和多种脉冲信号的电路，由于内部电压使用了三个5 kΩ的电阻，故取名555电路。

1. 555定时器的电路结构

定时器内部由电压比较器、分压电路、*RS* 触发器及放电三极管等组成，如图11-14(b)所示。

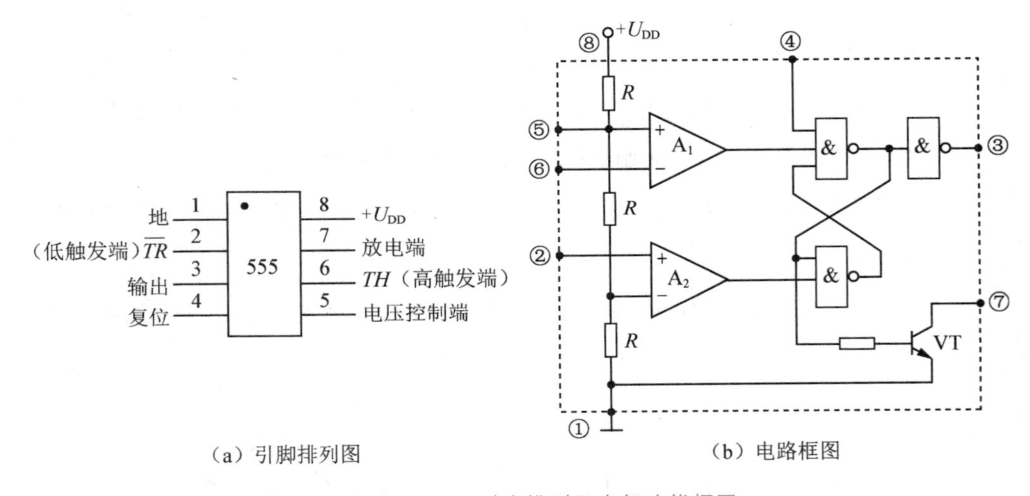

（a）引脚排列图　（b）电路框图

图11-14　NE555引脚排列及内部功能框图

课程思政：包头供电局达茂供电分局红旗供电所筑梦边疆

2. 工作原理及功能

①4脚为复位输入端 R_D，当 R_D 为低电平时，不管其他输入端的状态如何，输出为低电平。正常工作时，应将其接高电平。

②5脚为电压控制端，当其悬空时，比较器 A_1 和 A_2 的比较电压分别为 $\frac{2}{3}U_{DD}$ 和 $\frac{1}{3}U_{DD}$。

③2脚为触发输入端，6脚为阈值输入端，两端的电位高低控制比较器 A_1 和 A_2

的输出，从而控制 RS 触发器，决定输出状态。

555 定时器的功能见表 11-1。

表 11-1　NE555 定时器的功能表

输入			输出	
阈值输入⑥	触发输入②	复位④	输出③	放电管 VT⑦
×	×	0	0	导通
$<\frac{2}{3}U_{DD}$	$<\frac{1}{3}U_{DD}$	1	1	截止
$>\frac{2}{3}U_{DD}$	$>\frac{1}{3}U_{DD}$	1	0	导通
$<\frac{2}{3}U_{DD}$	$>\frac{1}{3}U_{DD}$	1	不变	不变

11.2.2　555 时基电路应用

1. 用 555 定时器构成单稳态触发器

(1)电路组成及工作原理

555 定时器构成单稳态触发器，电路如图 11-15 所示，其工作原理如下。

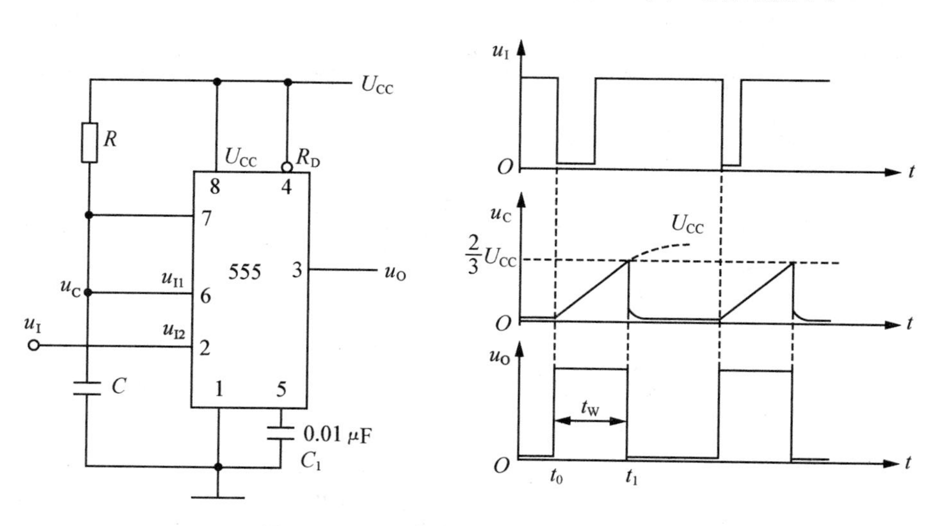

图 11-15　555 定时器构成单稳态触发器

①无触发信号输入时电路工作在稳定状态。

当 $u_I=1$ 时，电路工作在稳定状态，即 $u_O=0$，$u_C=0$。

②u_I 下降沿触发。

当 u_I 下降沿到达时，u_O 由 0 跳变为 1，电路由稳态转入暂稳态。

③暂稳态的维持时间。

在暂稳态期间，三极管 VT 截止，U_{CC} 经 R 向 C 充电。时间常数 $\tau_1=RC$，u_C 由 0 V 开始增大，在 u_C 上升到 $\frac{2}{3}U_{CC}$ 之前，电路保持暂稳态不变。

④自动返回(暂稳态结束)时间。

当 u_C 上升至 $\frac{2}{3}U_{CC}$ 时，u_O 由 1 跳变 0，三极管 VT 由截止转为饱和导通，电容 C 经 VT 迅速放电，电压 u_C 迅速降至 0 V，电路由暂稳态重新转入稳态。

⑤恢复过程。

当暂稳态结束后，电容 C 通过饱和导通的放电三极管 VT 放电，时间常数 $\tau_2=R_{CES}C$，经过(3～5)τ_2 后，电容 C 放电完毕，恢复过程结束。

(2)用 555 定时器构成单稳态触发器应用

应用 1——触摸定时控制开关。

只要用手触摸一下金属片 P，由于人体感应电压相当于在触发输入端(引脚 2)加入一个负脉冲，555 输出端输出高电平，灯泡(R_L)发光，当暂稳态时间(t_W)结束时，555 输出端恢复低电平，灯泡熄灭。该触摸开关可用于夜间定时照明，定时时间可由 RC 参数调节，如图 11-16 所示。

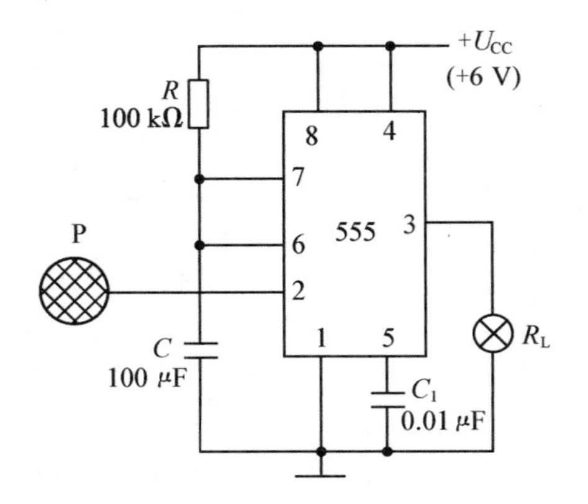

图 **11-16** 触摸定时控制开关

应用 2——触摸、声控双功能延时灯。

图 11-17 为触摸、声控双功能延时灯电路，其中 555 和 VT_1，R_3，R_2，C_4 组成单稳定时电路，定时(即灯亮)时间约为 1 min。

触摸金属片 A 时，人体感应电信号经 R_4，R_5 加至 VT_1 基极，使 VT_1 导通，触发 555，使 555 输出高电平，触发导通晶闸管 SCR，电灯亮。

当击掌声传至压电陶瓷片时，HTD 将声音信号转换成电信号，经 VT_2，VT_1 放大，触发 555，使 555 输出高电平，触发导通晶闸管 SCR，电灯亮。

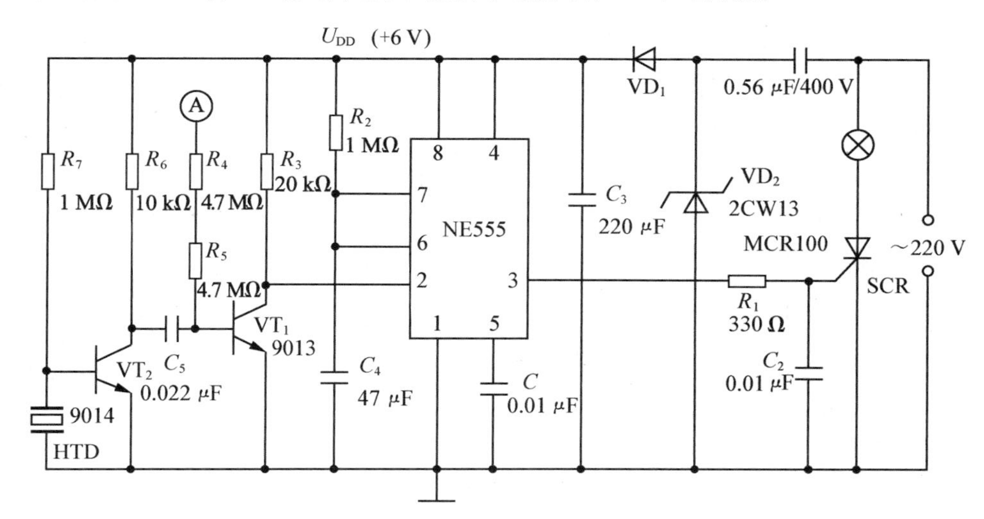

图 11-17　触摸、声控双功能延时灯

2. 用 555 定时器构成多谐振荡器

(1)电路组成及工作原理

多谐振荡器电路由 555 定时器和外接元件 R_1，R_2，C 构成，如图 11-18 所示。

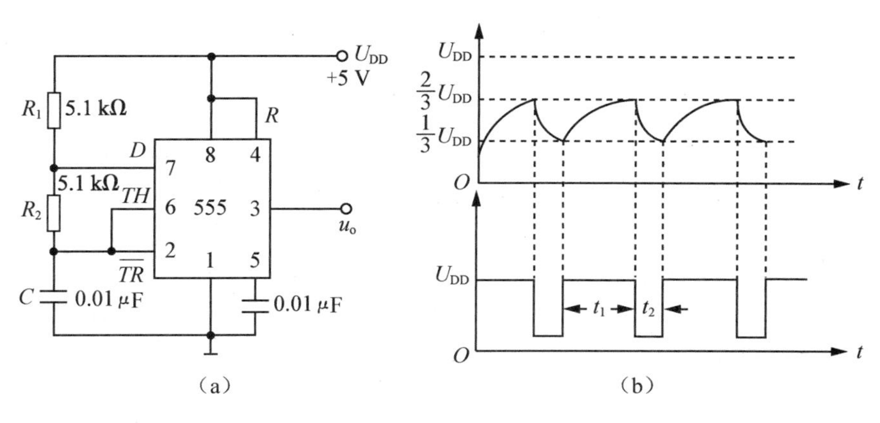

图 11-18　555 定时器构成的多谐振荡器

工作原理：电路无稳态，仅存在两个暂稳态，亦不需外加触发信号，即可产生振荡。电源接通后，U_{DD} 通过电阻 R_1，R_2 向电容 C 充电。当电容上电压 $U_C=\frac{2}{3}U_{DD}$

时，阈值输入端⑥受到触发，比较器 A_1 翻转，输出电压 $u_O=0$，同时放电管 VT 导通，电容 C 通过 R_2 放电；当电容上电压 $U_C=\frac{1}{3}U_{DD}$，比较器 A_2 工作，输出电压 u_O 变为高电平。C 放电终止，又重新开始充电，周而复始，形成振荡。电容 C 在 $\frac{1}{3}U_{DD}\sim\frac{2}{3}U_{DD}$ 充电和放电，其波形图如图 11-18(b)。

(2)用 555 定时器构成多谐振荡器应用

图 11-19 为简易温度报警器电路，其中 555 定时器和 R_1，R_2 及 C，C_1 构成低频振荡器，当环境温度升高时，热敏电阻的阻值迅速降低，控制端 R_D 为低电平，低频振荡器不振荡；当环境温度低于预设温度时，热敏电阻的阻值增大，控制端 R_D 为高电平，低频振荡器产生矩形波，使扬声器发出声音。声音的长短可以通过调节 R_1，R_2 来实现。

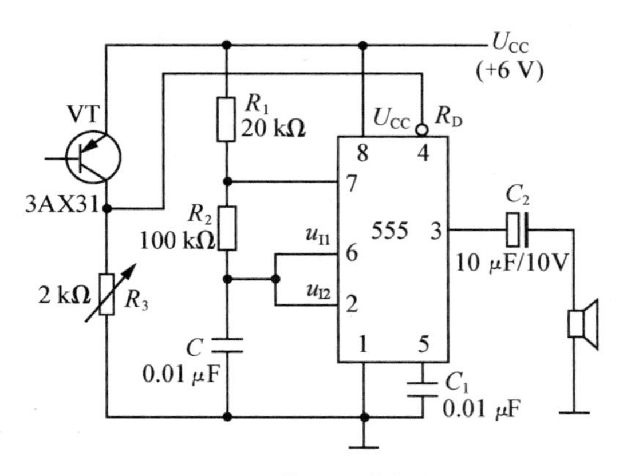

图 11-19　简易温度报警器

3. 用 555 定时器构成施密特触发器

(1)电路组成及工作原理

555 定时器可以构成施密特触发器，其电路和波形如图 11-20 所示。

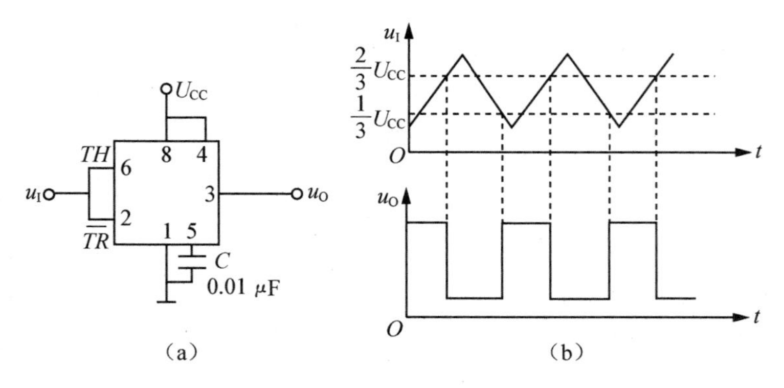

图 11-20　555 定时器构成施密特触发器

(2)电压滞回特性和主要参数

①电压滞回特性。

施密特触发器是一种特殊的门电路，与普通的门电路不同，施密特触发器有两个阈值电压，分别称为正向阈值电压和负向阈值电压。

在输入信号从低电平上升到高电平的过程中，使电路状态发生变化的输入电压称为正向阈值电压 U_{T+}。

在输入信号从高电平下降到低电平的过程中，使电路状态发生变化的输入电压称为负向阈值电压 U_{T-}。

正向阈值电压与负向阈值电压之差称为回差电压 ΔU_T，即 $\Delta U_T = U_{T+} - U_{T-}$。

可见，施密特触发器的电压传输特性具有滞后性，如图 11-21 所示。

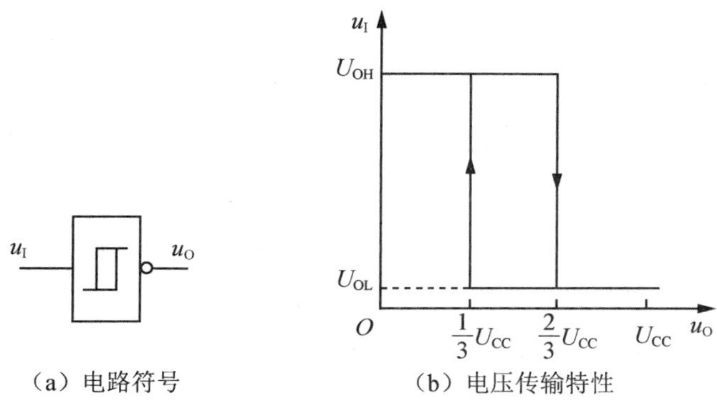

（a）电路符号　（b）电压传输特性

图 11-21　施密特触发器的电压传输特性

②主要静态参数。

上限阈值电压 U_{T+}——u_I 上升过程中，输出电压 u_O 由高电平 U_{OH} 跳变到低电平 U_{OL} 时，所对应的输入电压值。$U_{T+} = \frac{2}{3}U_{CC}$。

下限阈值电压 U_{T-}——u_I 下降过程中，u_O 由低电平 U_{OL} 跳变到高电平 U_{OH} 时，所对应的输入电压值。$U_{T-} = \frac{1}{3}U_{CC}$。

回差电压 ΔU_T——$\Delta U_T = U_{T+} - U_{T-} = \frac{1}{3}U_{CC}$。

(3)用 555 定时器构成施密特触发器应用

施密特触发器输出状态的转换取决于输入信号的变化过程，即输入信号从低电平上升的过程中，电路状态转换时，对应的输入电平 U_{T+} 与输入信号从高电平下降过程中，对应的输入转换电平 U_{T-} 不同，另外由于施密特触发器内部存在正反馈，所以输出电压波形的边沿很陡。

因此，利用施密特触发器不仅能将边沿变化缓慢的信号波形整形为边沿陡峭的矩形波，而且可以将叠加在矩形脉冲高、低电平上的噪声有效地消除。

资料拓展

555 集成芯片是如何诞生的?

Hans R. Camenzind，在 1971 年设计了第一款 555 定时器集成芯片，当时他任职于美国 Signetics 公司。在 1971 年夏天，第一版设计方案被审定，集成有恒流源电路，总共有 9 个管脚。虽然方案被通过，Camenzind 又提出了一个新的方案，将原来的恒流源直接替换成一个电阻，这样所需要的芯片管脚就可以减少到 8 个，进而可以封装在 8PIN 电路封装里，而不需要使用 14PIN 的封装。在当年 10 月份新版的设计方案被通过，它总共包含有 25 个三极管、2 个二极管以及 15 个电阻。通过外部的电阻、电容来确定定时器时间周期。1972 年，Signetic 公司发布了第一款 555 定时器电路，有两款封装形式：8PIN 的 DIP 封装以及 8PIN 的 TO5 金属罐封装。芯片信号为 SE/NE555，是当时唯一商业化的芯片。由于这款芯片价格低廉，但功能强大，一经问世就火爆畅销。

555 定时器的应用可以按照它的工作模式分类，正因它丰富灵活的工作模式使得它在很多电子设计中都占有一席之地。而随着国产芯片的发展，其应用也更加的广泛。

因此我们在学习过程中也要不断地寻求更优更简的电路设计，倡导资源节约，节能降碳。

要点总结

1. 多谐振荡器不需要外加输入信号，只要接通供电电源，就自动产生矩形脉冲信号。

2. 单稳态触发器是最常用的整形电路之一。单稳态触发器输出信号的宽度完全由电路本身参数决定，与输入信号无关，输入信号只起触发作用。因此，单稳态触发器可以用于产生固定宽度的脉冲信号。

3. 施密特触发器既可以用于脉冲整形，也可以组成多谐振荡器产生脉冲。因为施密特触发器输出的高、低电平随输入信号的电平改变，所以输出脉冲的宽度是由输入信号决定的。由于它的滞回特性和输出电平转换过程中正反馈的作用，输出电压波形的边沿得到明显的改善。

4. 555 定时器是一种用途很广的集成电路，除了能组成施密特触发器、单稳态触发器和多谐振荡器以外，还可以接成各种应用电路。读者可参阅有关书籍并且根据需要自行搭接所需的电路。

巩固练习

一、填空题

1. 矩形脉冲的获取方法通常有两种：一种是________；另一种是________。

2. 占空比是________与________的比值。

3. 常见的脉冲产生电路有________，常见的脉冲整形电路有________、________。

4. 为了实现高的频率稳定度，常采用________振荡器；单稳态触发器受到外触发时进入________。

5. 多谐振荡器在工作过程中不存在稳定状态，故又称为________。

6. 由门电路组成的多谐振荡器有多种电路形式，但它们均具有如下共同特点。第一，电路中含有________，如门电路、电压比较器、BJT 等。这些器件主要用来产生________。第二，具有________，将输出电压恰当地反馈给开关器件使之改变输出状态。第三，利用 RC 电路的充、放电特性可实现________，以获得所需要的振荡频率。在许多实用电路中，反馈网络兼有________作用。

7. 在数字系统中，单稳态触发器一般用于________、________、________等。

8. 施密特触发器具有________现象，单稳态触发器只有________个稳定状态。

9. 施密特触发器除了可作矩形脉冲整形电路外，还可以作为________、________。

10. 单稳态触发器的工作原理是：没有触发信号时，电路处于一种________；外加触发信号时，电路由________翻转到________；电容充电时，电路由________自动返回至________。

二、综合题

1. 单稳态触发器的特点有哪些？

2. 施密特触发器具有什么特点？

3. 图 11-22 是 555 定时器组成的何种电路？

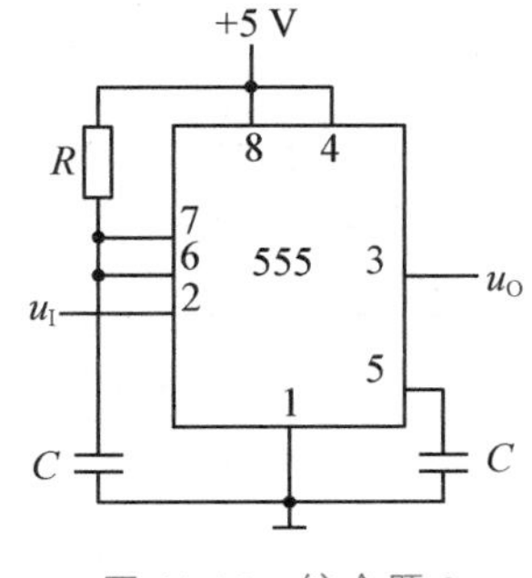

图 11-22　综合题 3

4. 555 定时器三个 5 kΩ 电阻的功能是什么？

单元 12

数模转换和模数转换

模拟信号和数字信号及其转换

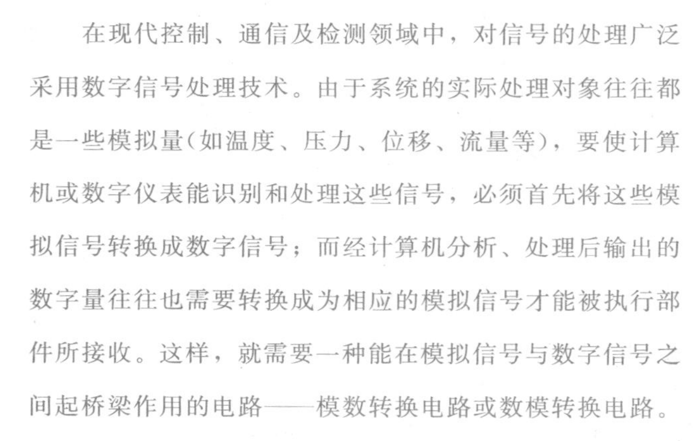

在现代控制、通信及检测领域中，对信号的处理广泛采用数字信号处理技术。由于系统的实际处理对象往往都是一些模拟量(如温度、压力、位移、流量等)，要使计算机或数字仪表能识别和处理这些信号，必须首先将这些模拟信号转换成数字信号；而经计算机分析、处理后输出的数字量往往也需要转换成为相应的模拟信号才能被执行部件所接收。这样，就需要一种能在模拟信号与数字信号之间起桥梁作用的电路——模数转换电路或数模转换电路。

能将模拟信号转换成数字信号的电路，称为模数转换器(简称 A/D 转换器)；能把数字信号转换成模拟信号的电路，称为数模转换器(简称 D/A 转换器)。模数转换器和数模转换器已经成为计算机系统中不可缺少的接口电路。图 12-1 为模数和数模转换器的应用框图。

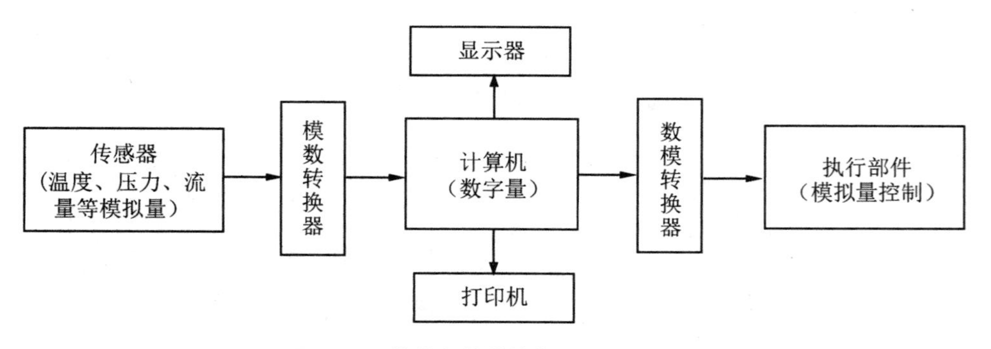

图 12-1　模数和数模转换器的应用框图

本单元将介绍几种常用模数与数模转换器的电路结构、工作原理及其应用。

知识目标

1. 了解数模转换的基本概念及应用。
2. 了解典型集成数模转换电路的引脚功能和应用电路的搭建方法。
3. 了解模数转换的基本概念及其应用。
4. 了解典型集成模数转换电路的引脚功能和应用电路的连接方法。

能力目标

1. 学会搭接数模转换集成电路的典型应用电路，观察现象，并测试相关数据。
2. 学会搭接模数转换集成电路的典型应用电路，观察现象，并测试相关数据。

12.1 数模转换

12.1.1　数模转换的原理

1. 数模转换器的基本原理

数模转换器将输入的二进制数字量转换成模拟量，以电压或电流的形式输出。

数模转换器实质上是一个译码器(解码器)。一般常用的线性数模转换器，其输出模拟电压 u_O 和输入数字量 D_n 之间成正比关系。U_{REF} 为参考电压。

$$u_O=D_nU_{REF}$$

图 12-2 是数模转换器的输入、输出关系框图。$d_0 \sim d_{n-1}$ 是输入的 n 位二进制数，u_O 是与输入二进制数成比例的输出电压。

图 12-3 是一个输入为 3 位二进制数时数模转换器的转换特性。它具体而形象地反映了数模转换器的基本功能。

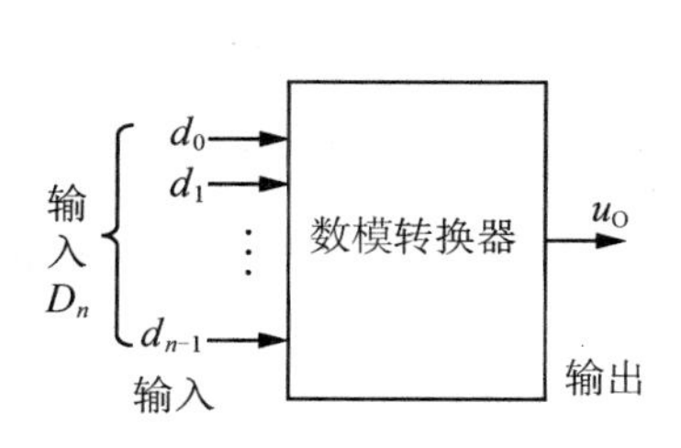

图 12-2　数模转换器的输入、输出关系框图

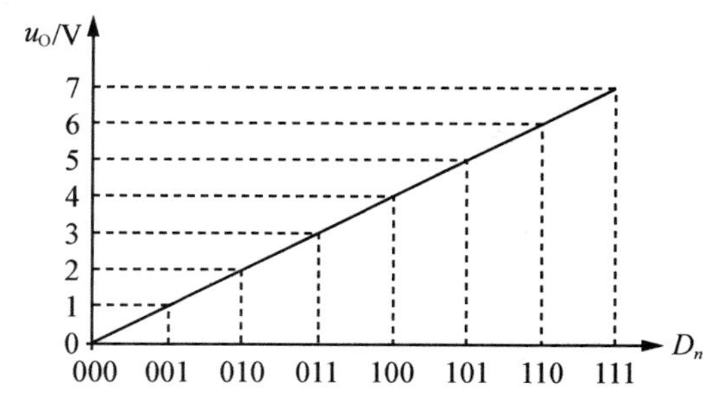

图 12-3　3 位二进制数时数模转换器的转换特性

2. 数模转换器的主要性能参数

(1)分辨率

分辨率表明数模转换器对模拟量的分辨能力，它是最低有效位(LSB)所对应的模拟量，它确定了能由数模转换器产生的最小模拟量的变化。通常用二进制数的位数表示数模转换器的分辨率，如分辨率为8位的数模转换器能给出满量程电压的$1/2^8$的分辨能力，显然数模转换器的位数越多，分辨率越高。

(2)线性误差

数模转换器的实际转换值偏离理想转换特性的最大偏差与满量程之间的百分比称为线性误差。

(3)建立时间

这是数模转换器的一个重要性能参数，定义为：在数字输入端发生满量程码的变化以后，数模转换器的模拟输出稳定到最终值±1/2LSB时所需要的时间。

(4)温度灵敏度

它是指在数字输入不变的情况下，模拟输出信号随温度的变化。一般数模转换器的温度灵敏度为$\pm 50\times 10^{-6}$/℃。

(5)输出电平

不同型号的数模转换器的输出电平相差较大，一般为5～10 V，有的高压输出型的输出电平为24～30 V。

12.1.2 数模转换的应用

常用的集成数模转换器有DAC0830，DAC0831，DAC0832，采用CMOS电流控制电路，其功耗低，输出电流小。

DAC0832转换器芯片为20引脚，双列直插式封装，其外形和引脚排列如图12-4所示。

DAC0832是一个8位的数模转换器，采用单电源供电，在+5～+15 V均可正常工作，引脚功能见表12-1。

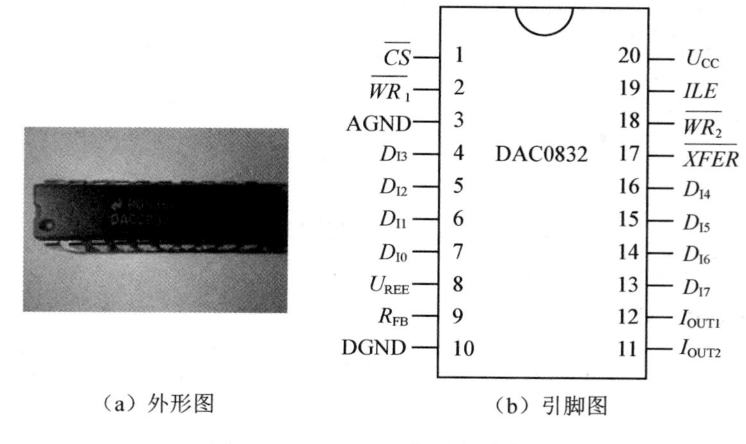

（a）外形图　　　　（b）引脚图

图 12-4　DAC0832 外形和引脚图

表 12-1　DAC0832 引脚功能表

引脚	功能	引脚	功能
1 脚（$\overline{CS}$）	片选信号输入线，低电平有效	11 脚（I_{OUT2}）	电流输出线，其值与 I_{OUT1} 之和为一常数
2 脚（$\overline{WR_1}$）	为输入寄存器的写选通信号	12 脚（I_{OUT1}）	电流输出线，当输入全为 1 时 I_{OUT1} 最大
3 脚（AGND）	模拟地，模拟信号和基准电源的参考地	13～16 脚（D_{I4}～D_{I7}）	数据输入线，TLL 电平
4～7 脚（D_{I0}～D_{I3}）	数据输入线，TLL 电平	17 脚（$\overline{XFER}$）	数据传送控制信号输入线，低电平有效
8 脚（U_{REF}）	基准电压输入线（－10～＋10 V）	18 脚（$\overline{WR_2}$）	为 DAC 寄存器写选通输入线
9 脚（R_{FB}）	反馈信号输入线，芯片内部有反馈电阻	19 脚（ILE）	数据锁存允许控制信号输入线，高电平有效
10 脚（DGND）	数字地，两种地线在基准电源处共地比较好	20 脚（U_{CC}）	电源输入线（＋5～＋15 V）

12.2 模数转换

模数转换器用于将模拟电量转换为相应的数字量，它是模拟系统到数字系统的接口电路。模数转换器在进行转换期间，要求输入的模拟电压保持不变，因此在对连续变化的模拟信号进行模数转换前，需要对模拟信号进行离散处理，即在一系列选定时间上对输入的模拟信号进行采样，在样值的保持期间内完成对样值的量化和编码，最后输出数字信号。

12.2.1 模数转换的原理

1. 模数转换的基本原理

模数转换的基本原理是把输入的模拟量进行处理，输出正比于输入模拟量的数字量，图 12-5 为模数转换示意框图。

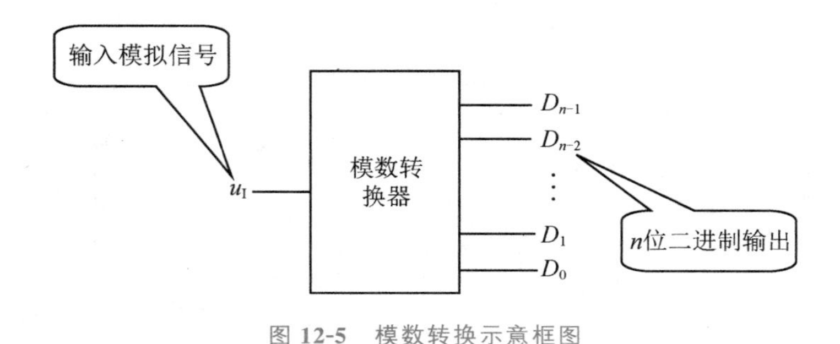

图 12-5 模数转换示意框图

2. 模数转换的一般工作步骤

模数转换的过程包括“采样与保持”和“量化与编码”两个环节。

(1)采样与保持

采样就是以相同的时间间隔为单位对模拟信号进行幅度采集，保持则是将采样点的幅度值取出并保持一定时间。采样在时间上实现了模拟信号的离散化，保持则为了后面信号的处理。

(2)量化与编码

量化是用有限个幅度值近似原来连续变化的幅度值，把模拟信号的连续幅度变为有限数量的有一定间隔的离散值。编码则是按照一定的规律，把量化后的值用二进制数字表示。

3. 模数转换器的主要性能参数

(1)分辨率

它表明模数转换器对模拟信号的分辨能力，由它确定能被模数转换器辨别的最小模拟量变化。一般来说，模数转换器的位数越多，其分辨率则越高。实际的模数转换器，通常为 8，10，12，16 位等。

(2)量化误差

量化误差指在模数转换中由于整量化产生的固有误差。量化误差在 ±1/2LSB(最低有效位)之间。

例如，一个 8 位的模数转换器，它把输入电压信号分成 $2^8=256$ 层，若它的量程为 0～5 V，那么，量化单位 q 为

$$q=\frac{\text{电压范围量程}}{2^8}=\frac{5.0\ \text{V}}{256}\approx 0.0195\ \text{V}=19.5\ \text{mV}$$

q 正好是模数转换器输出的数字量中最低位 LSB＝1 时所对应的电压值。因而，这个量化误差的绝对值是转换器的分辨率和满量程范围的函数。

(3)转换时间

转换时间是模数转换器完成一次转换所需要的时间。一般转换速度越快越好，常见有高速(转换时间 $<1\ \mu$s)、中速(转换时间 <1 ms)和低速(转换时间 <1 s)等。

(4)绝对精度

绝对精度指对应于一个给定量，模数转换器的误差，其误差大小由实际模拟量输入值与理论值之差来度量。

(5)相对精度

相对精度指满度值校准以后，任一数字输出所对应的实际模拟输入值(中间值)与理论值(中间值)之差。

12.2.2　模数转换的应用

常用的集成模数转换器有 ADC0804，ADC0809，采用 CMOS 电流控制电路，其功耗低，输出电流小，常应用于单片机接口电路。下面以 ADC0809 为例介绍集成模数转换器的应用。

ADC0809 转换器芯片为 20 引脚，双列直插式封装，其外形和引脚排列如图 12-6 所示，引脚功能见表 12-2。

（a）外形图

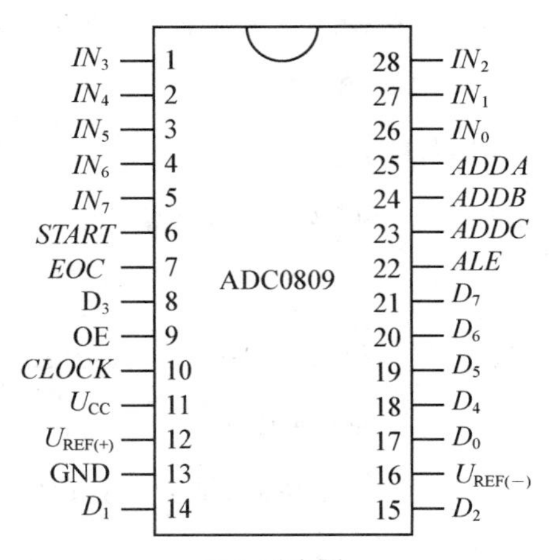

（b）引脚图

图 **12-6　ADC0809** 外形和引脚图

表 **12-2　ADC0809** 引脚功能表

引脚	功能	引脚	功能
1～5 脚（IN_3～IN_7）	8 路模拟量输入端	13 脚（GND）	地
6 脚（$START$）	A/D 转换启动脉冲输入端，输入一个正脉冲（至少 100 ns 宽）使其启动（脉冲上升沿使 0809 复位，下降沿启动 A/D 转换）	14～15 脚（D_1～D_2）	8 路数字量输出端
7 脚（EOC）	A/D 转换结束信号。当 A/D 转换结束时，此端输出一个高电平（转换期间一直为低电平）	16 脚（$U_{REF(-)}$）	基准电压
8 脚（D_3）	8 路数字量输出端	17 脚（D_0）	8 路数字量输出端
9 脚（OE）	数据输出允许信号，输入高电平有效。当 A/D 转换结束时，此端输入一个高电平，才能打开输出三态门，输出数字量	18～21 脚（D_4～D_7）	8 路数字量输出端

续表

引脚	功能	引脚	功能
10 脚（$CLOCK$）	时钟脉冲输入端。要求时钟频率不高于 640 kHz	22 脚（ALE）	地址锁存允许信号，输入，高电平有效
11 脚（U_{CC}）	电源，单一+5 V	23～25 脚（$ADDC$～$ADDA$）	3 位地址输入线，用于选通 8 路模拟输入中的一路
12 脚（$U_{REF(+)}$）	基准电压	26～28 脚（IN_0～IN_2）	8 路模拟量输入端

要点总结

1. 能将模拟信号转换成数字信号的电路，称为模数转换器(简称 A/D 转换器)；能把数字信号转换成模拟信号的电路称为数模转换器(简称 D/A 转换器)。

2. 数模转换器的主要性能参数有分辨率、线性误差、建立时间、温度灵敏度、输出电平；模数转换器的主要性能参数有分辨率、量化误差、转换时间、绝对精度、相对精度等。

3. DAC0832 是一个 8 位数模转换器，它能够将一个 8 位的二进制数转换成模拟电压，可产生 256 种不同的电压值。DAC0832 可工作在三种不同的工作模式：直通方式、单缓冲方式、双缓冲方式。

4. ADC0809 具有 8 个模拟量输入通道，可在程序控制下对任意通道进行模数转换，得到 8 位二进制数字量。

巩固练习

一、填空题

1. 理想的数模转换器转换特性应是使输出模拟量与输入数字量成________。转换精度是指数模转换器输出的实际值和理论值________。

2. 将模拟量转换为数字量，采用________转换器，将数字量转换为模拟量，采用________转换器。

3. 模数转换器的转换过程，可分为采样与保持及________与________ 4 个步骤。

4. 模数转换电路的量化单位为 s，用四舍五入法对采样值量化，则其 $\varepsilon_{max}=$________。

5. 数模转换器的分辨率越高，分辨________的能力越强；模数转换器的分辨率越高，分辨________的能力越强。

6. 模数转换过程中，量化误差是指________，量化误差是________消除的。

二、综合题

1. 要求某数模转换电路输出的最小分辨电压 U_{LSB} 约为 5 mV，最大满度输出电压 $U_m = 10$ V。试求该电路输入二进制数字量的位数 n 应是多少?

2. 已知某数模转换电路输入 10 位二进制数，最大满度输出电压 $U_m = 5$ V。试求分辨率和最小分辨电压。

练习答案

【单元 1 巩固练习答案】

一、填空题

1. 杂质，电压或电流，温度，光照

2. N，P

3. PN 结

4. 导通，截止，单向

5. 0.5 V，0.5～0.7 V，0.2 V，0.2～0.3 V

6. 整流，充放电，滤波

7. 电容滤波，电感滤波，整流

8. 反向击穿

9. 反向特性，正向导通

10. $R\times1$ kΩ 或 $R\times100$ Ω

二、判断题

1. √　2. ×　3. √　4. √　5. ×

三、综合题

1. VD_2 导通，VD_1 截止。

2. (a)2 V，(b)0 V，(c)－2 V，(d)2 V，(e)2 V，(f)－2 V。

【单元 2 巩固练习答案】

一、填空题

1. 电流

2. NPN，PNP，发射，集电

3. 正偏，反偏

4. 放大区，截止区，饱和区，放大区

5. 相反

6. 开路，短路，短路

7. 增加

8. 输出电压与输入电压近似相等，输入电阻较高，输出电阻较低

9. 饱和，截止

10. 阻容耦合，直接耦合

二、综合题

1. (a)放大，(b)饱和，(c)放大，(d)饱和。

2. (1)直流通路和交流通路如下：

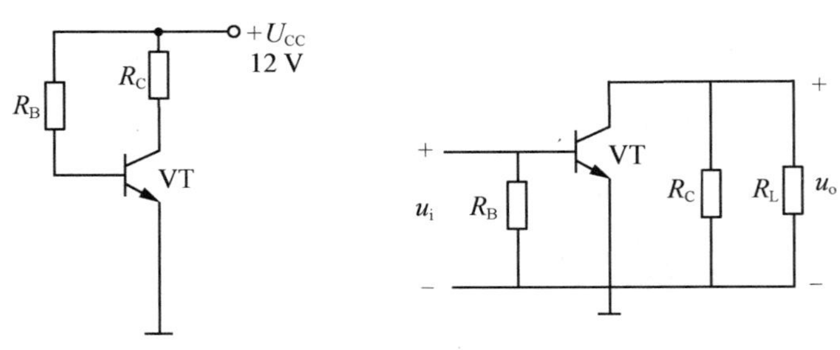

$$I_{BQ}=\frac{U_{CC}-U_{BE}}{R_B}\approx\frac{U_{CC}}{R_B}=\frac{12\ \text{V}}{300\ \text{k}\Omega}=40\ \mu\text{A}$$

(2) $I_{CQ}=\beta I_{BQ}=100\times 40\ \mu\text{A}=4\ \text{mA}$ $U_{CEQ}=U_{CC}-I_{CQ}R_C=12\ \text{V}-4\ \text{mA}\times 2\ \text{k}\Omega=4\ \text{V}$

(3) $r_{be}=300\ \Omega+(1+\beta)\dfrac{26(\text{mA})}{I_{EQ}(\text{mA})}=300\ \Omega+(1+100)\times\dfrac{26}{4}\ \Omega=0.95\ \text{k}\Omega$

$\dot{A}_U=-\beta\dfrac{R'_L}{r_{be}}=-100\times\dfrac{2/\!/2}{0.95}\approx 100$ $R_i=R_B/\!/r_{be}=300/\!/0.95\approx 0.95\ \text{k}\Omega$

$R_o\approx R_C=2\ \text{k}\Omega$

3. (1)直流通路和交流通路如下：

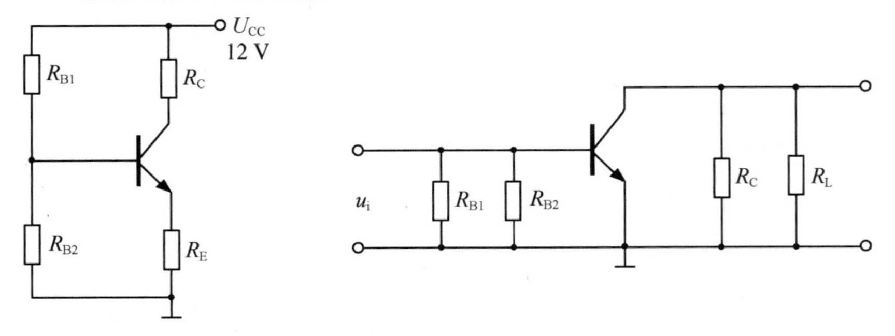

(2)$U_{BQ}=U_{CC}R_{B2}/(R_{B1}+R_{B2})=4\ V$

$U_{EQ}=U_{BQ}-U_{BEQ}=4\ V-0.7\ V=3.3\ V$

$I_{EQ}=U_{EQ}/R_E=3.3\ V/1\ k\Omega=3.3\ mA=I_{CQ}$ $U_{CEQ}=U_{CC}-I_{CQ}(R_C+R_E)=2.1\ V$

$I_{BQ}=I_{CQ}/\beta=0.066\ mA$

(3)$A_U=-\beta R_C/r_{be}$

$$r_{be}=300\ \Omega+(1+\beta)\frac{26(mA)}{I_{EQ}(mA)}=701.8\ \Omega$$

$A_U=-50\times2000/701.8=-142.5$

(4)$A'_U=-\beta(R_C/\!/R_L)/r_{be}=-71.2$

【单元3巩固练习答案】

一、填空题

1. 输入级，中间级，输出级，偏置电路

2. 零点漂移

3. 深度负反馈高增益

4. 甲，乙，甲乙

5. 交越

6. 提高，降低

7. 输出，增大

8. 温度，差动

9. 反馈

10. OCL，OTL

二、综合题

1. R_{F1} 对 VT_1 所在的第一级放大器有电流串联负反馈作用；R_{F2} 引进的是电流并联负反馈；R_{F3}，C_F 引进的是电压串联负反馈。

2. (1)这是反相比例运算电路，代入公式，得 $u_o=-u_i$。

(2)根据叠加原理得 $u_o=u_i$。

3. 前一级是电压跟随器电路，后一级是反相比例运算电路，所以 $u_o=4\ V$。

4. 交流电压串联负反馈。

【单元4巩固练习答案】

一、填空题

1. $A_VF=1$，$\varphi=2n\pi(n=0，1，2，\cdots)$

2. 串联型，并联型

3. 电感反馈式，电容反馈式

4. LC，RC，石英

5. 正，电容

二、综合题

(a)串联型石英晶体振荡器，石英晶体工作在串联频率 f_s 处，可等效为一个电阻。

(b)并联型石英晶体振荡器，石英晶体工作在 f_s 与 f_p 之间，可等效为一个电感。

【单元5巩固练习答案】

一、填空题

1. 反向截止区

2. 负，正

3. 并联

4. 变压，整流，滤波，稳压

5. 输入，输出，公共端，正，负

二、综合题

1. $U_O=6\ V$

   $I_R=8\ mA$

   $I_L=3\ mA$

   $I_Z=5\ mA$

2. (a)稳压二极管导通电压为 0.7 V，$U_O=8.9\ V$，$I=(18-8.9)\ V/1.5\ k\Omega=6.07\ mA$。

(b)U_O=8.2 V+8.2 V=16.4 V，I=(18−16.4) V/500 kΩ=0.0032 mA。

(c) U_O=0.7 V，I=(18−0.7) V/2 kΩ=8.65 mA。

(d) U_O=8.2 V，I=(18−8.2) V/1 kΩ=9.8 mA。

【单元6巩固练习答案】

一、填空题

1. 四，三
2. PNP，NPN
3. 控制作用
4. 维持电流
5. 电压
6. 180°，180°，180°
7. 大，小
8. $2U_2$
9. 0，T，全导通

二、计算题

1. (1)U=66.7 V；(2)选用200 V，10 A的二极管。
2. $U_{O(AV)}=0.45U_2\dfrac{1+\cos\alpha}{2}$，$U_{O(AV)}$=75 V，$U_2$=220 V，故导通角$\theta$=59°。

【单元7巩固练习答案】

一、填空题

1. 高，低
2. 基数，权，基数，位权
3. 二进，二进，三个数码，四个数码
4. $(352.6)_{10}=3\times10^2+5\times10^1+2\times10^0+6\times10^{-1}$

$(101.101)_2=1\times2^2+1\times2^0+1\times2^{-1}+1\times2^{-3}$

$(54.6)_8=5\times8^1+4\times8^0+6\times8^{-1}$

$(13A.4F)_{16}=1\times16^{2}+3\times16^{1}+10\times16^{0}+4\times16^{-1}+15\times16^{-2}$

5. $(1111101000)_2=(1000)_{10}$

$(1750)_8=(1000)_{10}$

$(3E8)_{16}=(1000)_{10}$

6. 结果都为：$(10001000)_2$

7. 结果都为$(77)_8$

8. 结果都为$(FF)_{16}$

9. $(123)_{10}=(0001\ 0010\ 0011)_{8421BCD}$

$(1011.01)_2=(11.25)_{10}=(0001\ 0001.0010\ 0101)_{8421BCD}$

10. $5+8=(0101)_{8421BCD}+(1000)_{8421BCD}=1101+0110=(1\ 0011)_{8421BCD}=13$

$9+8=(1001)_{8421BCD}+(1000)_{8421BCD}=1\ 0001+0110=(1\ 0111)_{8421BCD}=17$

$58+27=(0101\ 1000)_{8421BCD}+(0010\ 0111)_{8421BCD}=0111\ 1111+0110=(1000\ 0101)_{8421BCD}=85$

二、综合题

1. 逻辑代数中仅含有0和1两个数码，普通代数含有0～9十个数码，逻辑代数是逻辑运算，普通代数是加、减、乘、除运算。

2. (1)$(365)_{10}=(101101101)_2=(555)_8=(16D)_{16}$

(2)$(11101.1)_2=(29.5)_{10}=(35.4)_8=(1D.8)_{16}$

(3)$(57.625)_{10}=[(111001.101)_2=(71.5)_8]=(39.A)_{16}$

3. (1)$(47)_{10}=(01000111)_{8421BCD}$

(2)$(25.25)_{10}=(00100101.00100101)_{8421BCD}=(31.2)_8$

4. 数字电路中只有高、低电平两种取值。用逻辑"1"表示高电平，用逻辑"0"表示低电平的方法称为正逻辑；如果用逻辑"0"表示高电平，用逻辑"1"表示低电平，则称为负逻辑。

5. 常用的复合门有与非门、或非门、与或非门、异或门和同或门。其中与非门的功能是"有0出1，全1出0"；或非门的功能是"有1出0，全0出1"；与或非门的功能是"只要1个与门输出为1，输出为0，两个与门全部输出为0时，输出为1"；异或门的功能是"相异出1，相同出0"；同或门的功能是"相同出1，相异出0"。

【单元 8 巩固练习答案】

一、填空题

1. 二进，组合，编码，二进，十进，组合，译码，组合，译码

2. 数据选择，多路

3. 10，4，8，3

4. 为低电平，1

5. 4，16

6. 半导体

二、综合题

1. ①**解**：$Y=(A+\bar{B})C+\bar{A}B$

$=AC+\bar{B}C+\bar{A}B$

$=C\overline{\bar{A}B}+\bar{A}B$

$=C+\bar{A}B$

②**解**：$Y=A\bar{C}+\bar{A}B+BC$

$=A\bar{C}+B\overline{\bar{C}A}$

$=A\bar{C}+B$

③**解**：$Y=\bar{A}\bar{B}C+\bar{A}BC+AB\bar{C}+\bar{A}\bar{B}\bar{C}+ABC$

$=AB+\bar{A}\bar{B}+\bar{A}C$

④**解**：$Y=A\bar{B}+B\bar{C}D+\bar{C}\bar{D}+AB\bar{C}+A\bar{C}D$

$=A\bar{B}+A\bar{C}+\bar{C}\bar{D}+B\bar{C}$

$=A\bar{B}+AB\bar{C}+A\bar{B}\bar{C}+\bar{C}\bar{D}+B\bar{C}$

$=A\bar{B}+\bar{C}\bar{D}+B\bar{C}$

2. 观察图示波形，判断出 Y_1 是与门，Y_2 是异或门，Y_3 是与非门，Y_4 是同或门。它们的逻辑门符号及相应逻辑表达式如下。

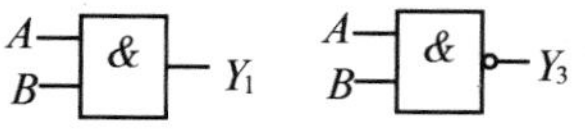

$Y_1=AB$　　$Y_3=\overline{AB}$

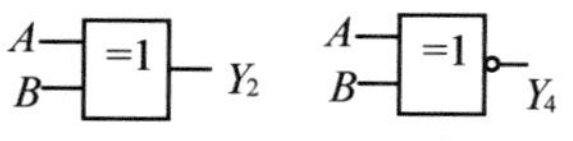

$Y_2=A\oplus B$　　$Y_4=\overline{A\oplus B}$

3. 电路的逻辑函数表达式为

$$Y=\overline{\overline{AB}\cdot\overline{AC}\cdot\overline{BC}}=AB+AC+BC$$

真值表如下：

A	B	C	Y
0	0	0	0
0	0	1	0
0	1	0	0
0	1	1	1
1	0	0	0
1	0	1	1
1	1	0	1
1	1	1	1

输入变量中有两个或两个以上为1时，输出才为1，此电路为多数表决器电路。

4. 组合逻辑电路的特点是：任意时刻，电路输出状态仅取决于该时刻的输入状态。

5. 分析组合逻辑电路，目的就是清楚该电路的功能。分析步骤如下：①根据已知逻辑电路图写出相应逻辑函数式。②对写出的逻辑函数式进行化简。如果从最简式中可直接看出电路功能，则以下步骤可省略。③根据最简逻辑式写出相应电路真值表，由真值表输出、输入关系找出电路的功能。④指出电路功能。

6. 分析：从真值表输入、输出关系可写出相应逻辑函数式为

$$Y=\overline{A}\overline{B}\overline{C}+ABC$$

显然，电路输入相同时，输出才为1，否则为0。因此该电路是一个三变量一致电路。

7. (a)图的逻辑函数式为

$$Y=\overline{AB}(C+D)+AB\overline{C+D}$$

$$=(\overline{A}+\overline{B})(C+D)+AB\overline{C}\overline{D}$$

$$=\overline{A}C+\overline{B}C+\overline{A}D+\overline{B}D+AB\overline{C}\overline{D}$$

(b)图的逻辑函数式为

$$Y=(A+\overline{B})\cdot(\overline{B}+C)$$

$=A\overline{B}+AC+\overline{B}+\overline{B}C$

$=AC+\overline{B}$

8. 编码就是将人们熟悉的十进制数或某个特定信息用相应的高、低电平输入，使输出转换成机器识别的二进制代码的过程。二进制编码就是以自然二进制码进行代码编制，而二-十进制编码则是用多位二进制数码表示 1 位十进制数码的代码编制。

9. 译码就是把机器识别的二进制码译为人们熟悉的十进制码或特定信息的过程。以二-十进制译码器为例，译码器的输入量是二进制代码，输出量是人们熟悉的十进制。

三、设计题

1. 对逻辑函数式进行化简：

$Y=AB+A\overline{B}C+\overline{A}C$

$=AB+AC+\overline{A}C$

$=AB+C$

根据上述最简式画出逻辑电路图：

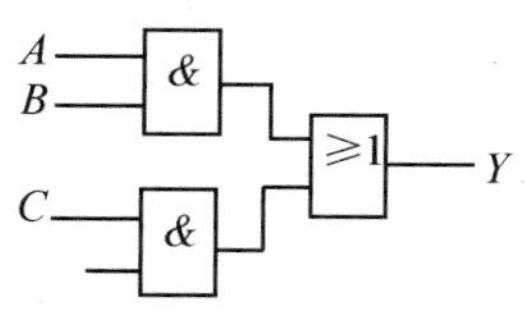

2. 根据题目要求写出逻辑功能真值表：

A　B　C	Y
0　0　0	1
0　0　1	0
0　1　0	0
0　1　1	1
1　0　0	0
1　0　1	1
1　1　0	1
1　1　1	0

根据真值表写出逻辑函数式并化简为最简与或式：

$Y=\overline{A}\overline{C}\overline{B}+\overline{A}CB+A\overline{B}C+AB\overline{C}$

根据上述最简式画出逻辑电路图：

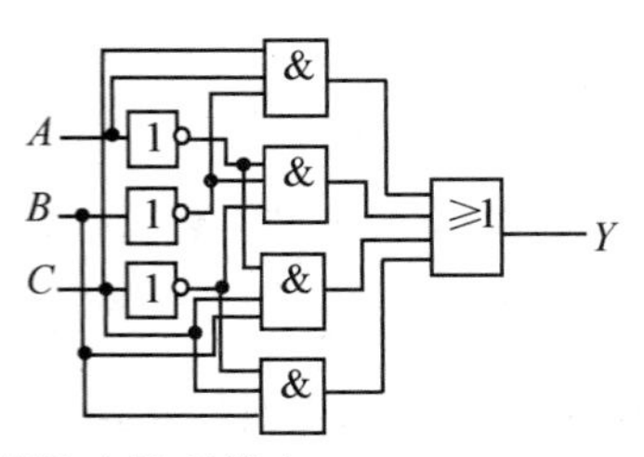

3. 根据题目要求写出逻辑功能真值表：

A B C	Y
0 0 0	0
0 0 1	0
0 1 0	0
0 1 1	1
1 0 0	0
1 0 1	1
1 1 0	1
1 1 1	1

根据真值表写出逻辑函数式并化简为最简与或式：

$$Y = \overline{A}BC + A\overline{B}C + AB\overline{C} + ABC = \overline{\overline{AB + AC + BC}}$$
$$= \overline{\overline{AB} \cdot \overline{BC} \cdot \overline{AC}}$$

根据上述最简式画出相应逻辑电路图：

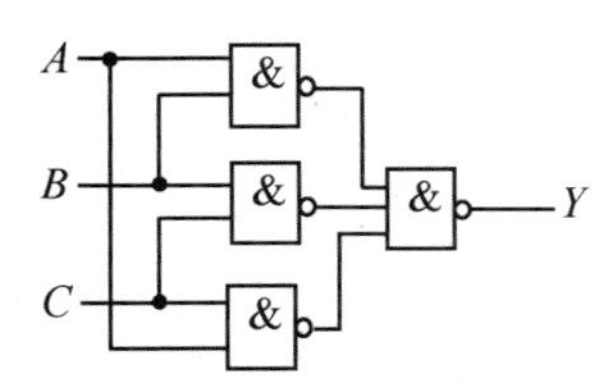

4. 根据题意取三个裁判分别为输入变量 A，B，C，A 为裁判长，设按下按键输入为 1，否则为 0，举重成功为 1，举重失败为 0。据题意列出相应真值表：

A B C	Y
0 0 0	0
0 0 1	0
0 1 0	0
0 1 1	0

续表

A B C	Y
1 0 0	0
1 0 1	1
1 1 0	1
1 1 1	1

根据真值表写出逻辑函数式并化简为最简与或式：

$Y=A\bar{B}C+AB\bar{C}+ABC=\overline{\overline{AB+AC}}=\overline{\overline{AB}\cdot\overline{AC}}$

根据上述最简式画出相应逻辑电路图：

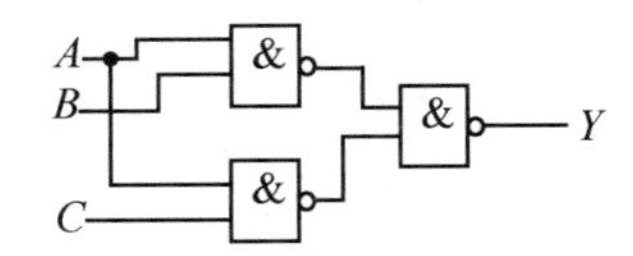

【单元 9 巩固练习答案】

一、填空题

1. 置 0，置 1，保持，低电平

2. 空翻，钟控的 RS，电平

3. 边沿，主从型 JK，维持阻塞型 D

4. 置 0，置 1，保持，翻转，高电平 1，高电平 1

5. 1，置 0，置 1

6. 特征方程，状态转换图，功能真值表，时序波形图

7. 门电路，触发器

8. 1，0

二、综合题

1. 在时钟脉冲 $CP=1$ 期间，触发器的输出随输入发生多次翻转的现象称为空翻。抑制空翻的最好措施就是让触发器采取边沿触发方式。

2. ①与非门构成的基本 RS 触发器，其动作特点是：输入信号在电平触发的全部作用时间里，都能直接改变输出端 Q 的状态。

②钟控的 RS 触发器，其动作特点是：当 $CP=0$ 时，无论两个输入端 R 和 S 如

何，触发器的状态不能发生改变；只有当作为同步信号的时钟脉冲到达时，触发器才能按输入信号改变状态。

③主从型 JK 触发器，其动作特点是：主从型 JK 触发器的状态变化分两步。第1步是在 CP 为“1”期间主触发器接收输入信号且被记忆下来，而从触发器被封锁不能动作；第2步是当 CP 下降沿到来时，从触发器被解除封锁，接收主触发器在 CP 为“1”期间记忆下来的状态作为控制信号，使从触发器的输出状态按照主触发器的状态发生变化；之后，由于主触发器在 $CP=0$ 期间被封锁状态不再发生变化，因此，从触发器也就保持了 CP 下降沿到来时的状态不再发生变化。主从型 JK 触发器的输出状态变化发生在 CP 脉冲的下降沿。主触发器本身是一个钟控的 RS 触发器，因此在 $CP=1$ 的全部期间都受输入信号的控制，即存在“空翻”现象。但是，只有下降沿到来前的主触发器状态，才是改变从触发器状态的控制信号，而下降沿到达时刻的主触发器状态不一定是从触发器的控制信号。

④维持阻塞型 D 触发器，其动作特点是：维持阻塞型 D 触发器的次态仅取决于 CP 信号上升沿到达前一瞬间(这一时刻与上升沿到达时的间隔趋近于零)输入的逻辑状态，而在这一瞬间之前和之后，输入的状态变化对输出不能产生影响。

三、分析题

1.

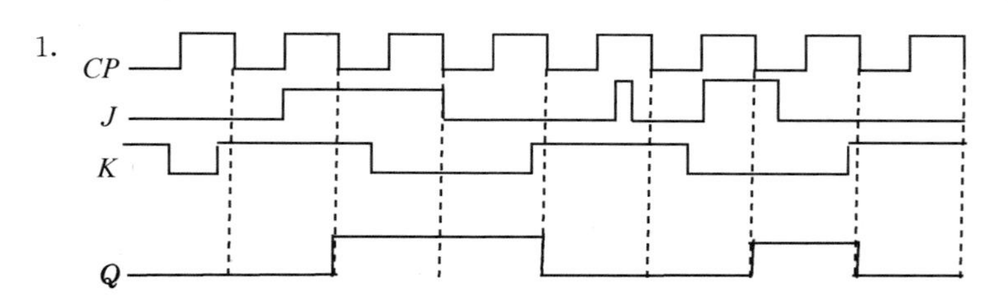

2.(1) JK 触发器采用的都是边沿触发方式。

(2)分析电路：

电路驱动方程：$J_0=K_0=1$，$J_1=K_1=Q_0$。

将驱动方程代入触发器的特征方程可得：$Q_0^{n+1}=\overline{Q_0^n}$，$Q_1^{n+1}=Q_0^n\overline{Q_1^n}+\overline{Q_0^n}Q_1^n$。

功能真值表：

Q_1^n	Q_0^n	Q_1^{n+1}	Q_0^{n+1}
0	0	0	1
0	1	1	0

续表

Q_1^n	Q_0^n	Q_1^{n+1}	Q_0^{n+1}
1	0	1	1
1	1	0	0

由功能真值表可看出，这是一个2位四进制加法计数器。

(3)电路初态为0，画出其时序波形图如下：

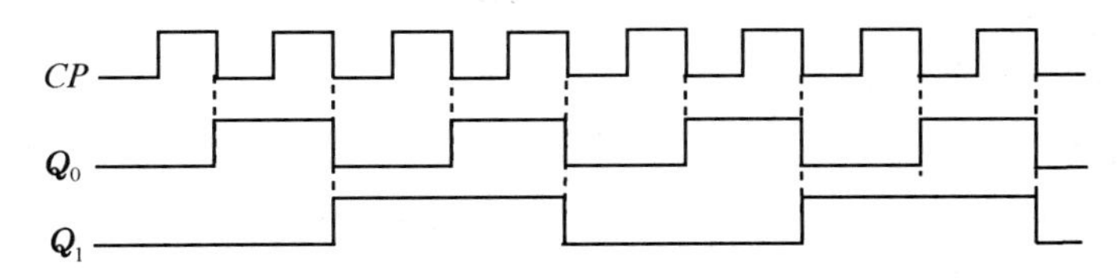

【单元10巩固练习答案】

一、填空题

1. 组合，存储

2. 触发器

3. 6，3，2

4. 7，3，1

5. 8

6. 寄存数据，移位

7. 该时刻的输入，电路原来的状态

8. 同步，异步

9. 等价状态

10. 同步，2^n-1

二、综合题

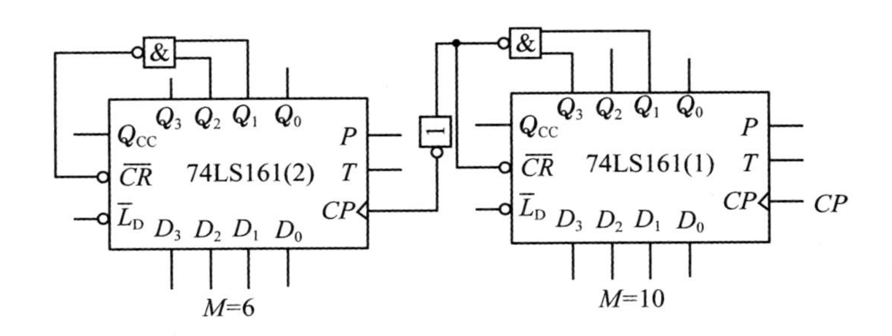

【单元11巩固练习答案】

一、填空题

1. 由脉冲振荡器产生，利用整形电路将已有的周期性变化信号变换成矩形脉冲

2. 脉冲宽度，脉冲周期

3. 多谐振荡器，单稳态触发器，施密特触发器

4. 石英晶体，暂稳态

5. 无稳态电路

6. 开关器件，高、低电平，反馈网络，延迟环节，延时

7. 定时，整形，延时

8. 滞回，1

9. 脉冲鉴幅器，电平比较器

10. 稳态，稳态，暂稳态，暂稳态，稳态

二、综合题

1. ①电路中有一个稳态，一个暂稳态。

②在外来触发信号作用下，电路由稳态翻转到暂稳态。

③暂稳态是一个不能长久保持的状态，由于电路中 RC 延迟环节的作用，经过一段时间后，电路会自动返回到稳态。暂稳态的持续时间取决于 RC 电路的参数值。

2. ①施密特触发器属于电平触发，对于缓慢变化的信号仍然适用，当输入信号达到某一电压值时，输出电压会发生突变。

②输入信号增加和减少时，电路有不同的阈值电压。

3. 此图是由555定时器组成的单稳态触发器。

4. 电阻分压器包括三个5 kΩ电阻，对电源 U_{DD} 分压后，确定比较器的参考电压分别为 $U_{R1}=\frac{2}{3}U_{DD}$，$U_{R2}=\frac{1}{3}U_{DD}$。(如果 $C-U$ 端外接控制电压 U_C，则 $U_{R1}=U_C$，$U_{R2}=\frac{1}{2}U_C$。)

【单元 12 巩固练习答案】

一、填空题

1. 正比，之差

2. A/D，D/A

3. 量化，编码

4. 0.5 s

5. 最小输出模拟量，最小输入模拟量

6. 1 个 LSB 的输出变化所对应的模拟量的范围，不可

二、综合题

1. $U_{\mathrm{LSB}}=10\times\frac{1}{2^{n}-1}=0.005$

$2^{n}-1=\frac{10}{0.005}=2000$

$2^{n}\approx 2000$

$n\approx 11$

所以，该电路输入二进制数字量的位数 n 应是 11。

2. 分辨率为$\frac{1}{2^{10}-1}=\frac{1}{1023}\approx 0.001=0.1\%$。

因为最大满度输出电压为 5 V，所以，10 位数模转换电路能分辨的最小电压为：

$U_{\mathrm{LSB}}=5\ \mathrm{V}\times\frac{1}{2^{10}-1}=5\ \mathrm{V}\times\frac{1}{1023}\approx 0.005\ \mathrm{V}=5\ \mathrm{mV}$。

附录 1

实验室提供的常用 TTL 器件

器件型号	功能	器件型号	功能
74LS04	非门	74LS00	两输入与非门
74LS10	三输入与非门	74LS20	四输入与非门
74LS86	异或门	74LS138	3 线-8 线译码器
74LS151	8 选 1 数据选择器	74LS153	4 选 1 数据选择器

附录 2

常用数字集成电路引脚排列及逻辑符号

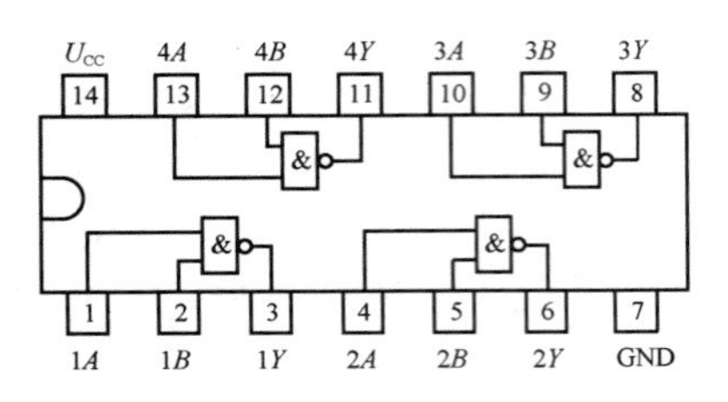

74LS00 四 **2** 输入与非门

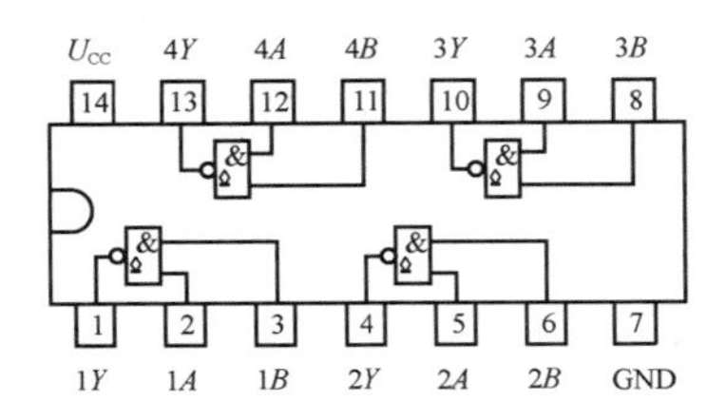

74LS01 四 **2** 输入与非门(OC)

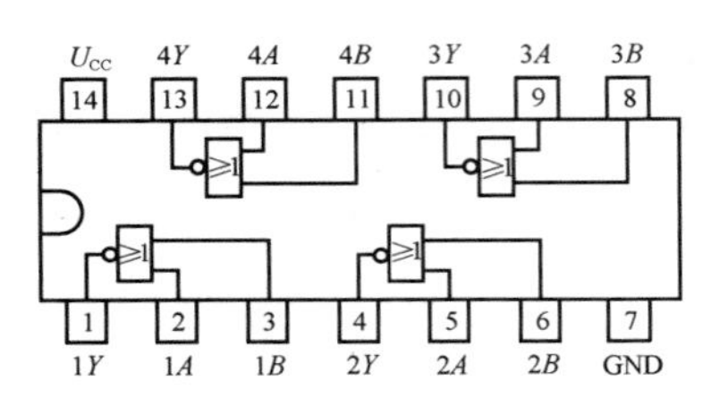

74LS02 四 **2** 输入或非门

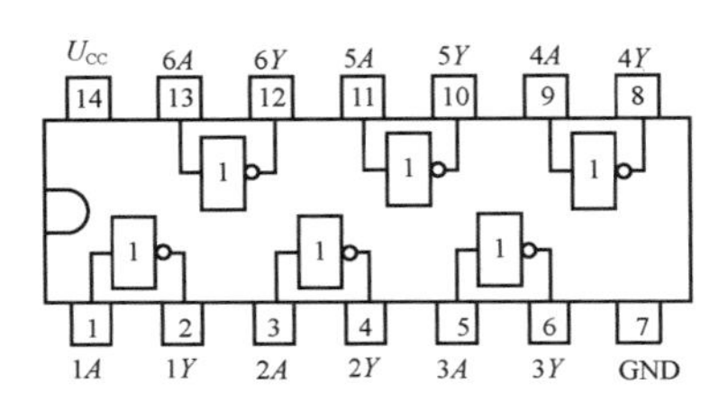

74LS04 六反相器

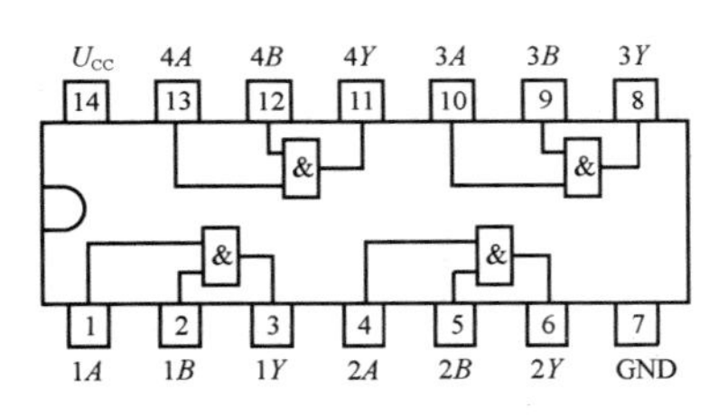

74LS08 四 **2** 输入与门

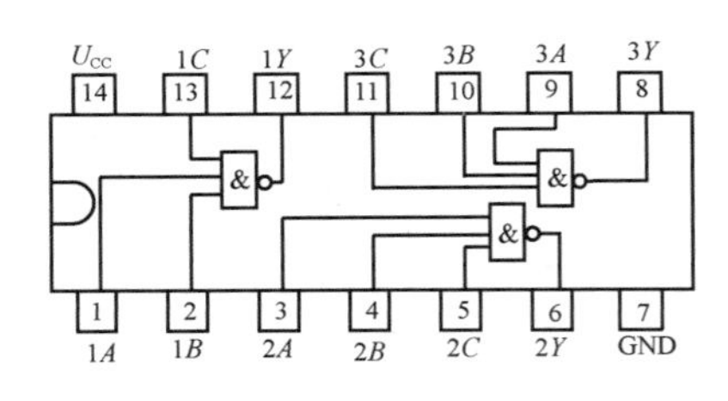

74LS10 三 **3** 输入与非门

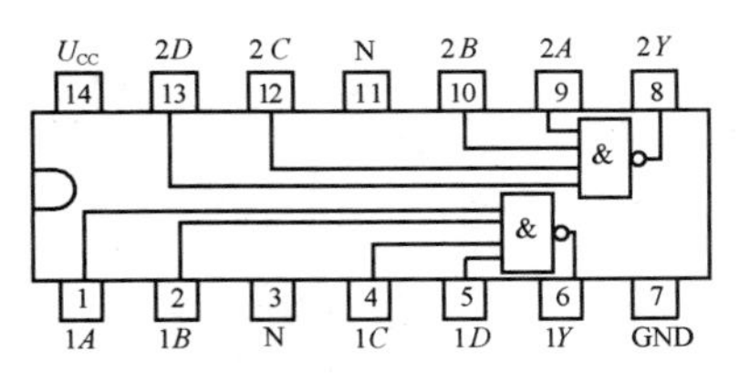

74LS20 双 **4** 输入与非门

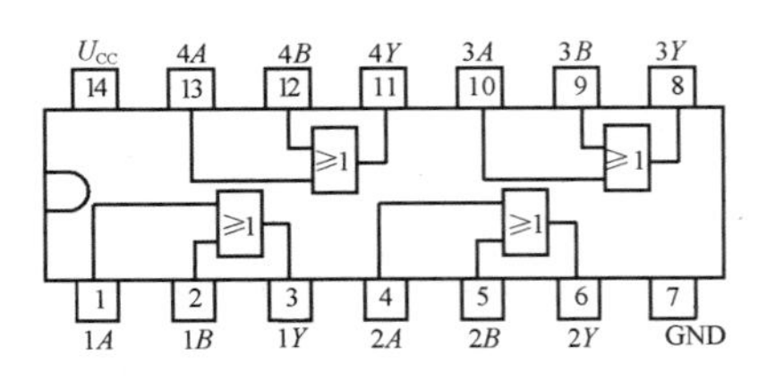

74LS32 四 **2** 输入或门

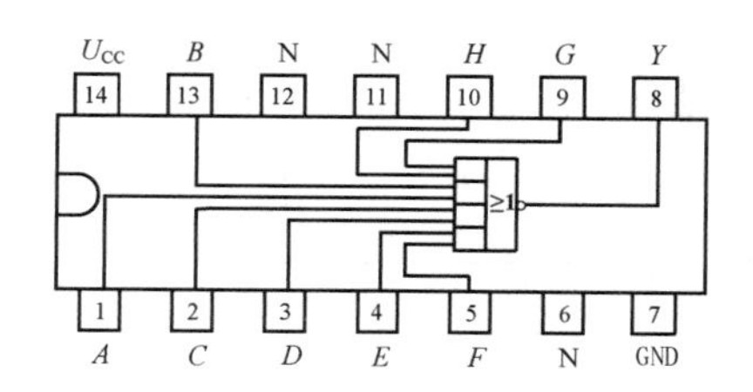

74LS54 4 路 2-2-2-2 输入与或非门

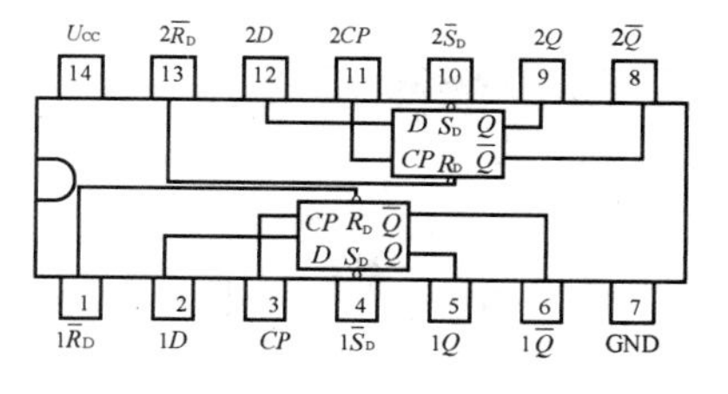

74LS74 双上升沿 D 型触发器

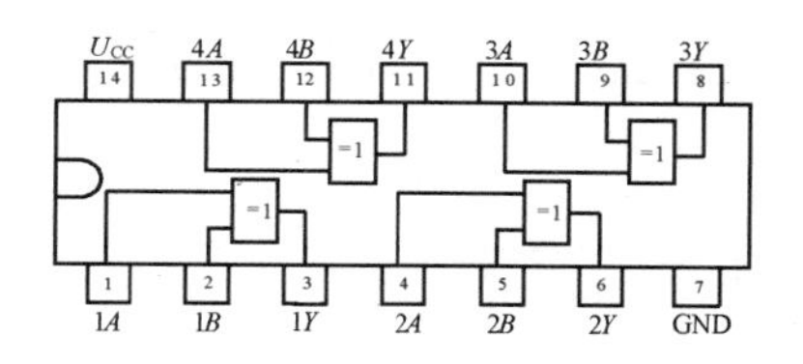

74LS86 四 2 输入异或门

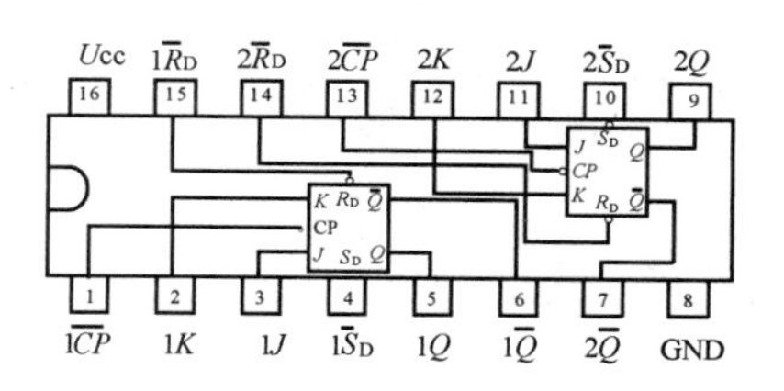

74LS112 双下降沿 JK 触发器

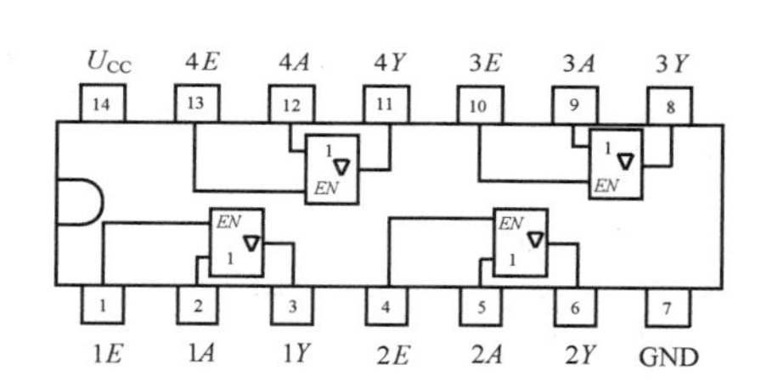

74LS126 四总线缓冲器

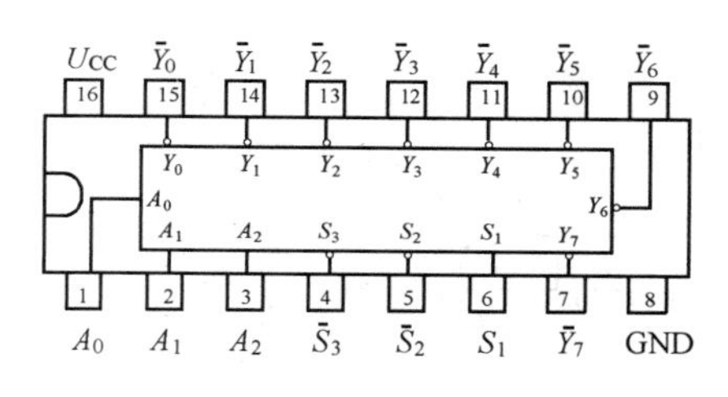

74LS138 3 线-8 线译码器

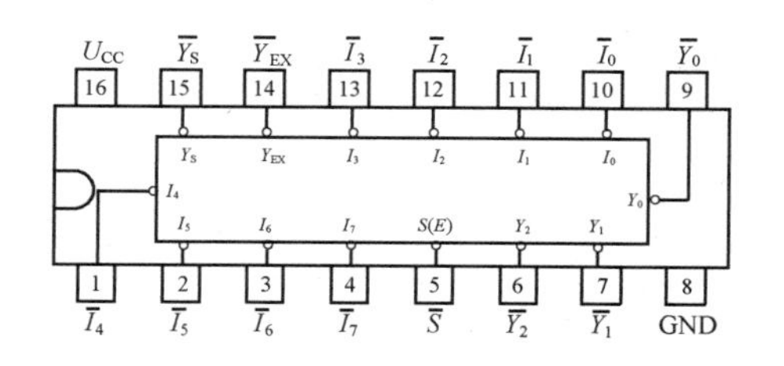

74LS148 8 线-3 线优先编码器

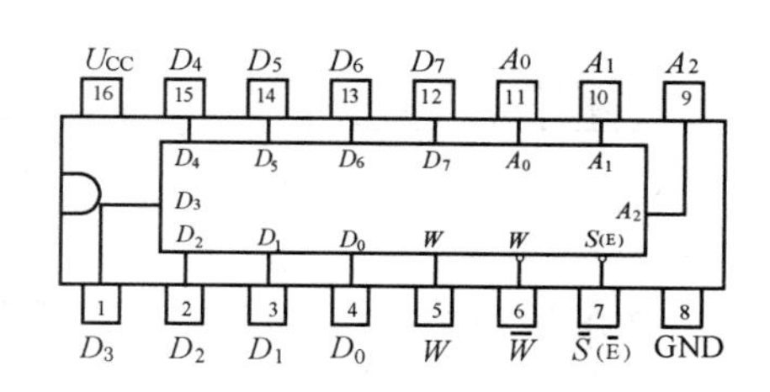

74LS151 8 选 1 数据选择器

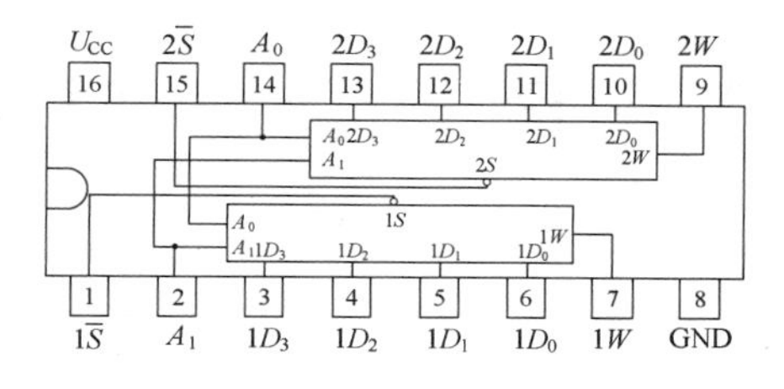

74LS153 双 4 选 1 数据选择器

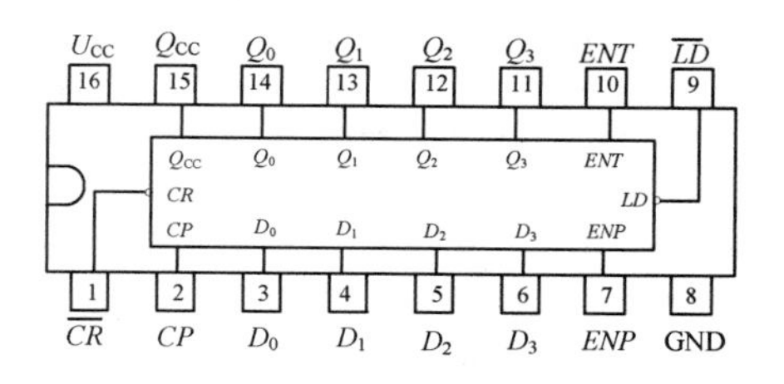

74LS161 4 位二进制同步计数器

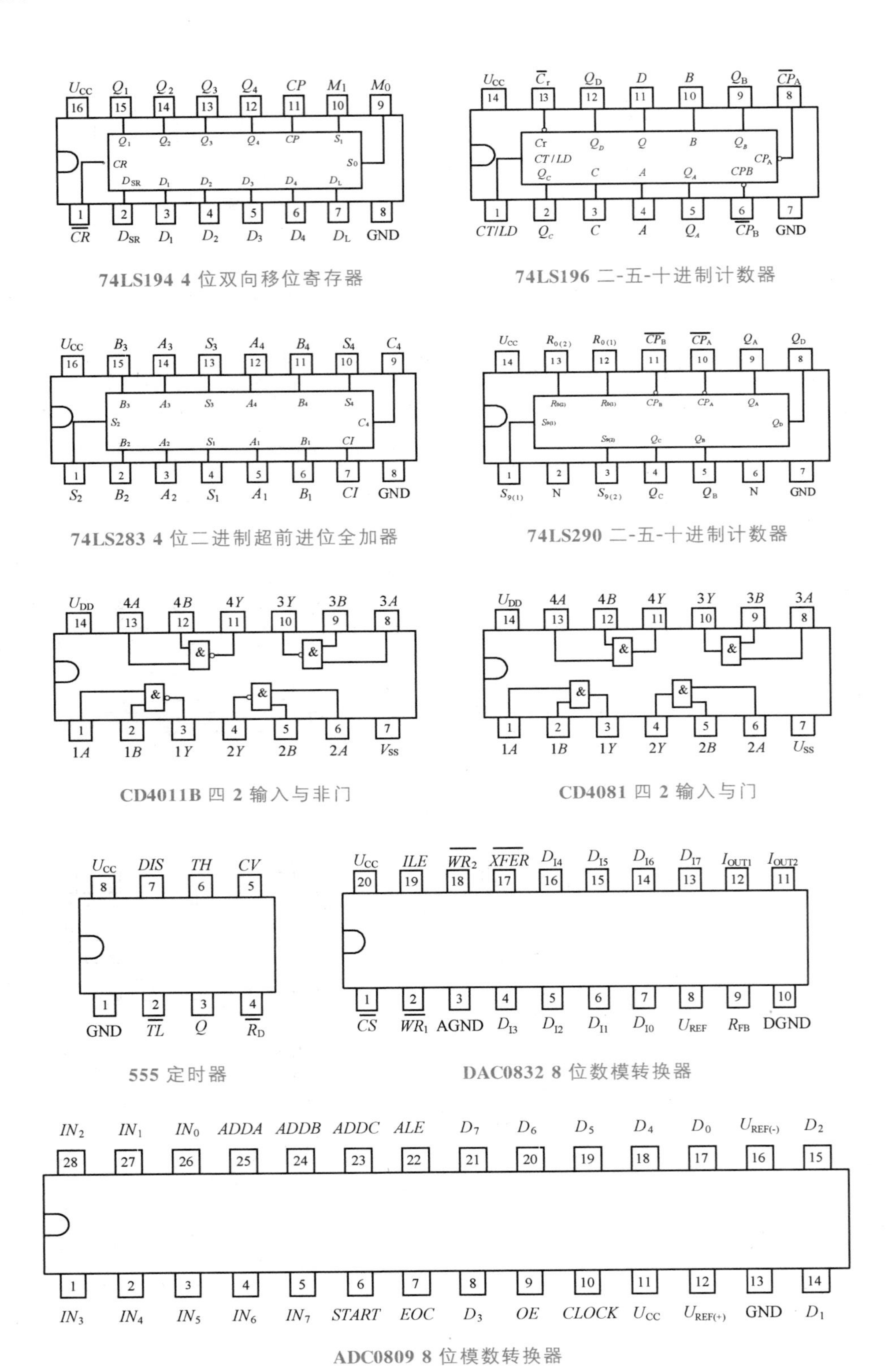

74LS194 4 位双向移位寄存器

74LS196 二-五-十进制计数器

74LS283 4 位二进制超前进位全加器

74LS290 二-五-十进制计数器

CD4011B 四 2 输入与非门

CD4081 四 2 输入与门

555 定时器

DAC0832 8 位数模转换器

ADC0809 8 位模数转换器

参考文献

[1]伍湘彬．电子技术基础与技能[M]．北京：高等教育出版社，2010.

[2]白桂银，张益农．电工与电子技术[M]．北京：北京邮电大学出版社，2008.

[3]张龙兴．电子技术基础[M]．北京：高等教育出版社，2001.

[4]杜德昌，许传清．电工电子技术及应用[M]．北京：高等教育出版社，2002.

[5]林平勇，高嵩．电工电子技术[M]．北京：高等教育出版社，2008.

[6]蔡杏山．零起步轻松学数字电路[M]．北京：人民邮电出版社，2006.

[7]陈其纯．电子线路(第2版)[M]．北京：高等教育出版社，2006.

[8]孙世忠，严奉莲．电子技术基础与技能[M]．北京：北京师范大学出版社，2014.

[9]赵歆．电工电子技术[M]．北京：北京邮电大学出版社，2015.

[10]孙丽霞．数字电子技术(第2版)[M]．北京：高等教育出版社，2010.

[11]程周．电工电子技术与技能(第2版)[M]．北京：高等教育出版社，2014.